S-系理论的公开问题

乔虎生　刘仲奎　著

科学出版社

北　京

内 容 简 介

本书介绍了半群的 S-系理论的若干公开问题. 这些公开问题, 从提出到全部解决或者部分解决的过程, 经历的时间跨度大, 从研究方法到理论创新, 都有值得借鉴和给人启发的地方. 除本书的第 1 章和第 15 章外, 其余每一章都包括三方面的内容: 问题的历史渊源、问题的研究进展、总结与启发. 内容的安排, 基本按照每一个问题从提出到后续研究的时间顺序展开, 力求每一个公开问题, 从内容以及文献自成体系, 方便了解其中每一个公开问题的来龙去脉.

本书力求条理清楚, 便于阅读学习, 可供数学专业研究生和数学研究工作者参考.

图书在版编目(CIP)数据

S-系理论的公开问题/乔虎生, 刘仲奎著. —北京: 科学出版社, 2020.1
ISBN 978-7-03-063276-0

Ⅰ. ①S… Ⅱ. ①乔… ②刘… Ⅲ. ①半群-理论研究 Ⅳ. ①O152.7

中国版本图书馆 CIP 数据核字 (2019) 第 250199 号

责任编辑: 李 欣 李香叶 / 责任校对: 彭珍珍
责任印制: 吴兆东 / 封面设计: 无极书装

科学出版社 出版
北京东黄城根北街 16 号
邮政编码: 100717
http://www.sciencep.com

北京虎彩文化传播有限公司 印刷
科学出版社发行 各地新华书店经销
*
2020 年 1 月第 一 版 开本: 720 × 1000 1/16
2021 年 3 月第二次印刷 印张: 12 1/2
字数: 252 000

定价: 98.00 元
(如有印装质量问题, 我社负责调换)

前　言

对科学研究而言, 解决问题, 总是其重要目的之一. 问题驱动, 对一个研究方向的发展, 具有重要促进作用. 就整个数学学科而言亦是如此. 例如, 希尔伯特的 23 个问题, 就对当代数学的发展具有重大推动作用.

记 S 为幺半群. 如果从幺半群 S 到某个非空集合的全体变换构成的幺半群存在幺半群同态, 就定义了一个 S-系. 半群的 S-系理论, 已经形成了一整套完整的理论体系和研究方法, 具有一定的研究特色. 该理论在一定程度上可以看成半群理论的同调方法, 它和半群理论的关系, 类似于同调代数和环论的关系.

近二十年来, S-系理论发展迅速, 取得了重要的研究进展. S-系理论研究的主要问题之一, 就是考虑其同调分类问题, 即主要研究满足不同性质的 S-系具有某种蕴涵关系的半群的特征, 或者任意 (循环、Rees 商) S-系具有某种性质的半群的特征. 这是 S-系理论刻画半群特征的重要手段, 往往可以得到半群的内部刻画方法所无法获得的结果.

作者自 20 世纪 90 年代至今, 在半群的 S-系理论的研究中做了一些工作, 体会到围绕解决 S-系理论的公开问题去开展研究, 对新思想和新方法的产生, 具有强有力的推动作用. 研究公开问题采用的思想, 往往可以由此及彼, 触类旁通, 给人以启迪. 希尔伯特曾经这样评价费马猜想: “是一只能下金蛋的母鸡.” 阿蒂亚 (Atiyah) 说: “费马猜想扮演了类似珠穆朗玛峰对登山者 (在成功之前) 所起的作用, 它是一个挑战, 试图登顶峰的企图刺激了新的技巧和技术的发展与完善.” S-系理论的公开问题的研究, 对该方向的促进作用, 道理与之相同. 每一个问题的研究取得进展, 总有一些方法或者思路有独到的地方, 这些往往成为问题解决的关键因素.

本书主要选取了作者以及同行研究过的, 或者完全解决了的重要的公开问题, 力图对这些问题做一个较为全面的回顾和阐述, 除第 1 章和第 15 章外, 其余各章都是围绕一个公开问题展开, 重点论述该问题产生的历史渊源、解决过程、目前存在的问题等, 尽量做到自成体系. 读者既可以通读本书, 也可以只关注自己感兴趣的某一章的内容, 基本上可以完全掌握该章所讨论的问题发展的来龙去脉.

本书参考文献的编排按照该文献所在章节出现的顺序. 这样便于读者就某一个感兴趣的公开问题进行查阅或者思考, 每章内容从阐述问题到最后的文献, 都是一个相对独立的小单元. 特别约定, 每一章提到的文献, 都是专指本章最后的参考文献.

本书的出版和所论课题的研究工作得到以下基金和经费的支持：甘肃省数学

优势学科建设经费; 国家自然科学基金 (11901129, 11461060); 教育部高等学校博士学科点专项科研基金项目 (20096203120001); 甘肃省基本科研业务费; 甘肃省陇原青年创新人才扶持计划项目.

对于半群的 S-系理论, 尽管国内外同行付出了很多努力, 迄今仍然有一些公开问题遗留着, 作为一位数学工作者, 愿与同行共勉, 争取早日解决这些问题.

书中疏漏与不足在所难免, 请同行批评指正, 不胜感谢.

作　者

2019 年 7 月

目　　录

第 1 章　半群的 S-系理论基础

1.1　S-系定义和基本性质

本章的内容, 属于本书其余各章的基础, 主要选自文献 [1, 2].

设 S 是幺半群, 1 是其单位元, A 是非空集合. 记所有从 A 到 A 的映射构成的集合为 T, 显然, 按照映射合成, T 可以构成幺半群. 令 f: $S \to T$ 是幺半群同态, 即对任意的 $s, t \in S$, 有 $f(st) = f(s)f(t)$ 且 $f(1_S) = 1_T$, 其中 1_S 和 1_T 分别为 S 和 T 的单位元. 而等式 $f(st) = f(s)f(t)$ 和 $f(1_S) = 1_T$ 成立, 意味着对任意的 $a \in A$, $f(st)(a) = f(s)(f(t)(a))$ 且 $f(1_S)(a) = 1_T(a) = a$. 若简记 $f(s)(a) = sa$, 则 $f(st)(a) = f(s)(f(t)(a))$ 和 $f(1_S)(a) = 1_T(a) = a$ 简记为 $(st)a = s(ta), 1a = a$.

所以, S-系从本质上, 就是从幺半群 S 到另一个幺半群 (某个非空集合 A 到自身的全体映射构成) 之间存在幺半群同态. 群对集合的作用和环的模理论、群表示以及代数表示的基本思想也都是一样的, 即存在从要研究的对象 (群、环、代数) 到另一个对象 (对称群、Abel 群的自同态环、某一类代数) 的群同态 (环同态、代数同态). 半群的 S-系理论, 也可以看成半群的某种 "外部" 表示理论, 有些思想方法, 常常可以借鉴同调代数的研究方法等. 按照这样的思想, 不难理解左 S-系的如下经典的定义.

设 S 是幺半群, 1 是其单位元, A 是非空集合. 若有 $S \times A$ 到 A 的映射 f : $S \times A \to A$ 满足: 对任意的 $a \in A, s, t \in S$, 有

$$f(s, f(t, a)) = f(st, a),$$
$$f(1, a) = a.$$

则称 (A, f) 是左 S-系, 或称 S 左作用于 A 上. 为了方便, 记 $f(s, a) = sa$, 于是上式变为: 对任意的 $a \in A, s, t \in S$, 有

$$s(ta) = (st)a,$$
$$1a = a.$$

此时, 左 S-系 (A, f) 简记为 $_SA$ 或 A. 显然, 从更广的意义上理解 S-系, 如果 S 是半群, 不一定有幺元, 那么左 S-系的定义中, 只有一个等式, 即满足: 对任意的 $a \in A, s, t \in S$, 有

$$s(ta) = (st)a.$$

称 A 是单式左 S-系, 如果 $SA = A$. 例如, 在文献 [3, 4] 中, 研究了一般半群 (未必为幺半群) 的 Morita 等价, 就用到了这里给出的单式的定义. 显然, 当 S 是幺半群时, 按照上述方式定义的左 S-系就是单式 S-系, 因为 $1a = a$ 是成立的.

本书中, 除特殊声明以外, S 均为幺半群, 故所有 S-系均指单式左 (右) S-系. 为问题叙述的方便, 有时用左 S-系, 有时用右 S-系, 根据具体需要加以选择.

设 A 是左 S-系, B 是 A 的非空子集合. 若对任意 $b \in B$, 任意 $s \in S$, 都有 $sb \in B$, 则称 B 是 A 的子系, 记为 $B \leqslant A$.

显然 $A \leqslant A$. 若 S 中含有零元 0, 则对于任意 $a \in A, 0a \leqslant A$.

下面的命题 1.1.1 是不证自明的.

命题 1.1.1　S-系 A 的任意多个子系的交若非空, 则仍为子系.

需要注意的是, 这里要加上交非空的条件, 在环的模理论中, 任意多个子模的交自然是非空的, 因为交里面至少包含了其零子模. 从这个结论开始, 可以逐步看到半群的 S-系理论和同调代数的联系与区别.

设 λ 是左 S-系 A 上的等价关系, 若 λ 满足: 对任意的 $s \in S, a, b \in A$, 有

$$(a, b) \in \lambda \Rightarrow (sa, sb) \in \lambda,$$

则称 λ 为 A 上的同余. 在 A 关于同余 λ 的商集 A/λ 上定义左 S-作用: 对任意的 $s \in S$, $a \in A$, 有

$$s(a\lambda) = (sa)\lambda,$$

则容易验证 A/λ 关于上述左 S-作用构成一个左 S-系, 称为 A 关于 λ 的商系. 这里需要注意的是, 左 S-系的同余和半群的同余具有明显的区别, 它只有 “单边” 的相容性.

设 $B \leqslant A$, 定义 A 上的关系如下:

$$a\lambda_B b \Longleftrightarrow a = b \text{ 或 } a, b \in B.$$

容易验证 λ_B 是 A 上的同余, 称其为由 B 决定的 Rees 同余, 简称为 Rees 同余. 称商系 A/λ_B 为 Rees 商.

在 S-系理论研究中, 有一类 Rees 商很重要, 就是把 S 自然地看成左 S-系, S 的左理想 I 自然地看成 S 的子系, 由 I 决定的 Rees 商, 在刻画幺半群的特征时很常用.

类似于子系的生成集概念, 也可以考虑同余的生成集. 下面的命题 1.1.2 是明显的.

命题 1.1.2　S-系 A 上的任意多个同余的交仍为同余.

设 H 为 $A\times A$ 的非空子集合, 则 A 上的包含 H 的最小同余是所有包含 H 的同余之交, 称为由 H 生成的同余, 记为 $\lambda(H)$. H 称为同余 $\lambda(H)$ 的生成集. 显然生成集是不唯一的.

命题 1.1.3 设 H 为 $A\times A$ 的非空子集合, $a,b\in A$. 则 $a\lambda(H)b$ 当且仅当 $a=b$ 或者存在 $t_1,t_2,\cdots,t_n\in S$, 使得

$$\begin{aligned}a=t_1c_1\quad t_2d_2=t_3c_3\qquad\quad \cdots t_nd_n=b\\ t_1d_1=t_2c_2\quad t_3d_3=t_4c_4\cdots,\end{aligned}$$

其中 $(c_i,d_i)\in H$ 或 $(d_i,c_i)\in H, i=1,2,\cdots,n$.

证明 在 A 上定义如下关系 σ: $a\sigma b\Longleftrightarrow a=b$ 或者存在 $t_1,t_2,\cdots,t_n\in S$, 使得

$$\begin{aligned}a=t_1c_1\quad t_2d_2=t_3c_3\qquad\quad \cdots t_nd_n=b\\ t_1d_1=t_2c_2\quad t_3d_3=t_4c_4\cdots,\end{aligned}$$

其中 $(c_i,d_i)\in H$ 或 $(d_i,c_i)\in H, i=1,2,\cdots,n$.

容易验证 σ 是 A 上的同余关系, 且 $H\subseteq\sigma$. 设 λ 是 A 上的同余且 $H\subseteq\lambda$, 则对于任意 $(a,b)\in\sigma$, 有 $a=b$, 或者

$$\begin{aligned}a=t_1c_1\quad t_2d_2=t_3c_3\qquad\quad \cdots t_nd_n=b\\ t_1d_1=t_2c_2\quad t_3d_3=t_4c_4\cdots.\end{aligned}$$

显然有 $a=t_1c_1\lambda t_1d_1=t_2c_2\lambda t_2d_2=t_3c_3=\cdots=t_nc_n\lambda t_nd_n=b$, 所以 $\sigma\subseteq\lambda$, 即 σ 是 A 上包含 H 的最小同余.

根据定义即有 $\sigma=\lambda(H)$. 结论得证. ■

其中, 称等式组

$$\begin{aligned}a=t_1c_1\quad t_2d_2=t_3c_3\qquad\quad \cdots t_nd_n=b\\ t_1d_1=t_2c_2\quad t_3d_3=t_4c_4\cdots\end{aligned}$$

构成了一个 $\lambda(H)$-序列, 正整数 n 称为连接 a 与 b 的 $\lambda(H)$-序列的长度.

设 $s,t\in S$, 若命题 1.1.3 中的 $H=\{(s,t)\}$, 此时 H 生成的左同余常常记为 $\lambda(s,t)$, 由命题 1.1.3 可得, $x\lambda(s,t)y$ 当且仅当 $x=y$ 或者存在 $t_1,t_2,\cdots,t_n\in S$, 使得

$$\begin{aligned}x=t_1c_1\quad t_2d_2=t_3c_3\qquad\quad \cdots t_nd_n=y\\ t_1d_1=t_2c_2\quad t_3d_3=t_4c_4\cdots,\end{aligned}$$

其中 $\{d_i,c_i\}=\{s,t\}, i=1,2,\cdots,n$.

S-系 $S/\lambda(s,t)$ 称为单循环的 S-系, 在有些问题的解决中, 这种特殊的循环系具有重要作用.

设 A,B 都是左 S-系. 称映射 $f:A\to B$ 为从 A 到 B 的 S-同态, 如果对任意的 $s\in S,a\in A$, 有

$$f(sa)=sf(a).$$

需要注意的是, S-系同态和半群同态不一样, S-系同态只是把幺半群中元素从括号里 "提" 出来, 很像向量空间中线性变换的线性性质.

设 λ 是 A 上的同余, 令 $B=A/\lambda$. 则自然的映射:

$$\begin{aligned}\lambda^\sharp: A&\to B,\\ a&\mapsto a\lambda,\end{aligned}$$

即从 A 到 B 的 S-同态.

从 A 到 B 的所有 S-同态的集合记为 $\mathrm{Hom}_S(A,B)$ 或简记为 $\mathrm{Hom}(A,B)$. 有的时候, 也将该集合记成 $\mathrm{Act}_S(A,B)$, 如文献 [4] 中就采用这样的记号, 以免与同调代数中模之间的同态集合混淆. 若 S-同态 $f:A\to B$ 还是单且满的映射, 则称 f 为同构. 这时也说 S-系 A 和 B 同构, 记为 $A\simeq B$.

设 $f:A\to B$ 是 S-同态. 称集合

$$\{(a,a')\in A\times A|f(a)=f(a')\}$$

为 f 的核, 记为 $\mathrm{Ker}f$, 显然任意 S-同态 $f:A\to B$ 的核 $\mathrm{Ker}f$ 是 A 上的同余. 若 $\mathrm{Ker}f=1_A$, 即 A 上的恒等同余, 就称为单位同余, 那么显然有如下命题.

命题 1.1.4　S-满同态 f 为同构当且仅当 $\mathrm{Ker}f$ 是 A 上的单位同余.

定理 1.1.5 (同态基本定理)　设 $f:A\to B$ 是 S-同态, λ 是 A 上的同余且 $\lambda\subseteq\mathrm{Ker}f$. 则存在唯一同态 $g:A/\lambda\to B$, 使得下图可换:

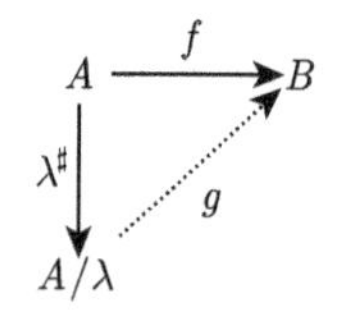

若 $\lambda=\mathrm{Ker}f$, 则 g 是单同态. 若 f 还是满同态, 则 g 也是满同态. 特别地当 f 是满同态时有 $A/\mathrm{Ker}f\simeq B$.

证明　若 $(a,a')\in\lambda$, 则 $(a,a')\in\mathrm{Ker}f$, 因此有 $f(a)=f(a')$. 所以可以如下定义映射 $g:A/\lambda\to B$. 对任意的 $a\in A$, 令

$$g(a\lambda)=f(a),$$

容易证明 g 还是 S-同态, 且使得上图可换.

设 $g' : A/\lambda \to B$ 也满足 $g'\lambda^\sharp = f$, 则对任意 $a\lambda \in A/\lambda$, $g'(a\lambda) = g'\lambda^\sharp(a) = f(a) = g\lambda^\sharp(a) = g(a\lambda)$, 所以 $g' = g$.

设 $\lambda = \mathrm{Ker}f$, 则 $g(a\lambda) = g(a'\lambda) \Rightarrow f(a) = f(a') \Rightarrow (a, a') \in \mathrm{Ker}f = \lambda \Rightarrow a\lambda = a'\lambda$, 即 g 是单同态.

若 f 是满同态, 则显然 g 也是满同态. 从已证的结果立即可得 $A/\mathrm{Ker}f \simeq B$.■

设 B 是 S-系 A 的非空子集合, 则 A 的包含 B 的最小子系是所有包含 B 的子系之交, 称为由 B 生成的子系, 记为 $\langle B\rangle$, B 称为子系 $\langle B\rangle$ 的生成集. 显然有

$$\langle B\rangle = \{sb|s \in S, b \in B\}.$$

若记 $Sb = \{sb|s \in S\}$, 则

$$\langle B\rangle = \bigcup_{b\in B} Sb.$$

若 $B = \{b_1, b_2, \cdots, b_n\}$ 为有限集合, 则称 $\langle B\rangle = Sb_1 \cup \cdots \cup Sb_n$ 为有限生成子系. 特别地, 由一个元素 a 生成的子系 Sa 称为循环子系. 若 A 由一个 (有限个) 元素生成, 则称 A 是循环 (有限生成) 系. 例如, 对于任意 $s \in S$, S 的主左理想 Ss 即 S-系 S 的循环子系, 特别地, S 为循环 S-系.

设 Sa 是由元素 a 生成的循环左 S-系. 定义从 S 到 Sa 的映射 f 为: 对任意的 $s \in S$, $f(s) = sa$. 那么显然 f 是左 S-系满同态. 由同态基本定理可得, $S/\mathrm{Ker}f \cong Sa$, 其中

$$\{(s, s') \in S \times S|f(s) = f(s')\}.$$

由于 $\mathrm{Ker}f$ 是同余, 这说明任何一个循环 S-系都可以写成 S/ρ 的形式, 其中 ρ 是 S 上的左同余. 反之, 若 ρ 是 S 上的左同余, 则商系 S/ρ 显然是由 $[1]_\rho$ 生成的, 其中 $[1]_\rho$ 代表 S 的幺元所在的同余类. 从而, 在以后的研究中, 为了叙述的方便性, 常常把循环系的两种表达方式不加区别地使用.

推论 1.1.6　设 λ, σ 是 A 上的同余且 $\lambda \subseteq \sigma$. 则有 S-系的同构式

$$A/\lambda\big/\sigma/\lambda \simeq A/\sigma,$$

其中 $\sigma/\lambda = \{(a\lambda, b\lambda) \mid (a, b) \in \sigma\}$.

证明　定义 S-同态 $f : A/\lambda \to A/\sigma$ 为 $f(a\lambda) = a\sigma$. 则 $\mathrm{Ker}f = \sigma/\lambda$. 由同态基本定理 1.1.5 即得结论. ■

设 S, T 都是幺半群, 若 A 既是左 S-系, 又是右 T-系, 且对任意 $a \in A$, 任意 $s \in S$, 任意 $t \in T$, 有

$$(sa)t = s(at),$$

则称 A 是左 S-右 T-系, 记为 ${}_SA_T$. 例如 S 是左 S-右 S-系. 若 A 是左 S-系, H 是 A 的自同态幺半群, 则 A 是左 S-右 H-系 (约定 $f \in H$ 作用在 $a \in A$ 上的结果为 $(a)f$).

所有左 S-系以及左 S-系之间的 S-同态构成一个范畴, 称为左 S-系范畴, 记为 S-Act. 同样, 所有右 S-系以及右 S-系之间的 S-同态构成一个范畴, 称为右 S-系范畴, 记为 Act-S. 历史上, 在较长的时间内, 对双系的研究相对较少, 近年来, 与 Morita 等价相关的研究课题, 较多地使用了双系的定义, 参见文献 [3, 4] 等.

设 $\mathbb{C}$ 是范畴, $\{A_i|i \in I\}$ 是 $\mathbb{C}$ 中的一簇对象. $\mathbb{C}$ 中的对象 A 叫做 $\{A_i|i \in I\}$ 的直积, 如果

(1) 对任意 $i \in I$, 存在态射 $\pi_i : A \to A_i$;

(2) 对任意对象 $W \in \mathbb{C}$, 若存在态射 $\varphi_i : W \to A_i$, $i \in I$, 则存在唯一态射 $\varphi : W \to A$, 使得下图可换:

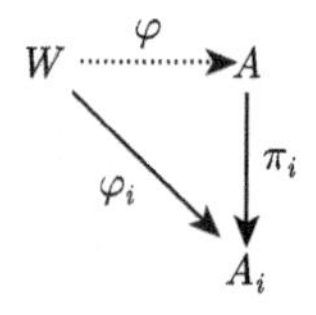

对偶地可定义余直积. $\mathbb{C}$ 中的对象 C 叫做 $\{A_i|i \in I\}$ 的余直积, 如果

(1) 对任意 $i \in I$, 存在态射 $\varepsilon_i : A_i \to C$;

(2) 对任意对象 $W \in \mathbb{C}$, 若存在态射 $\psi_i : A_i \to W$, $i \in I$, 则存在唯一态射 $\psi : C \to W$, 使得下图可换:

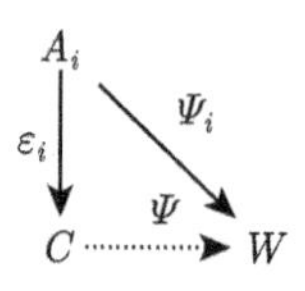

下面给出集合的不交并的概念. 例如集合 $A = \{1, 2, 3\}$, $B = \{1, 4, 5\}$, 因为 1 是 A 与 B 中都有的元素, 按照通常的集合求并的运算, A 和 B 的并一共有 5 个元素, 1 不能重复. 而在不交并中, A 和 B 的不交并一共有 6 个元素, 1 被算成两个元素, 至于某个 1 属于哪一个集合是清楚的. 有限个集合的不交并常用记号 $\dot{\cup}$ 表示. 任意多个集合的不交并也用 $\coprod$ 或者 $\oplus$ 表示.

对于给定的一簇对象 $\{A_i|i \in I\}$, 容易证明其直积和余直积若存在, 则在同构的意义下必唯一. 例如, 设 A 和 A' 都是 $\{A_i|i \in I\}$ 的直积, 则存在态射 $\pi_i : A \to A_i$ 和 $\pi'_i : A' \to A_i, i \in I$. 因此存在态射 $\alpha : A \to A'$ 和 $\beta : A' \to A$, 使得下图可换:

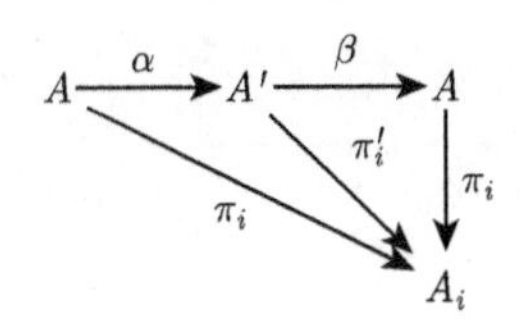

所以对任意 $i \in I, \pi_i\beta\alpha = \pi_i$. 显然 $\pi_i 1_A = \pi_i$. 故由唯一性即知 $\beta\alpha = 1_A$. 同理可知 $\alpha\beta = 1_{A'}$. 所以 $A \simeq A'$. 同样的方法可以证明余直积在同构的意义下也是唯一的.

所以记 $\{A_i|i \in I\}$ 的直积和余直积分别为 $\prod\limits_{i\in I} A_i$ 和 $\coprod\limits_{i\in I} A_i$.

在 S-系范畴 S-Act 中, 直积和余直积具有非常简单的表达: 它们分别是卡氏积和不交并. 不交并表示为 $\dot{\bigcup\limits_{i\in I}} A_i$.

有时候, 余直积称为直和, 记作 $\bigoplus\limits_{i\in I} A_i$.

设 $\{A_i|i \in I\}$ 是一簇 S-系. 作 A_i 的卡氏积 $B = \{(a_i)_{i\in I}|a_i \in A_i\}$. 按分量规定 S 在 B 上的左作用, 即任意 $s \in S$, 任意 $b = (a_i)_{i\in I}$, 规定 $sb = (sa_i)_{i\in I}$. 则 B 是左 S-系. 对任意 $i \in I$, 规定 S-同态 $\pi_i : B \to A_i$ 为

$$\pi_i((a_i)_{i\in I}) = a_i.$$

若 W 是 S-系, 且对任意 $i \in I$, 有 S-同态 $\varphi_i : W \to A_i$, 则可规定映射 $\varphi : W \to B$ 为: 对任意的 $w \in W$,

$$\varphi(w) = (\varphi_i(w))_{i\in I}.$$

显然 φ 是 S-同态, 并且 $\pi_i\varphi(w) = \pi_i((\varphi_i(w))_{i\in I}) = \varphi_i(w)$, 所以 $\pi_i\varphi = \varphi_i$. 若还有 S-同态 $\varphi' : W \to B$ 也满足 $\pi_i\varphi' = \varphi_i$, 则对任意 $i \in I, \pi_i\varphi'(w) = \pi_i\varphi(w)$, 所以 $\varphi'(w) = \varphi(w), \forall\, w \in W$. 则 $\varphi = \varphi'$. 这即证明了 φ 的唯一性. 因此由定义即知 B 为 $\{A_i|i \in I\}$ 的直积. 即有

命题 1.1.7 在 S-系范畴 S-Act 中, 任意一簇 S-系的直积同构于它们的卡氏积.

下面考虑 S-系 $\{A_i|i \in I\}$ 的余直积. 作不交并 $B = \dot{\bigcup\limits_{i\in I}} A_i$. 下证 B 可作成左 S-系. 设 $s \in S$. 对任意 $b \in B$, 存在唯一的 i, 使得 $b \in A_i$. 所以可按照 S 在 A_i 上的左作用来定义 sb. 因此 B 可作成一个 S-系. 对于任意 $i \in I$, 显然有自然的包含同态 $\varepsilon_i : A_i \to B$. 设 W 是 S-系且存在 S-同态 $\psi_i : A_i \to W$, $i \in I$. 如下定义映射 $\psi : B \to W$:

$$\psi(b) = \psi_i(b), \quad \forall\, b \in B,$$

其中 i 满足 $b \in A_i$(由 B 的构造可知对于给定的 b, 满足 $b \in A_i$ 的 i 是唯一的). 显

然 ψ 是 S-同态. 对任意 $i \in I$, $a_i \in A_i$,

$$\psi\varepsilon_i(a_i) = \psi(a_i) = \psi_i(a_i),$$

所以有 $\psi\varepsilon_i = \psi_i$.

设还有 S-同态 $\psi' : B \to W$ 也满足 $\psi'\varepsilon_i = \psi_i$. 则对任意 $i \in I$, 任意 $a_i \in A_i, \psi\varepsilon_i(a_i) = \psi'\varepsilon_i(a_i)$, 所以 $\psi\varepsilon_i = \psi'\varepsilon_i$, 从而 $\psi = \psi'$. 这就证明了 ψ 的唯一性. 由定义即知 B 为 $\{A_i | i \in I\}$ 的余直积. 总结以上结论有如下命题.

命题 1.1.8　在 S-系范畴 S-Act 中, 任意一簇 S-系的余直积同构于它们的不交并.

S-系 A 叫做可分的, 如果存在 A 的非空子系 A_1 和 A_2, 使得 $A = A_1 \dot{\cup} A_2$. 否则就称 A 是不可分的.

命题 1.1.9　任意循环 S-系是不可分的.

证明　设 $A = Sx$ 是循环 S-系. 若 $A = A_1 \dot{\cup} A_2$, 则 $x \in A_1$ 或 $x \in A_2$, 因此 $A = A_1$ 或 $A = A_2$. 所以 A 是不可分的. ■

命题 1.1.10　设 $\{A_i | i \in I\}$ 是 S-系 A 的一簇不可分子系. 若 $\bigcap\limits_{i \in I} A_i \neq \varnothing$, 则 $\bigcup\limits_{i \in I} A_i$ 仍然是 A 的不可分子系.

证明　设 $\bigcup\limits_{i \in I} A_i = M \dot{\cup} N$. 再设 $x \in \bigcap\limits_{i \in I} A_i$, 则 $x \in M \dot{\cup} N$. 不妨假定 $x \in M$, 则对任意 $i \in I, x \in M \cap A_i$. 显然有

$$A_i = (M \cap A_i) \dot{\cup} (N \cap A_i).$$

所以由 A_i 的不可分性即知 $N \cap A_i = \varnothing$. 由 i 的任意性即知 $N = \varnothing$. ■

由命题 1.1.9 知任意循环系是不可分的. 后面的命题 1.5.3 将说明, 不可分 S-系不一定是循环的.

命题 1.1.11　任意 S-系 A 可唯一地分解成不可分 S-子系的不交并.

证明　任取 $x \in A$, 则 Sx 是不可分的. 令

$$\mathscr{D}_x = \{B \mid B \text{ 是 } A \text{ 的不可分子系且 } x \in B\}.$$

因为 $Sx \in \mathscr{D}_x$, 所以 $\mathscr{D}_x \neq \varnothing$. 显然 $\bigcap\limits_{B \in \mathscr{D}_x} B \neq \varnothing$. 所以由命题 1.1.10 知 $A_x = \bigcup\limits_{B \in \mathscr{D}_x} B$ 是不可分的. 显然 A_x 是包含 x 的最大的不可分子系. 设 $x, y \in A$. 如果 $A_x \cap A_y \neq \varnothing$, 则由命题 1.1.10 知 $A_x \cup A_y$ 也是不可分的. 又 $x, y \in A_x \cup A_y$, 所以由 A_x, A_y 的最大性即知 $A_x = A_x \cup A_y = A_y$. 如下定义 A 上的关系 $\sim$:

$$x \sim y \Leftrightarrow A_x = A_y,$$

则 $\sim$ 是 A 上的等价关系. 在每个等价类中取代表元 x, 则 $\dot{\bigcup\limits_{x \in A'}} A_x$, 这里 A' 是如上所取的代表元的集合.

下证唯一性. 设 A 有两种不交并分解: $A = \dot{\bigcup}_{i \in I} B_i = \dot{\bigcup}_{j \in J} C_j$, 这里 B_i 和 C_j 都是不可分的. 对任意 $i \in I$, 考虑 B_i 中的元素. 取定 $b \in B_i$, 则存在 $j \in J$, 使得 $b \in C_j$. 所以 $Sb \subseteq C_j$. 令

$$B_i' = \{x \in B_i | x \in C_j\},$$
$$B_i'' = \{y \in B_i | \text{ 存在 } k \in J, \text{使得 } y \in C_k \text{ 但 } k \neq j\}.$$

显然 $B_i = B_i' \cup B_i''$ 且 B_i' 和 B_i'' 若不空的话都是 S-系. 由 B_i 的不可分性即得 $B_i'' = \varnothing$. 所以对任意 $i \in I$, 存在 $j \in J$, 使得 $B_i \subseteq C_j$. 对于上述 j, 同样的方法可知存在 $i' \in I$, 使得 $C_j \subseteq B_{i'}$. 所以 $B_i \subseteq C_j \subseteq B_{i'}$. 易知 $i = i'$. 因此 $B_i = C_j$. 同样的方法可知对任意 $j \in J$, 存在 $i \in I$, 使得 $C_j = B_i$. 这即证明了唯一性. ■

设 A 是 S-系, 若 $A = \dot{\bigcup}_{i \in I} B_i$ 是 A 的不可分分解, 则称每个 B_i 为 A 的不可分分量.

命题 1.1.12 设 A 是 S-系, $a, b \in A$. 则 a, b 在 A 的同一个不可分分量中当且仅当存在 $s_1, t_1, \cdots, s_n, t_n \in S$, $a_1, \cdots, a_{n-1} \in A$, 使得

$$\begin{aligned} s_1 a &= t_1 a_1, \\ s_2 a_1 &= t_2 a_2, \\ s_3 a_2 &= t_3 a_3, \\ &\cdots\cdots \\ s_n a_{n-1} &= t_n b. \end{aligned} \tag{1.1.1}$$

证明 充分性. 设存在 $s_1, t_1, \cdots, s_n, t_n \in S, a_1, \cdots, a_{n-1} \in A$ 满足题设条件. 容易看出 a 和 b 在同一个不可分分量中. 因为如果 a, b 在不同不可分分量中, 那么通过给等式组 (1.1.1) 中等式两边左乘以适当的元素, 最后存在 $u, v \in S$, 使得 $ua = vb$, 矛盾.

必要性. 在 A 上定义关系 $\sim$:

$$a \sim b \Leftrightarrow \text{存在 } s_1, t_1, \cdots, s_n, t_n \in S, a_1, \cdots, a_{n-1} \in A,$$

使得等式组 (1.1.1) 成立.

可以证明 $\sim$ 是 A 上的等价关系. 将 A 按照等价关系 $\sim$ 分类, 则 A 可以写成这些子类的不交并. 设 A_i 是任意子类, $x \in A_i$. 对任意 $s \in S$, 显然 $x \sim sx$, 即 sx 和 x 在同一个子类中, 所以 $sx \in A_i$. 这说明 A_i 是 S-系. 容易证明 A_i 还是不可分的. 所以 A 写成了不可分子系的不交并, 且对任意 $a, b \in A$, 若 a, b 在同一个不可分分量中, 则 $a \sim b$, 故结论成立. ■

推论 1.1.13 设 A 是 S-系, $a,b\in A$. 则 a,b 在 A 的同一个不可分分量中当且仅当存在 $s_1,t_1,\cdots,s_n,t_n\in S$, $a_1,\cdots,a_{n-1}\in A$, 使得

$$a=s_1a_1,$$
$$t_1a_1=s_2a_2,$$
$$t_2a_2=s_3a_3,$$
$$\cdots\cdots$$
$$t_na_n=b.$$

1.2 节在平坦性质的定义中, 可以看到位于同一个不可分分量中的两个元素所满足的等式组, 对刻画幺半群性质的重要作用. 不可分内在的本质含义, 有待于进一步深入研究.

定义 1.1.14 称 S-系 A 是自由的当且仅当 $A\cong\amalg S$.

1.2 正 则 性

为介绍清楚正则系, 首先需要投射系的定义和基本性质.

称 S-系 P 为投射的, 如果对于任意 S-满同态 $\phi:A\to B$, 任意 S-同态 $f:P\to B$, 存在 S-同态 $g:P\to A$, 使得下图可换:

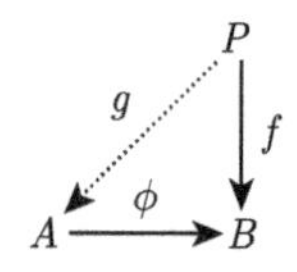

例 1.2.1 设 S 是幺半群, $e^2=e\in S$. 则 S-系 Se 是投射的.

证明 设 ϕ: $A\to B$ 是任意 S-满同态, $f:Se\to B$ 是任意 S-同态. 记 $f(e)=b\in B$. 因为 ϕ 是满的, 所以存在 $a\in A$, 使得 $\phi(a)=b$. 定义从 Se 到 A 的 S-同态 g 为: 任意的 $s\in S$, $g(se)=sea$. 则对任意 $s\in S$, $\phi g(se)=\phi(sea)=se\phi(a)=seb=sef(e)=f(see)=f(se)$, 所以 $\phi g=f$. 这就证明了 Se 是投射的. ■

为了给出投射 S-系的等价刻画, 需要以下引理 1.2.2.

引理 1.2.2 任意投射 S-系的余直积仍为投射系.

证明 设 $P_i(i\in I)$ 是投射 S-系, $P=\coprod_{i\in I}P_i$, $\phi:A\to B$ 是 S-满同态, $f:P\to B$ 是 S-同态. 记 $\epsilon_i:P_i\to P$ 是自然的 S-同态, 则由 P_i 的投射性知存在 S-同态 $g_i:P_i\to A$, 使得下图可换:

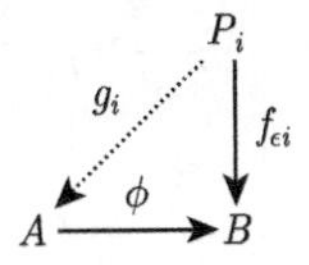

由余直积的泛性质知存在 S-同态 $g : P \to A$, 使得下图可换:

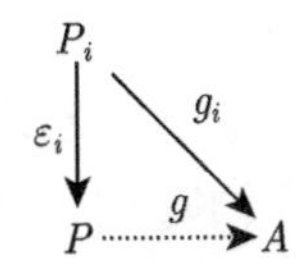

所以对任意的 $i \in I$, $f\epsilon_i = \phi g_i = \phi g \epsilon_i$. 由 i 的任意性和 P 的结构有 $f = \phi g$, 即 P 是投射的. ■

称 S-满同态 $f : A \to B$ 是可收缩的, 如果存在 S-同态 $g : B \to A$, 使得 $fg = 1_B$. 下面的定理 1.2.3 给出了投射系的等价刻画.

定理 1.2.3 对于 S-系 P, 以下三条等价:

(1) P 是投射的;

(2) 函子 $\mathrm{Hom}_S(P, -)$(从范畴 S-Act 到集合范畴) 把满同态变为满映射;

(3) 任意满同态 $A \to P$ 是可收缩的.

证明 (1)$\Longleftrightarrow$(2) 是显然的.

(1)$\Rightarrow$(3) 对任意满同态 $f : A \to P$, 由 P 的投射性知存在 S-同态 $g : P \to A$, 使得下图可换:

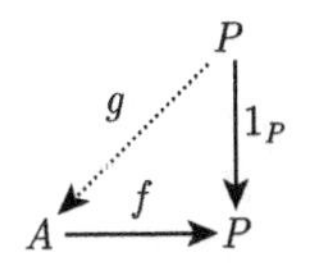

所以 f 是可收缩的.

(3)$\Longrightarrow$(1) 对任意 $x \in P$, 令 $S_x = S$. 作 $S_x(x \in P)$ 的余直积 $Q = \coprod_{x \in P} S_x$. 由例 1.2.1 和引理 1.2.2 知 Q 是投射 S-系. 对任意 $x \in P$, 作 S-同态 $\pi_x : S_x \to P$ 为 $\pi_x(s) = sx$, 其中任意的 $s \in S_x$. 由余直积的泛性质即知存在 S-同态 $\pi : Q \to P$, 使得 $\pi|_{S_x} = \pi_x$. 显然 π 还是满同态. 所以由 (3) 知 π 是可收缩的, 即存在 S-同态 $h : P \to Q$, 使得 $\pi h = 1_P$.

设 $\phi : A \to B$ 是 S-满同态, $f : P \to B$ 是 S-同态. 由 Q 的投射性即知存在 S-同态 $g : Q \to A$, 使得下图可换:

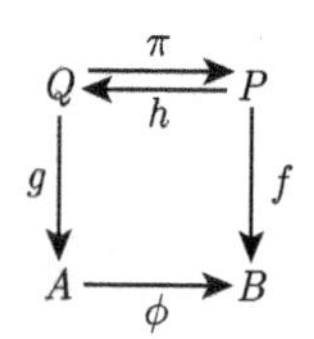

即 $\phi g = f\pi$. 所以 $f = f\pi h = \phi gh$. 这就证明了 P 是投射系. ■

下面的定理 1.2.4 说明引理 1.2.2 的逆也成立.

定理 1.2.4　设 $P_i(i \in I)$ 是 S-系. 则 $\coprod_{i\in I} P_i$ 为投射系当且仅当每个 P_i 为投射系.

证明　若每个 P_i 为投射系, 则由引理 1.2.2 知 $\coprod_{i\in I} P_i$ 为投射系.

反过来, 设 $P = \coprod_{i\in I} P_i$ 是投射系. 记 $\epsilon_i : P_i \to P$ 为自然的包含同态 (实际上, $P = \dot{\cup}_{i\in I} P_i$). 对于每个 P_i, 类似于定理 1.2.3 的证明中的 (3)$\Longrightarrow$(1), 即知存在集合 I_i 以及 S-满同态 $f_i : \coprod_{j\in I_i} S \to P_i$. 作余直积 $T = \coprod_{i\in I}(\coprod_{j\in I_i} S)$, 记 $\sigma_i : \coprod_{j\in I_i} S \to T$ 为自然的包含同态. 由余直积的泛性质即知存在 S-同态 $f : T \to P$, 使得对任意 $i \in I$ 有 $f\sigma_i = \epsilon_i f_i$. 即有如下交换图.

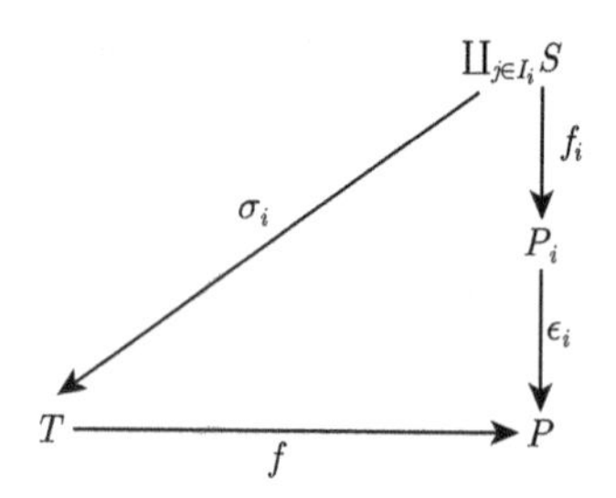

由于每个 f_i 是满同态, 所以易证 f 也是满同态. 利用 P 的投射性, 由定理 1.2.3 知 f: $T \to P$ 是可收缩的. 所以存在 S-同态 $g : P \to T$, 使得 $fg = 1_P$. 下面证明 $g\epsilon_i(P_i) \subseteq \coprod_{j\in I_i} S$.

若存在 $x \in P_i$, 使得 $g\epsilon_i(x) \in \coprod_{j\in I_k} S$, $k \neq i$. 则有 $x = \epsilon_i(x) = fg\epsilon_i(x) \in f(\coprod_{j\in I_k} S) = f_k\sigma_k(\coprod_{j\in I_k} S) = \epsilon_k f_k(\coprod_{j\in I_k} S) \subseteq P_k$, 矛盾. 这就证明了 $g\epsilon_i(P_i) \subseteq \coprod_{j\in I_i} S$.

因此对于任意 $x \in P_i$, $fg\epsilon_i(x) = f(g\epsilon_i(x)) = f\sigma_i(g\epsilon_i(x)) = \epsilon_i f_i g\epsilon_i(x)$, 即 $\epsilon_i(x) = \epsilon_i f_i g\epsilon_i(x)$. 由于 ϵ_i 是单同态, 有 $x = f_i g\epsilon_i(x)$. 所以 $f_i g\epsilon_i = 1_{P_i}$.

设 $h : A \to P_i$ 是 S-满同态. 由例 1.2.1 和引理 1.2.2 知 $\coprod_{j\in I_i} S$ 是投射系. 所以存在 S-同态 $\alpha : \coprod_{j\in I_i} S \to A$, 使得下图可换:

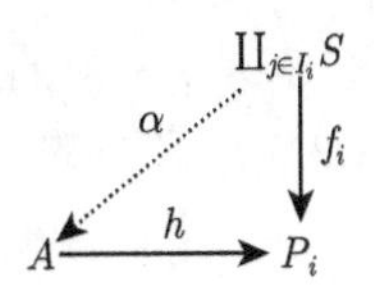

即 $h\alpha = f_i$. 所以 $h\alpha g\epsilon_i = f_i g\epsilon_i = 1_{P_i}$. 因此 S-满同态 $h: A \to P_i$ 是可收缩的. 由定理 1.2.3 即知 P_i 是投射的. ■

命题 1.2.5 设 P 是投射 S-系. 则 P 是不可分的当且仅当它是循环的.

证明 和定理 1.2.3 的证明类似地可知存在 S-满同态 $f: \coprod_{i\in I} S_i \to P$, 这里每个 S_i 同构于 ${}_SS$. 由于 P 是投射的, 所以 f 是可收缩的, 即存在 S-同态 $g: P \to \coprod_{i\in I} S_i$, 使得 $fg = 1_P$. 显然存在 $i \in I$, 使得 $g(P) \cap S_i \neq \varnothing$. 令

$$A_1 = \{x \in P \mid g(x) \in S_i\}, \quad A_2 = P - A_1.$$

若 $A_2 \neq \varnothing$, 则 A_1, A_2 都是 S-系且 $P = A_1 \dot{\cup} A_2$. 这和 P 的不可分性矛盾. 所以 $A_2 = \varnothing$, 即 $g(P) \subseteq S_i$. 因此 $P = fg(P) \subseteq f(S_i)$. 而 $f(S_i) \subseteq P$ 是显然的. 所以 $P = f(S_i)$, 故 P 是循环的. ■

命题 1.2.6 循环 S-系 Sx 是投射的当且仅当存在 S 的幂等元 e, 使得 $Sx \simeq Se$.

证明 由例 1.2.1 知对于任意幂等元 $e \in S$, Se 是投射 S-系. 反过来, 设 Sx 是投射系. 定义 S-同态 $f: S \to Sx$ 为: 对任意的 $s \in S$, 有 $f(s) = sx$. 则 f 是可收缩的, 所以存在 S-同态 $g: Sx \to S$, 使得 $fg = 1_{Sx}$. 设 $g(x) = e \in S$. 则

$$x = fg(x) = f(e) = ef(1) = ex,$$

所以

$$e = g(x) = g(ex) = eg(x) = ee = e^2,$$

即 e 是幂等元. 显然 $g(Sx) = Se$. 所以 $Sx \simeq Se$. ■

下面的定理 1.2.7 给出了投射 S-系的结构.

定理 1.2.7 设 A 是左 S-系. 则 A 是投射的当且仅当 $A \cong \coprod_{i\in I} Se_i, e_i^2 = e_i \in S$.

证明 利用引理 1.2.2、定理 1.2.4、命题 1.2.5、命题 1.2.6 可得. ■

下面介绍正则系的相关定义和性质.

定义 1.2.8 设 A 是 S-系, $a \in A$, 称 a 是 A 中的正则元, 如果存在 S-同态 $f: Sa \to S$, 使得

$$f(a)a = a.$$

设 S 是正则幺半群, $s \in S$, 则存在 $s' \in S$, 使得 $s = ss's$. 作映射 $f: Ss \to S$ 为 $f(ts) = tss'$. 容易证明 f 是 S-同态, 并且 $f(s)s = ss's = s$, 所以 s 是左 S-系 ${}_SS$ 中的正则元.

注意幺半群 S 中的正则元和左 S-系 $_SS$ 中的正则元是不一致的, 前者是指 von Neumann 正则, 而后者是指定义 1.2.8 意义下的正则.

引理 1.2.9 设 A 是 S-系, $a \in A$, 以下三条等价:

(1) a 是 A 中的正则元;

(2) 存在 $e \in E(S)$, 使得 $ea = a$, 且对于任意的 $p, q \in S$, 若 $pa = qa$, 则 $pe = qe$;

(3) Sa 是投射 S-系.

证明 (1)⇒(2) 设 $f : Sa \to S$ 是 S-同态且满足 $f(a)a = a$. 记 $e = f(a) \in S$, 则 $f(a) = f(f(a)a) = f(a)f(a)$, 所以 $e \in E(S)$. 显然 $ea = a$. 设 $p, q \in S$, 使得 $pa = qa$, 则

$$pe = pf(a) = f(pa) = f(qa) = qe.$$

(2)⇒(3) 作映射 $\varphi : Sa \to Se$ 如下: 对任意的 $s \in S$, 有

$$\varphi(sa) = se,$$

则由条件 (2) 易知 φ 是有定义的. 若 $se = te$, 则 $sa = sea = tea = ta$, 所以 φ 是单的. 显然 φ 是 S-满同态, 所以 $\varphi : Sa \to Se$ 是同构, 因此 Sa 是投射的.

(3)⇒(1) 设 Sa 是投射的, 则存在 S-同构 $\varphi : Sa \to Se$, 其中 $e \in E(S)$. 设 $\varphi(a) = s, \varphi(ta) = e$, 则 $ets = et\varphi(a) = e\varphi(ta) = ee = e$, 所以 $setset = seet = set$, 即 $set \in E(S)$. 令 $g = set$, 作映射 $\alpha : Sa \to Sg$ 为 $\alpha(xa) = xg$. 若 $xa = ya$, 则 $xs = ys$, 所以 $xg = yg$. 这说明 α 是有定义的. 显然 α 是 S-同态, 且 $\alpha(a) = g$. 设 $xg = yg$, 则 $xa = x\varphi^{-1}(s) = x\varphi^{-1}(se) = xse\varphi^{-1}(e) = xseta = xga = yga = yseta = yse\varphi^{-1}(e) = y\varphi^{-1}(se) = y\varphi^{-1}(s) = ya$. 所以 α 是单的, 从而 α 是 S-同构. 因为

$$\alpha(\alpha(a)a) = \alpha(a)\alpha(a) = g \cdot g = g = \alpha(a).$$

所以 $\alpha(a)a = a$. 这说明 a 是 A 中的正则元. ■

引理 1.2.10 正则 S-系的任意子系仍为正则系, 正则 S-系的余直积仍为正则系.

证明 由定义及引理 1.2.9 可得. ■

称幺半群 S 是左 PP 的, 如果 S 的任意主左理想是投射的. 由引理 1.2.9 可得以下命题 1.2.11.

命题 1.2.11 设 S 是幺半群, 以下两条等价:

(1) S 是左 PP 幺半群;

(2) 对任意的 $s \in S$, 存在 $e \in E(S)$, 使得 $es = s$, 并且对于任意的 $p, q \in S$, 若 $ps = qs$, 则 $pe = qe$.

设 A 是 S-系, $a \in A$. 引进如下记号:

$$\begin{aligned}\underline{M}_a &= \{e \in E(S) \mid ea = a, \text{并且对任意的 } x, y \in S,\ xa = ya \Rightarrow xe = ye\} \\ &= \{e \in E(S) \mid a \text{ 是 } e \text{ 可消的}\}.\end{aligned}$$

由引理 1.2.9 即得如下命题 1.2.12.

命题 1.2.12 S-系 A 是正则的当且仅当对任意 $a \in A$, $\underline{M}_a \neq \varnothing$.

设 $a \in A$, 若 $e \in \underline{M}_a$, 则称 $\{a, e\}$ 是 A 的一个正则对. 下面的命题 1.2.13 是正则对满足的性质.

命题 1.2.13 设 $a \in A, \{a, e\}$ 和 $\{a, e'\}$ 都是正则对, 则有

(1) $ee' = e', e'e = e$;

(2) $e\mathscr{R}e'$.

证明 因为 $ea = a = 1 \cdot a$, 所以由正则对 $\{a, e'\}$ 的性质可知有 $ee' = e'$. 同理可证 $e'e = e$. 由 (1) 即可得到 (2). ■

1.3 拉回图与平坦性

定义 1.3.1 设 A 是右 S-系, B 是左 S-系, 作卡氏积 $A \times B$. 令

$$H = \{((as, b), (a, sb)) \mid a \in A, b \in B, s \in S\},$$

记 $\rho = \rho(H)$ 为由 H 生成的 $A \times B$ 上的最小等价关系. 称商集 $A \times B/\rho$ 为 A 和 B 的张量积, 记为 $A \otimes B$.

对任意 $a \in A, b \in B, (a, b)$ 所在的等价类记为 $a \otimes b$. 显然对任意 $a \in A, b \in B, s \in S, as \otimes b = a \otimes sb$. 这个等式关系在后续问题的研究中起到重要作用.

下面的定理 1.3.2 在平坦性研究中很重要, 可用来判断 $A \otimes B$ 中的两个元素是否相等.

定理 1.3.2 设 A 是右 S-系, B 是左 S-系, $a, a' \in A, b, b' \in B$. 则在 $A \otimes B$ 中 $a \otimes b = a' \otimes b'$ 的充要条件是: 存在 $a_1, \cdots, a_n \in A, b_2, \cdots, b_n \in B, s_1, t_1, \cdots, s_n, t_n \in S$, 使得

$$\begin{array}{ll} a = a_1 s_1, & \\ a_1 t_1 = a_2 s_2, & s_1 b = t_1 b_2, \\ a_2 t_2 = a_3 s_3, & s_2 b_2 = t_2 b_3, \\ \cdots\cdots & \cdots\cdots \\ a_n t_n = a', & s_n b_n = t_n b'. \end{array} \tag{1.3.1}$$

证明 规定 $A\times B$ 上的关系 σ 如下: 对任意 $a,a'\in A, b,b'\in B$, $(a,b)\sigma(a',b')\Leftrightarrow$ 存在 $a_1,\cdots,a_n\in A$, $b_2,\cdots,b_n\in B$, $s_1,t_1,\cdots,s_n,t_n\in S$, 使得等式组 (1.3.1) 成立. 下证 σ 是 $A\times B$ 上的等价关系. 因为

$$
\begin{aligned}
&a=a\cdot 1,\\
&a\cdot 1=a, \qquad 1\cdot b=1\cdot b,
\end{aligned}
$$

所以 $(a,b)\sigma(a,b)$. 对称性是显然的. 下证传递性. 设 $(a,b)\sigma(a',b')$, $(a',b')\sigma(a'',b'')$, 则由如下等式组即知 $(a,b)\sigma(a'',b'')$:

$$
\begin{aligned}
&a=a_1s_1,\\
&a_1t_1=a_2s_2, && s_1b=t_1b_2,\\
&a_2t_2=a_3s_3, && s_2b_2=t_2b_3,\\
&\quad\cdots\cdots && \quad\cdots\cdots\\
&a_nt_n=a'\cdot 1, && s_nb_n=t_nb',\\
&a'\cdot 1=a_1'u_1, && 1\cdot b'=1\cdot b',\\
&a_1'v_1=a_2'u_2, && u_1b'=v_1b_2',\\
&a_2'v_2=a_3'u_3, && u_2b_2'=v_2b_3',\\
&\quad\cdots\cdots && \quad\cdots\cdots\\
&a_m'v_m=a'', && u_mb_m'=v_mb''.
\end{aligned}
$$

所以 σ 是等价关系. 对于任意的 $((as,b),(a,sb))\in H$, 由于

$$
\begin{aligned}
&as=a\cdot s,\\
&a\cdot 1=a, \qquad s\cdot b=1\cdot sb,
\end{aligned}
$$

所以 $(as,b)\sigma(a,sb)$, 从而 $\rho\subseteq\sigma$.

设 $(a,b)\sigma(a',b')$, 则有

$$
\begin{aligned}
(a,b)&=(a_1s_1,b)\rho(a_1,s_1b)=(a_1,t_1b_2)\rho(a_1t_1,b_2)\\
&=(a_2s_2,b_2)\cdots(a_ns_n,b_n)\rho(a_n,s_nb_n)=(a_n,t_nb')\rho(a_nt_n,b')=(a',b'),
\end{aligned}
$$

所以 $(a,b)\rho(a',b')$. 因此 $\sigma\subseteq\rho$. 这就证明了 $\sigma=\rho$. 所以由定义即得结论. ■

在有些结论证明中, 为研究方便, 也常常采用下面的定理 1.3.3 来给出 $A\otimes B$ 中的两个元素相等的刻画, 该刻画与定理 1.3.2 等价.

定理 1.3.3 设 A 是右 S-系, B 是左 S-系, $a,a'\in A, b,b'\in B$. 则在 $A\otimes B$ 中 $a\otimes b=a'\otimes b'$ 的充要条件是: 存在 $b_1,\cdots,b_n\in B, a_2,\cdots,a_n\in A$, $s_1,t_1,\cdots,s_n,t_n\in S$, 使得

$$\begin{aligned} & & b&=s_1b_1,\\ as_1&=a_2t_1, & t_1b_1&=s_2b_2,\\ a_2s_2&=a_3t_2, & t_2b_2&=s_3b_3,\\ &\cdots\cdots & &\cdots\cdots\\ a_ns_n&=a't_n, & t_nb_n&=b'. \end{aligned} \tag{1.3.2}$$

证明 类似于定理 1.3.2 的证明. ■

设 A 是右 S-系, B 是左 S-系, X 是集合. 映射 $\beta:A\times B\to X$ 称为是平衡的, 如果对于任意 $a\in A$, 任意 $b\in B$, 任意 $s\in S$, 恒有 $\beta(as,b)=\beta(a,sb)$. 令 $\alpha:A\times B\to A\otimes B$ 为 $\alpha(a,b)=a\otimes b$, 则显然 α 是平衡映射.

定理 1.3.4 设 A 是右 S-系, B 是左 S-系, $\alpha:A\times B\to A\otimes B$ 是如上定义的平衡映射. 则张量积 $A\otimes B$ 具有下述的泛性质: 对于任意集合 X 和任意平衡映射 $\beta:A\times B\to X$, 存在唯一映射 φ, 使得下图可换:

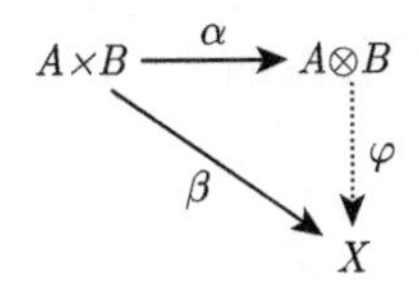

证明 规定映射 $\varphi:A\otimes B\to X$ 如下: 对任意的 $a\otimes b\in A\otimes B$,

$$\varphi(a\otimes b)=\beta(a,b),$$

先说明 φ 的定义是可行的: 设 $a\otimes b=a'\otimes b'$, 这里 $a,a'\in A, b,b'\in B$. 要证明 $\beta(a,b)=\beta(a',b')$. 由定理 1.3.2 知存在 $a_1,\cdots,a_n\in A, b_2,\cdots,b_n\in B$, $s_1,t_1,\cdots,s_n,t_n\in S$, 使得

$$\begin{aligned} a&=a_1s_1, & &\\ a_1t_1&=a_2s_2, & s_1b&=t_1b_2,\\ &\cdots\cdots & &\cdots\cdots\\ a_nt_n&=a', & s_nb_n&=t_nb'. \end{aligned}$$

所以 $\beta(a,b)=\beta(a_1s_1,b)=\beta(a_1,s_1b)=\beta(a_1,t_1b_2)=\cdots=\beta(a_n,t_nb')=\beta(a_nt_n,b')=\beta(a',b')$.

显然 $\beta = \varphi\alpha$. 下面证明 φ 还是唯一的. 设还有 $\varphi' : A \otimes B \to X$ 满足 $\beta = \varphi'\alpha$. 则对任意 $a \in A, b \in B, \varphi\alpha(a,b) = \varphi'\alpha(a,b)$, 即 $\varphi(a \otimes b) = \varphi'(a \otimes b)$. 因为 $A \otimes B = \{a \otimes b | a \in A, b \in B\}$, 所以 $\varphi = \varphi'$. ■

命题 1.3.5　设 B 是左 S-系, 则 $S \otimes B \simeq B$.

证明　作映射 $\alpha : S \otimes B \to B$: 对任意的 $s \otimes b \in S \otimes B$, 有

$$\alpha(s \otimes b) = sb.$$

首先证明 α 是有定义的: 设 $s, s' \in S, b, b' \in B$, 使得在 $S \otimes B$ 中有 $s \otimes b = s' \otimes b'$. 则由定理 1.3.2 知存在 $s_1, \cdots, s_n \in S,\ b_2, \cdots, b_n \in B, u_1, v_1, \cdots, u_n, v_n \in S$, 使得

$$\begin{aligned} &s = s_1u_1, && \\ &s_1v_1 = s_2u_2, && u_1b = v_1b_2, \\ &s_2v_2 = s_3u_3, && u_2b_2 = v_2b_3, \\ &\quad\cdots\cdots && \quad\cdots\cdots \\ &s_nv_n = s', && u_nb_n = v_nb'. \end{aligned}$$

所以 $sb = s_1u_1b = s_1v_1b_2 = s_2u_2b_2 = \cdots = s_nu_nb_n = s_nv_nb' = s'b'$.

作映射 $\beta : B \to S \otimes B$ 为: 对任意的 $b \in B$, 有

$$\beta(b) = 1 \otimes b.$$

显然 β 是有定义的. 又 $\alpha\beta = 1, \beta\alpha = 1$, 所以 $S \otimes B \simeq B$. ■

同理可以证明: 设 A 是右 S-系, 则 $A \otimes S \simeq A$. 对命题 1.3.5 的证明, β 的定义中幺元起了很重要的作用. 如果 S 不是幺半群, 则命题 1.3.5 中的同构式未必成立. 在文献 [3] 中, 称满足命题 1.3.5 中等式的 S-系是闭的. 在文献 [4] 中, 则称之为坚固 (firm) 系. 显然, 这两种定义中, S 不一定是幺半群.

设 A 是右 S-系, B 是左 S-右 T-系, 这里 T 也是一个幺半群. 作张量积 $A \otimes B$. 在 $A \otimes B$ 上定义右 T-作用如下: 对任意的 $a \in A,\ b \in B,\ t \in T$, 有

$$(a \otimes b) \cdot t = a \otimes bt.$$

先证明上述定义是有意义的: 设 $a \otimes b = a' \otimes b'$, 这里 $a, a' \in A, b, b' \in B$. 则由定理 1.3.2 知存在 $a_1, \cdots, a_n \in A, b_2, \cdots, b_n \in B, u_1, v_1, \cdots, u_n, v_n \in S$, 使得

$$\begin{aligned} &a = a_1u_1, && \\ &a_1v_1 = a_2u_2, && u_1b = v_1b_2, \end{aligned}$$

$$a_2v_2 = a_3u_3, \qquad u_2b_2 = v_2b_3,$$
$$\cdots\cdots \qquad\qquad \cdots\cdots$$
$$a_nv_n = a', \qquad u_nb_n = v_nb'.$$

所以 $a \otimes bt = a_1u_1 \otimes bt = a_1 \otimes u_1bt = a_1 \otimes v_1b_2t = a_1v_1 \otimes b_2t = a_2u_2 \otimes b_2t = \cdots = a_nu_n \otimes b_nt = a_n \otimes u_nb_nt = a_n \otimes v_nb't = a_nv_n \otimes b't = a' \otimes b't$.

显然, 对任意 $t, t' \in T, a \in A, b \in B$, 在 $A\otimes B$ 中有 $(a\otimes b)(tt') = ((a\otimes b)t)t'$, $(a\otimes b)\cdot 1 = a\otimes b$, 所以 $A\otimes B$ 是右 T-系. 如果 C 是左 T-系, 则还可以作张量积 $(A\underset{S}{\otimes}B)\underset{T}{\otimes}C$, 这里符号 $\underset{S}{\otimes}$ 表明是在 S 上作张量积, $\underset{T}{\otimes}$ 表明是在 T 上作张量积. 在不引起混淆的情况下省去 S 或 T.

接下来讨论如何用拉回图来给出研究同调分类问题用到的许多性质, 这些性质早期定义方式各异, 在 2001 年的时候, 由 Laan 等在文献 [5, 6] 中给出了统一的定义, 就是利用了拉回图的概念.

设由右 S-系及右 S-同态构成的图:

$$\begin{array}{ccc} & & M \\ & & \downarrow f \\ N & \xrightarrow{g} & Q \end{array}$$

右 S-系 P 以及右 S-系的同态 $\alpha : P \to M$, $\beta : P \to N$ 称为上图的拉回, 如果满足以下两条:

(1) 下图交换:

$$\begin{array}{ccc} P & \xrightarrow{\alpha} & M \\ \beta\downarrow & & \downarrow f \\ N & \xrightarrow{g} & Q \end{array}$$

(2) 对于任意交换图

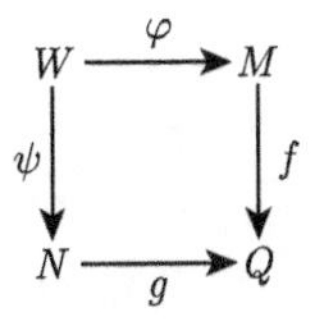

存在唯一的同态 $h : W \to P$, 使得下图交换:

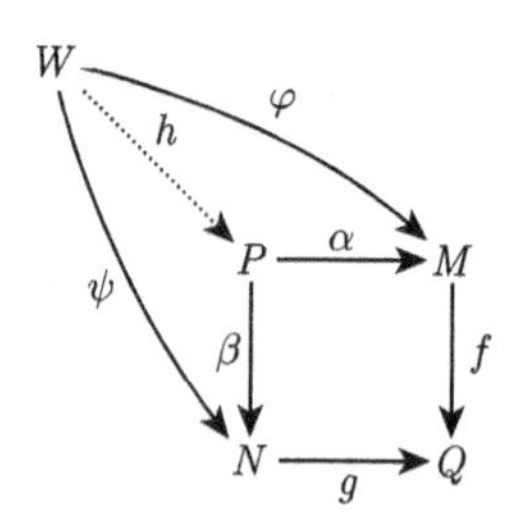

容易证明, 拉回若存在, 则在同构的意义下唯一. 该拉回图记为 $P(M,N,f,g,Q)$. 下面中凡是提到 "右 S-系范畴中任意拉回图 $P(M,N,f,g,Q)$ 的映射 h", 就指这里定义的 h.

命题 1.3.6　设 M,N,Q,f,g 同上且 $\mathrm{Im}f\cap\mathrm{Im}g\neq\varnothing$. 令

$$P=\{(m,n)|m\in M,n\in N,f(m)=g(n)\},$$

$\pi_1:P\to M$ 的定义为: $\pi_1(m,n)=m$, $\pi_2:P\to N$ 的定义为: $\pi_2(m,n)=n$, 则 (P,π_1,π_2) 是拉回.

证明　显然 P 是右 S-系, π_1,π_2 是 S-同态. 对任意 $(m,n)\in P$, $f\pi_1(m,n)=f(m)=g(n)=g\pi_2(m,n)$. 设 W 是右 S-系, $\varphi:W\to M$, $\psi:W\to N$ 是 S-同态且 $f\varphi=g\psi$. 规定映射 $h:W\to P$ 如下: 对任意的 $w\in W$,

$$h(w)=(\varphi(w),\psi(w)).$$

因为 $f\varphi(w)=g\psi(w)$, 所以 h 是有意义的. 显然 h 是 S-同态, 且 $\pi_1h(w)=\varphi(w)$, $\pi_2h(w)=\psi(w)$, 所以 $\pi_1h=\varphi$, $\pi_2h=\psi$. 设还有 S-同态 $h':W\to P$ 也满足 $\pi_1h'=\varphi,\pi_2h'=\psi$. 不妨设 $h(w)=(m,n)\in P$, $h'(w)=(m',n')\in P$. 则 $m=\pi_1(m,n)=\pi_1h(w)=\pi_1h'(w)=\pi_1(m',n')=m'$, 同理 $n=n'$. 所以 $h=h'$. 根据定义即知 (P,π_1,π_2) 是拉回. ■

设有右 S-系的拉回图:

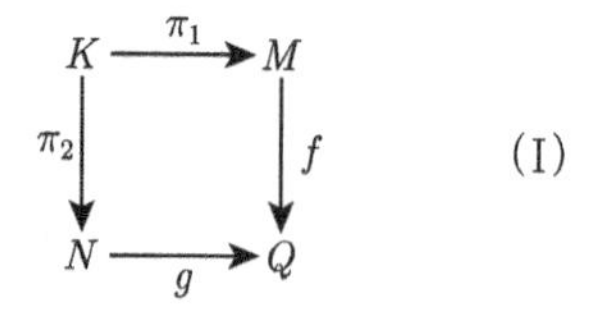

由命题 1.3.6, 可设 $K=\{(m,n)\in M\times N|f(m)=g(n)\}$. 设 B 是左 S-系. 考虑下图 (II):

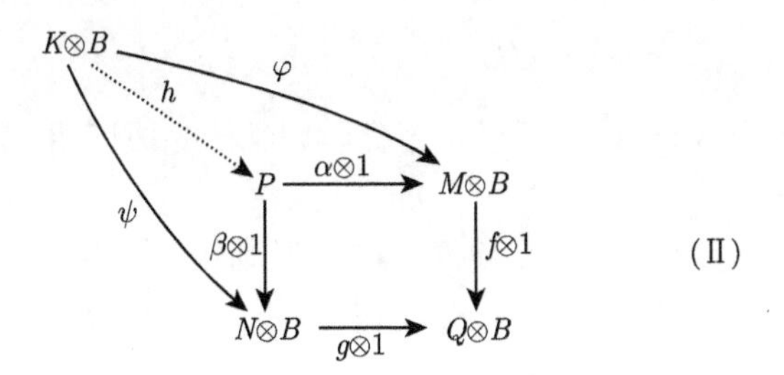

(II)

其中

$$P=\{(m\otimes b,n\otimes b')|m\otimes b\in M\otimes B,n\otimes b'\in N\otimes B,f(m)\otimes b=g(n)\otimes b'\},$$

h 的定义为: 对任意的 $b\in B,(m,n)\in K$, 有

$$h((m,n)\otimes b)=(m\otimes b,n\otimes b).$$

由定理 1.3.2 容易证明 h 是有定义的.

利用拉回图, 可以很好地刻画 S-系理论中的诸多平坦性质, 这里仅以部分性质说明.

定义 1.3.7 称左 S-系 A 满足条件 (P), 如果对任意的 $s,s'\in S$, 任意的 $a,a'\in A$, 若 $sa=s'a'$, 则存在 $a''\in A,u,v\in S$, 使得 $su=s'v,a=ua'',a'=va''$.

命题 1.3.8 设 B 是 S-系, 则以下两条等价:

(1) B 满足条件 (P);

(2) 对任意右 S-系 A, 任意 $a,a'\in A$, $b,b'\in B$, 在 $A\otimes B$ 中 $a\otimes b=a'\otimes b'$ 当且仅当存在 $b_1\in B$, $s_1,t_1\in S$, 使得

$$\begin{aligned}&& b&=s_1b_1,\\ as_1&=a't_1, & b'&=t_1b_1.\end{aligned}$$

证明 (1)⇒(2) 设 $a\otimes b=a'\otimes b'$, 则由定理 1.3.2 知存在 $b_1,\cdots,b_n\in B,a_2,\cdots,a_n\in A$, $s_1,t_1,\cdots,s_n,t_n\in S$, 使得等式组 (1.3.1) 成立.

如果 $n=1$, 则结论成立.

设 $n\geqslant 2$. 对于等式 $t_1b_1=s_2b_2$, 由条件 (P) 知存在 $b''\in B$, $u,v\in S$, 使得 $t_1u=s_2v$, $b_1=ub'',b_2=vb''$. 所以有

$$\begin{aligned}&& b&=s_1ub'',\\ as_1u&=a_3t_2v, & t_2vb''&=s_3b_3,\\ a_3s_3&=a_4t_3, & t_3b_3&=s_4b_4,\\ &\cdots\cdots & &\cdots\cdots\end{aligned}$$

$$a_n s_n = a' t_n, \qquad t_n b_n = b'.$$

此等式组的个数比 (1.3.1) 少 2, 所以可用数学归纳法完成证明. 另一个方向是不证自明的.

(2)⇒(1) 设 $b, b' \in B$, $s, t \in S$, 使得 $sb = tb'$. 则在 $S \otimes B$ 中有 $s \otimes b = t \otimes b'$. 所以由条件即知存在 $b_1 \in B$, s_1, $t_1 \in S$, 使得 $b = s_1 b_1$, $b' = t_1 b_1$, $ss_1 = tt_1$. 因此 B 满足条件 (P). ■

注记 1.3.9　结合定理 1.3.3 和命题 1.3.8 可以看出, 在刻画两组元素张量积相等的等式组 (1.3.2) 中, 若等式组长度等于 1, 就是条件 (P) 的另一种刻画. 由此, 在条件 (P) 和平坦性问题的研究中, 注意这种联系, 对问题解决是很有意义的.

对于条件 (P), 则有

命题 1.3.10　对于左 S-系 B, 下述条件等价:

(1) 右 S-系范畴中任意拉回图 $P(M, N, f, g, Q)$ 的映射 h 是满射;

(2) 右 S-系范畴中任意拉回图 $P(M, M, f, g, Q)$ 的映射 h 是满射;

(3) 右 S-系范畴中任意拉回图 $P(I, I, f, g, S)$ 的映射 h 是满射, 其中 I 是 S 的右理想;

(4) 右 S-系范畴中任意拉回图 $P(sS, sS, f, g, S)$ 的映射 h 是满射, 其中 $s \in S$;

(5) 右 S-系范畴中任意拉回图 $P(S, S, f, g, S)$ 的映射 h 是满射;

(6) 右 S-系范畴中任意拉回图 $P(M, M, f, f, Q)$ 的映射 h 是满射;

(7) B 满足条件 (P).

证明　(1)⇒(2)⇒(3)⇒(4)⇒(5) 和 (2)⇒(6) 显然.

(6)⇒(7) 假设右 S-系范畴中任意拉回图 $P(M, M, f, f, Q)$ 的映射 h 是满射. 设对于 $b, b' \in B, s, s' \in S$, $sb = s'b'$. 取 F 是具有两个生成元的自由右 S-系, 记为 $F = \{1, 2\} \times S$, 规定 S 在 F 上的右作用: $(i, s)u = (i, su)$. 定义 S-同态 f: $F \to S$ 如下:

$$f((1,1)) = s,$$
$$f((2,1)) = s'.$$

那么由 $sb = s'b'$ 可得

$$f((1,1)) \otimes b = f((2,1)) \otimes b'$$

在 $S \otimes B$ 中成立. 由拉回图 $P(M, M, f, f, Q)$ 的映射 h 的满性, 存在 $b'' \in B, u, v \in S, i, j \in \{1, 2\}$, 使得 $f((i, u)) = f((j, v))$, $(1, 1) \otimes b = (i, u) \otimes b''$, $(2, 1) \otimes b' = (j, v) \otimes b''$ 在 $F \otimes B$ 中成立. 由定理 1.3.2 及等式 $(1, 1) \otimes b = (i, u) \otimes b''$, 存在自然数 n 以及 $p_2, \cdots, p_n, s_1, \cdots, s_n, t_1, \cdots, t_n \in S$, $b_2, \cdots, b_n \in B$, $i_2, \cdots, i_n \in \{1, 2\}$, 使得

$$b = s_1 b_1,$$

$$
\begin{aligned}
&(1,1)s_1=(i_2,p_2)t_1, && t_1b_1=s_2b_2\\
&(i_2,p_2)s_2=(i_3,p_3)t_2, && t_2b_2=s_3b_3,\\
&\cdots\cdots && \cdots\cdots\\
&(i_n,p_n)s_n=(i,u)t_n, && t_nb_n=b''.
\end{aligned}
$$

由等式 $(1,1)s_1=(i_2,p_2)t_1$ 可得 $i_2=1$. 同理可得 $i_3=i_4=\cdots=i_n=i=1$. 由此有下述等式组

$$
\begin{aligned}
& && b=s_1b_1,\\
&1s_1=p_2t_1, && t_1b_1=s_2b_2\\
&p_2s_2=p_3t_2, && t_2b_2=s_3b_3,\\
&\cdots\cdots && \cdots\cdots\\
&p_ns_n=ut_n, && t_nb_n=b''.
\end{aligned}
$$

说明在 $S\otimes B$ 中有 $1\otimes b=u\otimes b''$. 类似地可得 $j=2$ 并且在 $S\otimes B$ 中有 $1\otimes b'=v\otimes b''$. 由引理得 $b=ub''$, $b'=vb''$. 最后由 f 的定义及 $f((1,u))=f((2,v))$ 推出 $su=s'v$.

(5)⇒(7) 设 $b_0,b_0'\in B$, $s,s'\in S$, 使得 $sb_0=s'b_0'$. 定义 f 和 g 分别是由 s 和 s' 确定的 S 上的左平移, 即任意的 $x\in S$, $f(x)=sx, g(x)=s'x$. 那么 $K=\{(u,v)\in S\times S|su=s'v\}$. 此时图 (II) 为

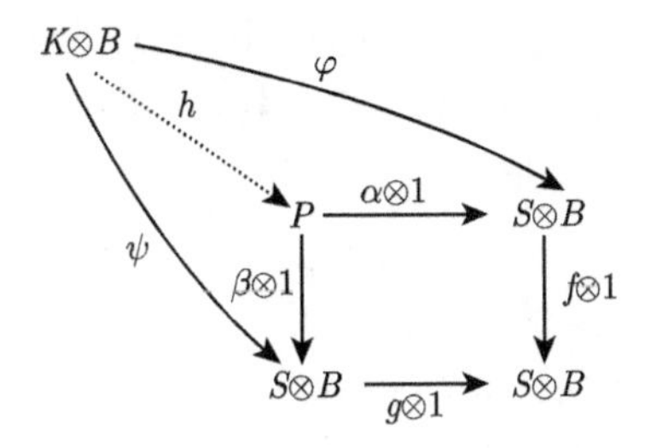

其中

$$P=\{(b,b')\in B\times B|sb=s'b'\},$$

h 的定义为: 对任意的 $(u,v)\in K$, $b\in B$,

$$h((u,v)\otimes b)=(ub,vb).$$

因为 $(b_0,b_0')\in P$, 所以存在 $b''\in B$, $(u,v)\in K$, 使得 $h((u,v)\otimes b'')=(b,b')$, 即 $su=s'v, b=ub'', b'=vb''$. 故 B 满足条件 (P).

(7)⇒(1) 任取 $(m\otimes b, n\otimes b')\in P$, 其中 P 如图 (II). 则在 $Q\otimes B$ 中有 $f(m)\otimes b = g(n)\otimes b'$. 因为 B 满足条件 (P), 所以由命题 1.3.8 知存在 $b''\in B$, $u,v\in S$, 使得

$$b = ub'',\quad b' = vb'',\quad f(m)u = g(n)v.$$

因为 $f(mu) = f(m)u = g(n)v = g(nv)$, 所以 $(mu, nv)\in K$. 显然, $h((mu,nv)\otimes b'') = (mu\otimes b'', nv\otimes b'') = (m\otimes ub'', n\otimes vb'') = (m\otimes b, n\otimes b')$, 所以 h 是满射. ■

定义 1.3.11　左 S-系 B 称为是强平坦的, 如果函子 $-\otimes B$ 把 Act-S 中的拉回图仍变为拉回图. 换言之, 右 S-系范畴中任意拉回图 $P(M,N,f,g,Q)$ 的映射 h 是双射.

定义 1.3.12　称左 S-系 A 满足条件 (E), 如果对任意的 $s,s'\in S$, 任意的 $a\in A$, 若 $sa = s'a$, 则存在 $a''\in A, u\in S$, 使得 $su = s'u, a = ua''$.

称左 S-系 A 是强平坦的, 如果 A 同时满足条件 (P) 和条件 (E). 关于强平坦、拉回平坦以及条件 (P) 和条件 (E) 的关系的来龙去脉, 放在 2.1 节详细阐述.

接下来给出后面章节的问题研究中需要的平坦、弱平坦、主弱平坦的概念和基本性质.

定义 1.3.13　称左 S-系 B 是平坦的, 如果函子 $-\otimes B$ 把任意单同态可变为单映射. 称 S-系 A 是弱平坦的, 如果对于 S 的任意右理想 I, 映射 $I\otimes A\to S\otimes A$ 是单的. 称 S-系 A 是主弱平坦的, 如果对于 S 的任意主右理想 I, 映射 $I\otimes A\to S\otimes A$ 是单的.

显然, 平坦系一定是弱平坦的, 弱平坦系一定是主弱平坦的. 因为 $S\otimes A\simeq A$, 所以 A 是 (主) 弱平坦的当且仅当对于任意 (主) 右理想 I, 映射 $I\otimes A\xrightarrow{f} A, f(x\otimes a) = xa$ 是单的. 接下来给出平坦、弱平坦、主弱平坦的最常用的刻画.

命题 1.3.14　S-系 B 是平坦的当且仅当: 对于任意右 S-系 A, 任意的 $a,a'\in A$, 映射 $(aS\cup a'S)\otimes B\to A\otimes B$ 是单的.

证明　设 A,C 是右 S-系且 $A\leqslant C$, $a,a'\in A, b,b'\in B$, 在 $C\otimes B$ 中有 $a\otimes b = a'\otimes b'$. 因为 $a,a'\in C$, 所以 $aS\cup a'S\leqslant C$. 由条件知映射 $(aS\cup a'S)\otimes B\to C\otimes B$ 是单的, 所以在 $(aS\cup a'S)\otimes B$ 中有 $a\otimes b = a'\otimes b'$. 因此在 $A\otimes B$ 中有 $a\otimes b = a'\otimes b'$, 即 $A\otimes B\to C\otimes B$ 是单映射.

另一个方向的证明是显然的. ■

由此即可得到平坦性的一个重要等价条件.

定理 1.3.15　设 B 是左 S-系. 则 B 是平坦的当且仅当: 对任意的右 S-系 A, 任意的 $a,a'\in A$, 任意的 $b,b'\in B$, 若在 $A\otimes B$ 中有 $a\otimes b = a'\otimes b'$, 则在 $(aS\cup a'S)\otimes B$ 中有 $a\otimes b = a'\otimes b'$.

弱平坦性质有如下常用的等价刻画.

定理 1.3.16　对于 S-系 A, 如下几条是等价的:

(1) A 是弱平坦的;

(2) A 是主弱平坦的, 且对于 S 的任意右理想 $I, J, IA \cap JA = (I \cap J)A$;

(3) A 是主弱平坦的, 且对于任意 $x, y \in S$, 任意的 $a, a' \in A$, 若 $xa = ya'$, 则存在 $a'' \in A, z \in xS \cap yS$, 使得 $xa = ya' = za''$.

证明 (1)⇒(3) 若 $xa = ya', x, y \in S, a, a' \in A$, 则在 $S \otimes A$ 中有 $x \otimes a = y \otimes a'$. 由 A 的弱平坦性可知在 $(xS \cup yS) \otimes A$ 中有 $x \otimes a = y \otimes a'$, 所以存在 $x_1, \cdots, x_n \in xS \cup yS, a_2, \cdots, a_n \in A, u_1, v_1, \cdots, u_n, v_n \in S$, 使得

$$\begin{aligned} &x = x_1 u_1, & & \\ &x_1 v_1 = x_2 u_2, & & u_1 a = v_1 a_2, \\ &x_2 v_2 = x_3 u_3, & & u_2 a_2 = v_2 a_3, \\ &\cdots\cdots & & \cdots\cdots \\ &x_n v_n = y, & & u_n a_n = v_n a'. \end{aligned}$$

令 $z_1 = x, z_i = x_{i-1} v_{i-1}, i = 2, \cdots, n+1$. 显然存在 $k \in \{1, \cdots, n+1\}$, 使得 $z_k \in xS \cap yS$. 令 $a'' = a_k \in A$, 则利用上述等式组计算可知 $xa = ya' = z_1 a = z_{n+1} a' = z_k a_k = z_k a''$.

(3)⇒(2) 对于 S 的任意右理想 I, J, 显然有 $(I \cap J)A \subseteq IA \cap JA$. 设 $xa = ya' \in IA \cap JA$, 这里 $x \in I, y \in J, a, a' \in A$, 由 (3) 知存在 $z \in xS \cap yS, a'' \in A$, 使得 $xa = ya' = za''$. 显然 $z \in I \cap J$, 所以 $xa \in (I \cap J)A$. 从而 $(I \cap J)A = IA \cap JA$.

(2)⇒(3) 显然.

(3)⇒(1) 设 $x, y \in S, a, a' \in A$, 在 $S \otimes A$ 中满足 $x \otimes a = y \otimes a'$. 要证明在 $(xS \cup yS) \otimes A$ 中有 $x \otimes a = y \otimes a'$. 容易证明 (利用命题 1.3.8) $xa = ya'$. 由 (3) 即知存在 $z \in xS \cap yS$, $a'' \in A$, 使得 $xa = ya' = za''$. 显然在 $S \otimes A$ 中有 $x \otimes a = z \otimes a'', y \otimes a' = z \otimes a''$, 所以在 $xS \otimes A$ 中有 $x \otimes a = z \otimes a''$, 在 $yS \otimes A$ 中有 $y \otimes a' = z \otimes a''$, 从而在 $(xS \cup yS) \otimes A$ 中有 $x \otimes a = z \otimes a'' = y \otimes a'$. 因此 A 是弱平坦的. ■

命题 1.3.17 设 $A = Sa$ 是循环 S-系, 则 A 是强平坦的当且仅当对于 $s, t \in S$, 如果 $sa = ta$, 那么存在 $u \in S$, 使得 $su = tu, a = au$.

证明 由于强平坦性质满足条件 (E), 利用条件 (E) 的定义易证结论成立. ■

称幺半群 S 是左 PSF 幺半群, 如果 S 的任意主左理想是强平坦的. 右 PSF 幺半群可以对偶地定义. 设 $u \in S$, 称 u 是右半可消元, 若 $su = tu, s, t \in S$, 则存在 $r \in S$, 使得 $u = ru, sr = tr$. 定理 1.3.18 给出了左 PSF 幺半群的刻画.

定理 1.3.18 如下条件等价:

(1) S 是左 PSF 幺半群;

(2) S 的任意主左理想可由右半可消元生成;

(3) S 的任意元素都是右半可消元.

证明　(1)⇒(3) 取 $u \in S$, 设 $s, t \in S$ 满足 $su = tu$, 因为 Su 是强平坦的, 所以满足条件 (E), 故存在 $u \in Su, p \in S$, 使得 $u = pv, sp = tp$, 而 $v = qu, q \in S$, 所以 $u = pqu, spq = tpq$, 这说明 u 是 S 的右半可消元.

(3)⇒(2) 显然.

(2)⇒(1) 由命题 1.3.17 可得. ■

当 S 是右 PSF 幺半群时, 主弱平坦系有如下的等价刻画.

定理 1.3.19　设 S 是右 PSF 幺半群, A 是 S-系, 如下两条是等价的:

(1) A 是主弱平坦的;

(2) 对任意 $a, a' \in A, x \in S$, 若 $xa = xa'$, 则存在 $u \in S$, 使得 $x = xu, ua = ua'$.

证明　(1)⇒(2) 设 $a, a' \in A, x \in S$ 满足 $xa = xa'$. 则在 $S \otimes A$ 中有 $x \otimes a = x \otimes a$. 因为 A 是主弱平坦的, 所以在 $xS \otimes A$ 中有 $x \otimes a = x \otimes a'$. 由定理 1.3.3 知存在 $a_1, \cdots, a_n \in A, u_2, \cdots, u_n \in S, s_1, t_1, \cdots, s_n, t_n \in S$, 使得

$$
\begin{aligned}
& & a &= s_1 a_1, \\
xs_1 &= xu_2 t_1, & t_1 a_1 &= s_2 a_2, \\
xu_2 s_2 &= xu_3 t_2, & t_2 a_2 &= s_3 a_3, \\
&\cdots\cdots & &\cdots\cdots \\
xu_n s_n &= xt_n, & t_n a_n &= a'.
\end{aligned}
$$

因为 S 是右 PSF 幺半群, 所以由定理 1.3.18 知 x 是 S 的左半可消元. 因此由等式 $xs_1 = xu_2 t_1$ 知存在 $v_1 \in S$, 使得 $x = xv_1, v_1 s_1 = v_1 u_2 t_1$. 所以 $xv_1 u_2 s_2 = xu_2 s_2 = xu_3 t_2 = xv_1 u_3 t_2$. 由 x 的左半可消元知存在 $v_2 \in S$, 使得 $x = xv_2, v_2 v_1 u_2 s_2 = v_2 v_1 u_3 t_2$. 令 $v_1' = v_2 v_1$, 则 $x = xv_1', v_1' s_1 = v_1' u_2 t_1, v_1' u_2 s_2 = v_1' u_3 t_2$. 利用数学归纳法可以证明存在 $v \in S$, 使得

$$
\begin{gathered}
x = xv, \quad vs_1 = vu_2 t_1, \quad vu_n s_n = vt_n, \\
vu_i s_i = vu_{i+1} t_i, \quad i = 2, 3, \cdots, n-1.
\end{gathered}
$$

因此, $va = vs_1 a_1 = vu_2 t_1 a_1 = vu_2 s_2 a_2 = \cdots = vu_n s_n a_n = vt_n a_n = va'$.

(2)⇒(1) 设 $a, a' \in A, x \in S$ 满足: 在 $S \otimes A$ 中, $x \otimes a = x \otimes a'$ 成立. 容易证明 $xa = xa'$. 所以由 (2) 知存在 $u \in S$, 使得 $x = xu$, $ua = ua'$. 因此在 $xS \otimes A$ 中有

$$
x \otimes a = xu \otimes a = x \otimes ua = x \otimes ua' = xu \otimes a' = x \otimes a',
$$

即 A 是主弱平坦的. ■

推论 1.3.20 设 S 是右 PP 幺半群, A 是 S-系. 如下几条是等价的:

(1) A 是主弱平坦的;

(2) 对任意 $a, a' \in A, x \in S$, 若 $xa = xa'$, 则存在 $u \in E(S)$, 使得 $x = xu$, $ua = ua'$.

证明 (2)⇒(1) 是显然的.

(1)⇒(2) 设 $xa = xa'$. 由定理 1.3.19 知存在 $v \in S$, 使得 $x = xv, va = va'$. 由命题 1.2.11 知存在幂等元 $u \in S$, 使得 $x = xu, u = uv$, 所以 $ua = uva = uva' = ua'$. ■

当 S 是右 PSF 幺半群时, 弱平坦系有如下的等价刻画.

定理 1.3.21 设 S 是右 PSF 幺半群, A 是 S-系. 如下几条是等价的:

(1) A 是弱平坦的;

(2) 对任意 $a, a' \in A$, 任意 $x, y \in S$, 若 $xa = ya'$, 则存在 $a'' \in A, x_1, y_1, u, v \in S$, 使得

$$\begin{aligned} &xu = x, \quad yv = y, \quad xx_1 = yy_1, \\ &ua = x_1a'', \quad va' = y_1a''. \end{aligned}$$

证明 (1)⇒(2) 设 $x, y \in S, a, a' \in A$ 满足 $xa = ya'$. 由定理 1.3.19 知存在 $a'' \in A, z = xs = yt \in xS \cap yS$, 使得 $xa = ya' = za''$. 因为 $xa = za'' = xsa''$, 所以由定理 1.3.18 知存在 $u \in S$, 使得 $x = xu, ua = usa''$. 同理由 $ya' = yta''$ 知存在 $v \in S$, 使得 $y = yv, va' = vta''$. 令 $x_1 = us, y_1 = vt$, 则 $ua = x_1a'', va' = y_1a''$, 且 $xx_1 = xus = xs = yt = yvt = yy_1$.

(2)⇒(1) 设 $a, a' \in A, x, y \in S$, 在 $S \otimes A$ 中有 $x \otimes a = y \otimes a'$. 则 $xa = ya'$. 由 (2) 知存在 $a'' \in A, x_1, y_1, u, v \in S$, 使得 $x = xu, y = yv, xx_1 = yy_1, ua = x_1a'', va' = y_1a''$. 所以在 $(xS \cup yS) \otimes A$ 中有

$$\begin{aligned} x \otimes a &= xu \otimes a = x \otimes ua = x \otimes x_1a'' = xx_1 \otimes a'' \\ &= yy_1 \otimes a'' = y \otimes y_1a'' = y \otimes va' = yv \otimes a' \\ &= y \otimes a'. \end{aligned}$$

因此 A 是弱平坦的. ■

推论 1.3.22 设 S 是右 PP 幺半群, A 是左 S-系. 如下两条等价:

(1) A 是弱平坦的;

(2) 对于任意 $a, a' \in A$, 任意 $x, y \in S$, 若 $xa = ya'$, 则存在 $a'' \in A, x_1, y_1 \in S, u, v \in E(S)$, 使得 $x = xu, y = yv, xx_1 = yy_1, ua = x_1a'', va' = y_1a''$.

证明　由定理 1.3.21 知 (2) ⇒(1) 是显然的.

(1)⇒(2) 由定理 1.3.21 知存在 $a'' \in A, x_1, y_1, u, v \in S$, 使得 $x = xu, y = yv, xx_1 = yy_1, ua = x_1a'', va' = y_1a''$. 又因为 xS 和 yS 都是投射的, 所以存在幂等元 e, f, 使得 $x = xe, y = yf, e = eu, f = fv$. 令 $p = ex_1, q = fy_1$, 则有 $ea = eua = ex_1a'' = pa'', fa' = fva' = fy_1a'' = qa'', xp = xex_1 = xx_1 = yy_1 = yfy_1 = yq$. ■

定理 1.3.23　设 S 是幺半群, 如下几条等价:

(1) S 是正则幺半群;

(2) 所有 S-系是主弱平坦的;

(3) 所有循环 S-系是主弱平坦的.

证明　(1)⇒(2) 因为正则幺半群是右 PP 的, 所以利用推论 1.3.20 来证明本结论. 设 A 是任意的 S-系, $a, a' \in A, x \in S$, 满足 $xa = xa'$. 令 $u = x'x$, 其中 $x' \in V(x)$, 则 $u \in E(S), x = xx'x = xu, ua = x'xa = x'xa' = ua'$.

(2)⇒(3) 显然.

(3)⇒(1) 设 $s \in S$, 若 $s = s^2$, 则 s 是正则元. 下设 $s \neq s^2$. 记 λ 为 S 的由 (s, s^2) 生成的最小左同余. 在张量积 $S \otimes S/\lambda$ 中显然有 $s \otimes 1\lambda = s^2 \otimes 1\lambda$. 利用循环 S-系 S/λ 的主弱平坦性可知在 $sS \otimes S/\lambda$ 中有 $s \otimes 1\lambda = s^2 \otimes 1\lambda$. 所以存在 $u_1, v_1, \cdots, u_n, v_n \in S, b_2, \cdots, b_n \in S/\lambda, s_1, \cdots, s_n \in sS$, 使得

$$\begin{aligned}
&s = s_1u_1, && \\
&s_1v_1 = s_2u_2, && u_11\lambda = v_1b_2, \\
&\cdots\cdots && \cdots\cdots \\
&s_nv_n = s^2, && u_nb_n = v_n1\lambda.
\end{aligned}$$

设 $b_i = w_i\lambda \in S/\lambda, i = 2, \cdots, n$. 则 $(u_1, v_1w_2) \in \lambda, \cdots, (u_nw_n, v_n) \in \lambda$. 若 $u_1 = v_1w_2, \cdots, u_nw_n = v_n$, 则容易证明 $s = s^2$, 矛盾. 设 $u_1 = v_1w_2, \cdots, u_iw_i = v_iw_{i+1}$, 但 $u_{i+1}w_{i+1} \neq v_{i+1}w_{i+2}$, 则存在 $t \in S$, 使得 $u_{i+1}w_{i+1} = ts$. 所以 $s = s_1u_1 = s_1v_1w_2 = \cdots = s_iv_iw_{i+1} = s_{i+1}u_{i+1}w_{i+1} = s_{i+1}ts \in sSs$, 说明 s 是正则元. ■

定理 1.3.24　设 S 是正则幺半群, A 是左 S-系. 则 A 是弱平坦的当且仅当: 对于任意 $x, y \in S$, 任意 $a \in A$, 若 $xa = ya$, 则存在 $z \in xS \cap yS$, 使得 $xa = ya = za$.

证明　必要性. 设 $xa = ya$. 则由定理 1.3.16 知存在 $a' \in A, z_1 \in xS \cap yS$, 使得 $xa = ya = z_1a''$. 取 $z_1' \in V(z_1)$, 令 $z = z_1z_1'x$, 则 $z \in xS \cap yS$, 且 $za = z_1z_1'xa = z_1z_1'z_1a'' = z_1a'' = xa = ya$.

充分性. 设 A 满足所给条件, 下证 A 是弱平坦的. 由定理 1.3.23 知 A 是主弱平坦的. 设 $x, y \in S, a, a' \in A$ 满足 $xa = ya'$. 令 $a'' = xa = ya'$, 取 $x' \in V(x), y' \in V(y)$, 则有 $a'' = xx'xa = xx'a'' = yy'a''$. 所以由条件知存在 $z \in xx'S \cap yy'S = xS \cap yS$,

使得 $xx'a''=yy'a''=za''$. 故 $xa=ya'=za''$. 由定理 1.3.16 知 A 是弱平坦的. ■

定理 1.3.25 对于幺半群 S, 以下几条等价:

(1) 所有 S-系是弱平坦的;

(2) 所有循环 S-系是弱平坦的;

(3) S 是正则幺半群, 且对任意 $x,y\in S$, 存在 $z\in xS\cap yS$, 使得 $(z,x)\in\lambda(x,y)$, 这里 $\lambda(x,y)$ 是 S 上的由 (x,y) 生成的最小左同余.

证明 (1)⇒(2) 显然.

(2)⇒(3) 由定理 1.3.23 知 S 是正则幺半群. 对于任意 $x,y\in S$, $S/\lambda(x,y)$ 是弱平坦系. 因为 $x\lambda=y\lambda$, 即 $x\cdot 1\lambda=y\cdot 1\lambda$, 所以由定理 1.3.24 知存在 $z\in xS\cap yS$, 使得 $x\cdot 1\lambda=y\cdot 1\lambda=z\cdot 1\lambda$, 所以 $(z,x)\in\lambda(x,y)$.

(3)⇒(1) 设 A 是任意 S-系, 则由定理 1.3.23 知 A 是主弱平坦的. 设 $a\in A,x,y\in S$ 满足 $xa=ya$. 定义 S 上的左同余 ρ 如下:

$$s\rho t\Longleftrightarrow sa=ta.$$

显然 $(x,y)\in\rho$, 所以 $\lambda(x,y)\subseteq\rho$. 由 (3) 知存在 $z\in xS\cap yS$, 使得 $(z,x)\in\lambda(x,y)$, 所以 $(z,x)\in\rho$, 因此 $xa=ya=za$. 由定理 1.3.24 即知 A 是弱平坦的. ■

定理 1.3.26 对于 S-系 A, 如下几条等价:

(1) A 是主弱平坦的;

(2) 对任意 $a,a'\in A,s\in S$, 若 $as=a's$, 则存在 $a_1,\cdots,a_m\in A,p_1,p_2,\cdots,p_m$, $q_1,q_2,\cdots,q_m\in S$, 使得

$$\begin{aligned}
&a=a_1p_1,\\
&a_1q_1=a_2p_2, && p_1s=q_1s,\\
&a_2q_2=a_3p_3, && p_2s=q_2s,\\
&\cdots\cdots && \cdots\cdots\\
&a_{m-1}q_{m-1}=a_mp_m, && p_{m-1}s=q_{m-1}s,\\
&a_mq_m=a', && p_ms=q_ms.
\end{aligned}$$

证明 (1)⇒(2) 对任意 $a,a'\in A,s\in S$, 若 $as=a's$, 则显然 $a\otimes s=a'\otimes s$ 在 $A\otimes S$ 中成立. 因为 A 是主弱平坦的, $a\otimes s=a'\otimes s$ 在 $A\otimes Ss$ 中成立. 由定理 1.3.2, 存在 $x_1,\cdots,x_m\in A,p_2,\cdots,p_m\in Ss$, $u_1,v_1,\cdots,u_m,v_m\in S$, 使得

$$\begin{aligned}
&a=x_1u_1,\\
&x_1v_1=x_2u_2, && u_1s=v_1p_2,\\
&x_2v_2=x_3u_3, && u_2p_2=v_2p_3,
\end{aligned}$$

$$
\begin{aligned}
&\cdots\cdots && \cdots\cdots \\
&x_{m-1}v_{m-1} = x_m u_m, && u_{m-1}p_{m-1} = v_{m-1}p_m, \\
&x_m v_m = a', && u_m p_m = v_m s.
\end{aligned}
$$

因为 $p_2, p_3, \cdots, p_m \in Ss$, 所以存在 $t_2, t_3, \cdots, t_m \in S$, 使得 $p_i = t_i s (i = 2, \cdots, m)$. 故有

$$
\begin{aligned}
&a = a_1 u_1, && \\
&a_1 v_1 t_2 = a_2 u_2 t_2, && u_1 s = v_1 t_2 s, \\
&a_2 v_2 t_3 = a_3 u_3 t_3, && u_2 t_2 s = v_2 t_3 s, \\
&\cdots\cdots && \cdots\cdots \\
&a_{m-1} v_{m-1} t_m = a_m u_m t_m, && u_{m-1} t_{m-1} s = v_{m-1} t_m s, \\
&a_m v_m = a', && u_m t_m s = v_m s.
\end{aligned}
$$

记 $p_1 = u_1, v_i t_{i+1} = q_i, u_{i+1} t_{i+1} = p_i, i = 1, 2, \cdots, m-1$, 则有等式组

$$
\begin{aligned}
&a = a_1 p_1, && \\
&a_1 q_1 = a_2 p_2, && p_1 s = q_1 s, \\
&a_2 q_2 = a_3 p_3, && p_2 s = q_2 s, \\
&\cdots\cdots && \cdots\cdots \\
&a_{m-1} q_{m-1} = a_m p_m, && p_{m-1} s = q_{m-1} s, \\
&a_m q_m = a', && p_m s = q_m s.
\end{aligned}
$$

(2)⇒(1) 假设对任意 $a, a' \in A, s \in S$, 若 $as = a's$, 则存在 $a_1, \cdots, a_m \in A, p_1, p_2, \cdots, p_m, q_1, q_2, \cdots, q_m \in S$, 使得

$$
\begin{aligned}
&a = a_1 p_1, && \\
&a_1 q_1 = a_2 p_2, && p_1 s = q_1 s, \\
&a_2 q_2 = a_3 p_3, && p_2 s = q_2 s, \\
&\cdots\cdots && \cdots\cdots \\
&a_{m-1} q_{m-1} = a_m p_m, && p_{m-1} s = q_{m-1} s, \\
&a_m q_m = a', && p_m s = q_m s.
\end{aligned}
$$

那么有

$$a \otimes s = a_1p_1 \otimes s = a_1 \otimes p_1s = a_1 \otimes q_1s$$
$$= a_1q_1 \otimes s = a_2p_2 \otimes s = a_2q_2 \otimes s$$
$$= \cdots = a_mp_m \otimes s = a' \otimes s.$$

因此 A 是主弱平坦的. ■

至此, 与后面几章相关的强平坦、条件 (P)、平坦、弱平坦、主弱平坦等概念都已经介绍清楚了.

1.4 序 S-系

在本书中, 凡提到 "S-系" 及 "S-同余" 均指偏序是离散序的情形, 即无论幺半群还是 S-系中都是等式关系. 而 "序 S-系" 及 "序 S-同余" 则指本章的定义, 也就是指任意的偏序.

设 A 是非空集合, $\leqslant$ 是 A 上的一个二元关系, 如果 $\leqslant$ 满足以下三个条件, 就称为 A 上的一个偏序.

(1) 自反性: 任意的 $a \in A$, 有 $a \leqslant a$;

(2) 反对称性: 任意的 $a, b \in A$, 如果 $a \leqslant b$ 并且 $b \leqslant a$, 那么 $a = b$;

(3) 传递性: 任意的 $a, b, c \in A$, 如果 $a \leqslant b$ 并且 $b \leqslant c$, 那么 $a \leqslant c$.

设 S 是幺半群, S 称为序幺半群, 如果存在 S 上的一个偏序 $\leqslant$, 使得对任意的 $s, s', u \in S$, 由 $s \leqslant s'$ 推出 $su \leqslant s'u$ 以及 $us \leqslant us'$. 序幺半群的性质, 在一定意义上可以看作半群同余的 "相容性".

设 S 和 T 都是序幺半群, 它们的偏序未必一样, 为方便都用 $\leqslant$ 来记. 称 S 到 T 的映射 φ 是 S 到 T 的序幺半群同态, 如果满足以下三个条件: 对任意的 $s, s' \in S$,

(1) $\varphi(ss') = \varphi(s)\varphi(s')$;

(2) $\varphi(1_S) = 1_T$;

(3) $s \leqslant s' \Longrightarrow \varphi(s) \leqslant \varphi(s')$.

设 S 是序幺半群, A 是一个带有偏序 $\leqslant$ 的集合. f 是 $S \times A$ 到 A 的映射, 简记为 $f(s, a) = sa$. 如果对任意的 $a, a' \in A, s, s' \in S$, 满足以下 4 个条件:

(i) $(s's)a = s'(sa)$;

(ii) $1a = a$;

(iii) $s \leqslant s' \Longrightarrow sa \leqslant s'a$;

(iv) $a \leqslant a' \Longrightarrow sa \leqslant sa'$,

则称 (A, f) 是序左 S-系, 或称 S 序左作用于 A 上. 为了方便起见, 简记为 ${}_SA$ 或 A. 同样的办法可以定义序右 S-系.

设 T 是从偏序集 A 到自身的全体保序映射构成的序幺半群, 那么序 S-系 ${}_SA$, 从本质上, 相当于从序幺半群 S 到序幺半群 T 存在一个序幺半群同态. 不难验证, 序幺半群同态的条件 (1), (2), (3) 分别对应于序 S-系定义的条件 (i), (ii), (iii). 而序 S-系的条件 (iv), 从本质上说明了 T 中元素的确为保序的映射.

序半群和序 S-系的偏序若为恒等关系, 就是通常所说的 S-系.

设 A 是序左 S-系, B 是 A 的非空子集合. 若对任意 $b \in B$, 任意 $s \in S$, 都有 $sb \in B$, 则称 B 是 A 的序左 S-子系.

设 A, B 是序左 S-系, 称映射 $f: A \to B$ 为从 A 到 B 的序 S-同态, 如果

(1) 对任意的 $s \in S$, $a \in A$, 有 $f(sa) = sf(a)$;

(2) 对任意的 $a, a' \in A$, f 是保序的, 即 $a \leqslant a' \Longrightarrow f(a) \leqslant f(a')$.

设 A 是序左 S-系, θ 是 A 上的等价关系, 若 θ 满足

(1) θ 是 S-系 A 上的同余;

(2) 在商 S-系 A/θ 上具有偏序, 使得商集 A/θ 成为序 S-系, 且自然的映射 $A \to A/\theta$ 是序 S-同态.

那么称 θ 是 A 上的序 S-同余.

由于对给定的同余 θ, 商 S-系 S/θ 可能会具有不止一种序, 所以有必要指出考虑的是哪种序. 例如: 设 $S = \{1\}$, 偏序集 $\{a, b, 1\}$ 上的偏序为: a 与 b 不可比较, 1 是最大元. 令 $\theta = \Delta$, 即 A 上的恒等关系, 则商集上的以下三种序都可以使 θ 成为 A 上的同余:

$$[a] \text{ 与 } [b] \text{ 不可比较}, \ [1] \text{ 是最大元},$$

$$[a] < [b] < [1],$$

$$[b] < [a] < [1].$$

设 A 是序左 S-系, $\leqslant$ 是 A 上的偏序, α 是 A 上自反的、传递的二元关系, 并且满足: 对任意的 $s \in S, a, a' \in A$, 有

$$(a, a') \in \alpha \Rightarrow (sa, sa') \in \alpha.$$

设 $a, a' \in A$, 若存在 $a_i, a_i' \in A$, $i = 1, 2, \cdots, m$, 使得

$$a \leqslant a_1 \alpha a_1' \leqslant a_2 \alpha a_2' \leqslant \cdots \leqslant a_m \alpha a_m' \leqslant a'$$

成立, 则称从 a 到 a' 有一个 α-链, 记作 $a \underset{\alpha}{\leqslant} a'$. 如果 $a = a'$, 称该 α 链是闭的, 否则称之为开的.

利用上述的 α, 在 A 上定义关系 θ 如下:

$$a \theta a' \Longleftrightarrow a \underset{\alpha}{\leqslant} a' \underset{\alpha}{\leqslant} a.$$

则 θ 成为 A 上的 S-同余, 商集 S/θ 上的序自然地定义为

$$[a]_\theta \leqslant [a']_\theta \Longleftrightarrow a \underset{\alpha}{\leqslant} a'.$$

则 θ 成为 A 上的序 S-同余. 并且如果 η 是 A 上的序 S-同余, $\alpha \subseteq \eta$, 那么 $\theta \subseteq \eta$. 因为假设 $\alpha \subseteq \eta$, 并且 $a \underset{\alpha}{\leqslant} a'$, 则存在如下的 α-链

$$a \leqslant a_1 \alpha a_1' \leqslant a_2 \alpha a_2' \leqslant \cdots \leqslant a_m \alpha a_m' \leqslant a'.$$

因此, $[a]_\eta \leqslant [a']_\eta$; 类似地 $a' \underset{\alpha}{\leqslant} a$ 可推出 $[a']_\eta \leqslant [a]_\eta$, 所以 $\theta \subseteq \eta$, 称 θ 为由 α 生成的序 S-同余. 特别地, 如果 $H \subseteq A \times A$ 而且 α 是由 H 生成的 S-同余, 则相应的序 S-同余 $\theta(H)$ 称为由 H 生成的序 S-同余.

设 A 是序左 S-系, $H \subseteq A \times A$. 定义 A 上的关系 $\alpha(H)$ 为: $a\alpha(H)a'$ 当且仅当 $a = a'$ 或者

$$\begin{aligned} &a = s_1 x_1, \\ &s_1 y_1 = s_2 x_2, \\ &\quad \cdots\cdots \\ &s_{n-1} y_{n-1} = s_n x_n, \\ &s_n y_n = a', \end{aligned}$$

其中 $(x_i, y_i) \in H$, $s_i \in S$. 注意到 $\alpha(H)$ 是自反的、传递的二元关系, 并且对任意的 $a, a' \in A$, $s \in S$, $a\alpha(H)a'$ 推出 $sa\alpha(H)sa'$. 因此如下定义的关系 $\nu(H)$

$$a\nu(H)a' \Longleftrightarrow a \underset{\nu(H)}{\leqslant} a' \underset{\nu(H)}{\leqslant} a$$

是包含 $\alpha(H)$ 的最小序 S-同余, 称为由 H 诱导的同余. 在 $S/\nu(H)$ 中 $[a]_{\nu(H)} \leqslant [a']_{\nu(H)} \Longleftrightarrow a \underset{\alpha(H)}{\leqslant} a'$. 而且若 $H \subseteq A \times A$, β 是 A 上的序 S-同余, 使得任意的 $(x, y) \in H$ 推出 $[x]_\beta \leqslant [y]_\beta$, 则必有 $\nu(H) \subseteq \beta$. A 上由 H 生成的最小 S-同余 $\theta(H) = \nu(H \cup H^{\mathrm{op}})$.

Fakhruddin[7] 指出, 如果 θ 是序左 S-系 E 上的等价关系, 并且对任意的 $s \in S$, $e, e' \in E$,

$$(e, e') \in \theta \Rightarrow (se, se') \in \theta.$$

那么 θ 是 E 上的 S-同余当且仅当每一个 θ 链包含在 θ 的同一个等价类中. 这是判断一个序左 S-系上的等价关系成为序 S-同余的重要依据.

定义 1.4.1　设 A 是序右 S-系, B 是序左 S-系, $A\times B$ 表示集合 A 和 B 的卡氏积. 在 $A\times B$ 上定义偏序 $(a,b)\leqslant(c,d)$ 当且仅当 $a\leqslant c$ 并且 $b\leqslant d$, 其中 $a,c\in A,\ b,d\in B$. 令

$$H=\{((as,b),(a,sb))\mid a\in A,b\in B,s\in S\},$$

记 $\rho=\rho(H)$ 为由 H 生成的 $A\times B$ 上的序同余. 称商集 $(A\times B)/\rho$ 为 A 和 B 在 S 上的张量积, 记为 $A\otimes_S B$.

对任意 $a\in A,b\in B,(a,b)$ 所在的等价类记为 $a\otimes b$. 显然对任意的 $a\in A,b\in B,s\in S,\ as\otimes b=a\otimes sb$.

定义 1.4.2　称序左 S-系 A 满足条件 (P), 如果对任意的 $s,s'\in S$, 任意的 $a,a'\in A$, 若 $sa\leqslant s'a'$, 则存在 $a''\in A,u,v\in S$, 使得 $su\leqslant s'v,a=ua'',a'=va''$.

定义 1.4.3　称序左 S-系 A 满足条件 (Pw), 如果对任意的 $s,s'\in S$, 任意的 $a,a'\in A$, 若 $sa\leqslant s'a'$, 则存在 $a''\in A,u,v\in S$, 使得 $su\leqslant s'v,a\leqslant ua'',va''\leqslant a'$.

定义 1.4.4　称序左 S-系 A 满足条件 (E), 如果对任意的 $s,s'\in S$, 任意的 $a\in A$, 若 $sa\leqslant s'a$, 则存在 $a''\in A,u\in S$, 使得 $su\leqslant s'u,a=ua''$.

定义 1.4.5　设 S 是序幺半群, $c\in S$. c 称为序右可消的, 如果对任意的 $s,t\in S$, 由 $sc\leqslant tc$ 推出 $s\leqslant t$.

定义 1.4.6　称序左 S-系 B 是平坦的, 如果对任意的序右 S-系 A, 以及 $a,a'\in A,\ b,b'\in B$, 在 $A\otimes B$ 中 $a\otimes b=a'\otimes b'$ 成立可以推出在 $(aS\cup a'S)\otimes B$ 中 $a\otimes b=a'\otimes b'$ 成立. 序左 S-系 B 是弱平坦的定义, 只需将平坦定义中 A 取成 S. 序左 S-系 B 是主弱平坦的定义, 只需将平坦定义中 A 取成 S, 且令 $a=a'$ 即可. 这与 S-系的平坦、弱平坦、主弱平坦定义类似.

定义 1.4.7　称序左 S-系 B 是序平坦的, 如果对任意的序右 S-系 A, 以及 $a,a'\in A,\ b,b'\in B$, 在 $A\otimes B$ 中 $a\otimes b\leqslant a'\otimes b'$ 成立可以推出在 $(aS\cup a'S)\otimes B$ 中 $a\otimes b\leqslant a'\otimes b'$ 成立. 序左 S-系 B 是序弱平坦的定义, 只需将序平坦的定义中 A 取成 S. 序左 S-系 B 是序主弱平坦的定义, 只需将序平坦的定义中 A 取成 S, 且令 $a=a'$ 即可.

下面的定理 1.4.8 可用来判断 $A\otimes B$ 中的两个元素是否相等.

定理 1.4.8　设 A 是序右 S-系, B 是序左 S-系, $a,a'\in A,b,b'\in B$. 则在 $A\otimes B$ 中 $a\otimes b=a'\otimes b'$ 的充要条件是: 存在 $a_1,a_2,\cdots,a_n,c_1,c_2,\cdots,c_m\in A$, $b_2,\cdots,b_n,d_2,\cdots,d_m\in B,\ s_1,t_1,\cdots,s_n,t_n\in S,u_1,v_1,\cdots,u_m,v_m\in S$, 使得

$$\begin{aligned}
&a\leqslant a_1s_1, &&\\
&a_1t_1\leqslant a_2s_2, && s_1b\leqslant t_1b_2,\\
&a_2t_2\leqslant a_3s_3, && s_2b_2\leqslant t_2b_3,
\end{aligned}$$

$$\begin{array}{ll} \cdots\cdots & \cdots\cdots \\ a_n t_n \leqslant a', & s_n b_n \leqslant t_n b'; \\ a' \leqslant c_1 u_1, & \\ c_1 v_1 \leqslant c_2 u_2, & u_1 b' \leqslant v_1 d_2, \\ c_2 v_2 \leqslant c_3 u_3, & u_2 d_2 \leqslant v_2 d_3, \\ \cdots\cdots & \cdots\cdots \\ c_m v_m \leqslant a, & u_m d_m \leqslant v_m b. \end{array} \tag{1.4.1}$$

证明 对任意的 $a, a' \in A$, $b, b' \in B$, 定义 $A \times B$ 上的关系 σ 为 $(a,b)\sigma(a',b')$ 当且仅当 (1.4.1) 式成立. 易证 σ 是 A 上的等价关系. 下证 σ 为 $A \otimes B$ 上的序 S-同余. 假设 $a, a_i, a_i' \in A$, $b, b_i, b_i' \in B$, $i = 1, 2, \cdots, n$, 并且

$$\begin{aligned}(a,b) &\leqslant (a_1,b_1)\sigma(a_1',b_1') \\ &\leqslant (a_2,b_2)\sigma(a_2',b_2') \\ &\leqslant \cdots \leqslant (a_j,b_j)\sigma(a_j',b_j') \\ &\leqslant \cdots \\ &\leqslant (a_{n-1},b_{n-1})\sigma(a_{n-1}',b_{n-1}') \\ &\leqslant (a_n,b_n)\sigma(a_n',b_n') \\ &\leqslant (a,b). \end{aligned} \tag{1.4.2}$$

那么对任意的 $k \in \{1, 2, \cdots, n\}$, 相应地有以下一组式子成立

$$\begin{array}{ll} a_k \leqslant a_{k,1} s_{k,1}, & \\ a_{k,1} t_{k,1} \leqslant a_{k,2} s_{k,2}, & s_{k,1} b_k \leqslant t_{k,1} b_{k,2}, \\ a_{k,2} t_{k,2} \leqslant a_{k,3} s_{k,3}, & s_{k,2} b_{k,2} \leqslant t_{k,2} b_{k,3}, \\ \cdots\cdots & \cdots\cdots \\ a_{k,p_k} t_{k,p_k} \leqslant a_k', & s_{k,p_k} b_{k,p_k} \leqslant t_{k,p_k} b_k'; \\ a_k' \leqslant c_{k,1} u_{k,1}, & \\ c_{k,1} v_{k,1} \leqslant c_{k,2} u_{k,2}, & u_{k,1} b_k' \leqslant v_{k,1} d_{k,2}, \\ c_{k,2} v_{k,2} \leqslant c_{k,3} u_{k,3}, & u_{k,2} d_{k,2} \leqslant v_{k,2} d_{k,3}, \\ \cdots\cdots & \cdots\cdots \\ c_{k,q_k} v_{k,q_k} \leqslant a_k, & u_{k,q_k} d_{k,q_k} \leqslant v_{k,q_k} b_k, \end{array}$$

其中每一个元素属于哪个集合是显然的,这里不再赘述. 利用张量积 $A\otimes B$ 上的偏序定义、σ 的定义以及 (1.4.2) 式, 容易证得对任意的 $k\in\{1,2,\cdots,n\}$ 有 $(a,b)\sigma(a'_k,b'_k)$. 因为 $(a_k,b_k)\sigma(a'_k,b'_k)$, 所以 $(a,b)\sigma(a_k,b_k)$. 这说明每一个闭的 σ 链包含在 σ 的同一个等价类中, 故 σ 是 $A\times B$ 上的同余. 因为

$$
\begin{aligned}
& as\leqslant a\cdot s, \\
& a\cdot 1\leqslant a, \qquad s\cdot b\leqslant 1\cdot sb,\\
& a\leqslant a\cdot 1,\\
& a\cdot s\leqslant as, \qquad sb\leqslant s\cdot b.
\end{aligned}
$$

所以 $(as,b)\sigma(a,sb)$, 但 σ 是同余, 故 $\rho\subseteq\sigma$.

另一方面, 若 $(a,b)\sigma(a',b')$, 由 σ 的定义知 (1.4.1) 式成立, 因此

$$
\begin{aligned}
(a,b)\leqslant (a_1s_1,b)H(a_1,s_1b)&\leqslant (a_1,t_1b_2)H(a_1t_1,b_2)\leqslant\cdots\\
&\leqslant (a_ns_n,b_n)H(a_n,s_nb_n)\\
&\leqslant (a_n,t_nb')H(a_nt_n,b')\leqslant(a',b').
\end{aligned}
$$

故 $(a,b)\underset{H}{\leqslant}(a',b')$. 同理有 $(a',b')\underset{H}{\leqslant}(a,b)$. 所以有 $(a,b)\rho(a',b')$, 故 $\sigma\subseteq\rho$. 所以 $\rho=\sigma$. ■

注记 1.4.9 张量积 $A\underset{S}{\otimes}B$ 上的序如下定义: 在 $A\underset{S}{\otimes}B$ 中 $a\otimes b\leqslant a'\otimes b'$ 当且仅当存在 $a_1,\cdots,a_n\in A$, $b_2,\cdots,b_n\in B$, $s_1,t_1,\cdots,s_n,t_n\in S$, 使得

$$
\begin{aligned}
& a\leqslant a_1s_1,\\
& a_1t_1\leqslant a_2s_2, \qquad s_1b\leqslant t_1b_2,\\
& a_2t_2\leqslant a_3s_3, \qquad s_2b_2\leqslant t_2b_3,\\
& \qquad\cdots\cdots \qquad\qquad \cdots\cdots\\
& a_nt_n\leqslant a', \qquad s_nb_n\leqslant t_nb'.
\end{aligned}
$$

下面的命题 1.4.10 指出了序 S-系和 S-系性质的一个重要区别. 该命题也从一个侧面说明, 在序 S-系研究中, 序幺半群的偏序与结构对序 S-系的 “控制” 相对较弱, 而问题的研究难度, 要高于 S-系.

命题 1.4.10 对任意序幺半群 S, 总存在序左 S-系不满足条件 (P).

证明 设 S 是序幺半群, $B=\{x,y\}$ 是一个链, B 上的序定义为 $x<y$. 任意的 $s\in S$, 规定 $sx=x, sy=y$, 则 B 称为序左 S-系且不满足条件 (P). ■

相应于 S-系, 序 S-系的其他性质, 诸如自由、投射、强平坦性等的定义, 和 S-系类似, 这些性质的相互关系如下:

$$
\begin{array}{ccccccc}
\text{自由} \Rightarrow \text{投射} \Rightarrow & \text{条件 (P)} & & & & & \\
 & \Downarrow & & & & & \\
 & \text{条件 (Pw)} & & & & & \\
 & \Downarrow & & & & & \\
 & \text{序平坦} & \Rightarrow & \text{序弱平坦} & \Rightarrow \ \text{序主弱平坦} & \Rightarrow & \text{序挠自由} \\
 & \Downarrow & & \Downarrow & \quad\quad\ \Downarrow & & \Updownarrow \\
 & \text{平坦} & \Rightarrow & \text{弱平坦} & \Rightarrow \ \text{主弱平坦} & \Rightarrow & \text{挠自由}
\end{array}
$$

在上图中, 目前还没有反例表明序平坦一定不能推出条件 (Pw). 除此之外, 其他的蕴涵关系都不可逆.

1.5 重要工具 $A(I)$

本节介绍一个很重要的常用 S-系结构, 该 S-系具有重要的应用, 在后面的章节会发现它在刻画幺半群特征方面的巧妙应用.

设 I 是幺半群 S 的真左理想, x, y, z 是三个符号, 且不属于 S, 令

$$
\begin{aligned}
(S, x) &= \{(s, x) | s \in S\}, \\
(S, y) &= \{(s, y) | s \in S\}, \\
(I, z) &= \{(s, z) | s \in I\}.
\end{aligned}
$$

按自然的方式可定义 S 在 $(S, x), (S, y), (I, z)$ 上的左作用:

$$
s(t, z) = (st, z),
$$

$$
s(t, x) = \begin{cases} (st, x), & st \in S - I, \\ (st, z), & st \in I, \end{cases}
$$

$$
s(t, y) = \begin{cases} (st, y), & st \in S - I, \\ (st, z), & st \in I. \end{cases}
$$

则

$$
A(I) = (I, z) \dot{\cup} \{(s, x) | s \in S - I\} \dot{\cup} \{(s, y) | s \in S - I\}.
$$

显然 $(I, z) \dot{\cup} \{(s, x) | s \in S - I\} = S(1, x)$, $(I, z) \dot{\cup} \{(s, y) | s \in S - I\} = S(1, y)$, 所以

$$
A(I) = S(1, x) \cup S(1, y),
$$

且

$$
S(1, x) \cap S(1, y) = \{(s, z) | s \in I\} = (I, z).
$$

S-系 $A(I)$ 在 S-系理论研究中会经常用到. 下面介绍该结构的几个应用.

命题 1.5.1　设 A 是有限生成 S-系. 若 A 满足条件 (P), 则 A 是有限个循环子系的不交并.

证明　利用数学归纳法. 设 $A = Sa_1 \cup Sa_2$, 其中 $a_1, a_2 \in A$. 若 $Sa_1 \cap Sa_2 = \varnothing$, 则 A 就是循环子系的不交并. 设 $Sa_1 \cap Sa_2 \neq \varnothing$, 假定 $sa_1 = ta_2$, $s, t \in S$. 由于 A 满足条件 (P), 所以存在 $a' \in A, u, v \in S$, 使得

$$su = tv, \quad a_1 = ua', \quad a_2 = va'.$$

若 $a' \in Sa_1$, 则 $a_2 \in Sa_1$, 所以 $A = Sa_1$. 若 $a' \in Sa_2$, 同理可得 $A = Sa_2$. 总之, A 是循环子系的不交并.

设 $A = Sa_1 \cup \cdots \cup Sa_n$. 类似于上面的证明即得结论. ■

命题 1.5.1 中, 若条件 (P) 被强平坦性质替代, 结论也是成立的. 在第 10 章将看到其应用.

定理 1.5.2　所有左 S-系满足条件 (P) 当且仅当 S 是群.

证明　设 S 是群, A 是左 S-系, $a, a' \in A, s, t \in S$, 满足 $sa = ta'$. 令 $u = s^{-1}t, v = 1, a'' = a'$, 则有

$$su = ss^{-1}t = t \cdot 1 = tv, \quad a = s^{-1}ta' = ua'', \quad a' = 1 \cdot a'' = va''.$$

所以 A 满足条件 (P).

反过来, 设所有的左 S-系满足条件 (P). 假定 I 是 S 的任意真左理想, 构造 S-系

$$A(I) = S(1, x) \cup S(1, y).$$

因为 $S(1, x) \cap S(1, y) \neq \varnothing$, $S(1, x) \neq S(1, y)$, 所以由命题 1.5.1 即得矛盾. 说明 S 没有真的左理想, 故 S 是群. ■

命题 1.5.3　任意不可分 S-系是循环的当且仅当 S 是群.

证明　充分性. 设 S 是群, A 是不可分 S-系. 任取 $a \in A$. 若 $A - Sa = \varnothing$, 则 $A = Sa$, 即 A 是循环的. 下设 $A - Sa \neq \varnothing$. 因为 $A = Sa \,\dot{\cup}\, (A - Sa)$, 所以由 A 的不可分性即知 $A - Sa$ 不是子系. 因此存在 $b \in A - Sa$ 和 $t \in S$, 使得 $tb \in Sa$. 所以 $b = t^{-1}tb \in t^{-1}Sa \subseteq Sa$. 这和 $b \in A - Sa$ 矛盾.

必要性. 设 I 是 S 的真左理想. 考虑本节中构造的 S-系 $A(I)$. 显然 $A(I) = S(1, x) \cup S(1, y)$, 且 $S(1, x) \cap S(1, y) \neq \varnothing$. 所以由命题 1.1.9 和命题 1.1.10 即知 $A(I)$ 是不可分的. 但是 $A(I)$ 不是循环的, 从而与假设矛盾. 说明 S 没有真的左理想, 因此 S 是群. ■

命题 1.5.4　设 I 是 S 的真左理想. 则 S-系 $A(I)$ 满足条件 (E), 不满足条件 (P).

证明 由 $A(I)$ 的构造容易验证. ■

设 A 是 S-系. 称 A 是挠自由的, 如果对于任意 $a,b\in A$, 任意左可消元 $s\in S$, 若 $sa=sb$, 则 $a=b$.

定理 1.5.5 对于幺半群 S, 以下几条等价:

(1) 所有 S-系都是挠自由的;

(2) S 的任意左可消元是左可逆元.

证明 (1)⇒(2) 设 r 是 S 的左可消元. 若 $Sr=S$, 则 r 是左可逆元. 设 $Sr\neq S$, 则 $A(Sr)$ 是挠自由的. 但是

$$r(1,x)=(r,z)=r(1,y),$$

而 $(1,x)\neq(1,y)$. 这和挠自由性矛盾. 所以 S 的任意左可消元是左可逆元.

(2)⇒(1) 设 A 是 S-系, $a,b\in A, r\in S$ 是左可消元, $ra=rb$. 因为 r 是左可逆元, 所以存在 $r'\in S$, 使得 $r'r=1$. 因此 $a=b$, 即 A 是挠自由的. ■

下面的命题 1.5.6 选自文献 [8].

命题 1.5.6 设 I 是 S 的真左理想, 如下几条等价:

(1) $A(I)$ 是平坦的;

(2) $A(I)$ 是弱平坦的;

(3) $A(I)$ 是主弱平坦的;

(4) 对任意 $i\in I, i\in iI$.

证明 (1)⇒(2)⇒(3) 显然.

(3)⇒(4) 设 $A(I)$ 是主弱平坦的. 因为对于 $i\in I$, 有 $i(1,x)=(i,z)=i(1,y)$, 所以在 $S\otimes A(I)$ 中有 $i\otimes(1,x)=i\otimes(1,y)$. 则由 $A(I)$ 的主弱平坦性可知在 $iS\otimes A(I)$ 中有 $i\otimes(1,x)=i\otimes(1,y)$. 所以存在 $i_2,\cdots,i_n\in iS, a_1,\cdots,a_n\in A(I), s_1,t_1,\cdots,s_n,t_n\in S$, 使得

$$\begin{aligned}
& & (1,x)&=s_1a_1,\\
is_1&=i_2t_1, & t_1a_1&=s_2a_2,\\
i_2s_2&=i_3t_2, & t_2a_2&=s_3a_3,\\
&\cdots\cdots & &\cdots\cdots\\
i_ns_n&=it_n, & t_na_n&=(1,y).
\end{aligned}$$

设 $a_i=(p_i,w_i)$, 其中 $p_i\in S, w_i\in\{x,y,z\}$. 由上述等式组知肯定存在某个 i, 使得 $w_i=z$, 因此 $t_ip_i\in I$. 所以, $i=is_1p_1=i_2t_1p_1=i_2s_2p_2=\cdots=i_is_ip_i=i_{i+1}t_ip_i\in i_{i+1}I$. 又 $i_{i+1}\in iS$, 故 $i\in iI$.

(4)⇒(1) 设 A 是任意右 S-系, $a, a' \in A, m, m' \in A(I)$, 在 $A \otimes A(I)$ 中有 $a \otimes m = a' \otimes m'$. 要证明在 $(aS \cup a'S) \otimes A(I)$ 中有 $a \otimes m = a' \otimes m'$.

设 $m, m' \in S(1, x)$, 则在 $A \otimes S(1, x)$ 中有 $a \otimes m = a' \otimes m'$. 而 $S(1, x) \simeq S$ 是自由 S-系, 从而是平坦的, 所以在 $(aS \cup a'S) \otimes S(1, x)$ 中有 $a \otimes m = a' \otimes m'$, 因此在 $(aS \cup a'S) \otimes A(I)$ 中该等式成立. 若 $m, m' \in S(1, y)$, 则可采用类似的证明.

因此可设 $m = (s, x), m' = (t, y)$, 其中 $s, t \in S - I$. 由定理 1.3.3 可知存在 $u_1, v_1, \cdots, u_n, v_n \in S, a_2, \cdots, a_n \in A, m_i = (p_i, w_i) \in A(I)$, 其中 $p_i \in S, w_i \in \{x, y, z\}$, 使得

$$\begin{aligned} & & (s, x) &= u_1(p_1, w_1), \\ au_1 &= a_2v_1, & v_1(p_1, w_1) &= u_2(p_2, w_2), \\ a_2u_2 &= a_3v_2, & v_2(p_2, w_2) &= u_3(p_3, w_3), \\ &\cdots\cdots & &\cdots\cdots \\ a_nu_n &= a'v_n, & v_n(p_n, w_n) &= (t, y). \end{aligned}$$

显然存在 i, 使得 $v_ip_i = u_{i+1}p_{i+1} \in I$, 所以存在 $r \in I$, 使得 $v_ip_i = u_{i+1}p_{i+1} = v_ip_ir$. 因此, $as = au_1p_1 = a_2v_1p_1 = \cdots = a_{i+1}v_ip_i = a_{i+1}u_{i+1}p_{i+1} = \cdots = a'v_np_n = a't$, 所以 $asr = as = a't = a'tr$. 在 $aS \otimes A(I)$ 中计算

$$\begin{aligned} a \otimes (s, x) &= a \otimes s(1, x) = as \otimes (1, x) = asr \otimes (1, x) \\ &= as \otimes r(1, x) = as \otimes (r, z). \end{aligned}$$

同理在 $a'S \otimes A(I)$ 中有 $a' \otimes (t, y) = a't \otimes (r, z)$. 所以在 $(aS \cup a'S) \otimes A(I)$ 中有

$$a \otimes (s, x) = as \otimes (r, z) = a't \otimes (r, z) = a' \otimes (t, y). \qquad \blacksquare$$

定理 1.5.7 对于幺半群 S, 以下两条等价:

(1) 所有的左 S-系是主弱平坦的;

(2) S 是正则幺半群.

证明 (1)⇒(2) 设 $x \in S$. 如果 $Sx = S$, 则 x 是左可逆元, 所以是正则元. 设 $Sx \neq S$, 则 Sx 是 S 的真左理想. 因此由条件知 $A(Sx)$ 是主弱平坦 S-系. 由命题 1.5.6 知对任意 $y \in Sx$, 有 $y \in ySx$. 特别地 $x \in xSx$, 即 x 是正则元. 所以 S 是正则幺半群.

(2)⇒(1) 设 B 是任意左 S-系. 要证明 B 是主弱平坦的. 任意的 $b, b' \in B, s \in S$, 假设 $s \otimes b = s \otimes b'$ 在 $S \otimes B$ 中成立, 那么 $sb = sb'$. 因为 S 是正则幺半群, 存在 $x \in S$, 使得 $s = sxs$. 因此

$$s \otimes b = sxs \otimes b = sx \otimes sb = sx \otimes sb' = sxs \otimes b' = s \otimes b'$$

在 $sS\otimes B$ 中成立. ■

关于 $A(I)$ 的其余的应用还有很多, 可以结合所研究的问题, 灵活使用, 可参见文献 [1, 2, 9, 10] 等. 另外, 还有 $A(I)$ 结构的某些变形, 例如研究正则系的同调分类问题时, 就采用了类似的结构, 可参见文献 [11].

在序 S-系范畴中, $A(I)$ 有其他的结构和表现形式, 下面来介绍这个结构.

设 S 是序幺半群且 I 是 S 的真右理想, x, y, z 是不属于 S 的三个元素, 设 $A(I)=(\{x,y\}\times(S-I))\cup(\{z\}\times I)$, 定义 $A(I)$ 上的右 S-作用如下:

$$(x,u)s=\begin{cases}(x,us), & us\notin I,\\ (z,us), & us\in I.\end{cases}$$

$$(y,u)s=\begin{cases}(y,us), & us\notin I,\\ (z,us), & us\in I.\end{cases}$$

$$(z,u)s=(z,us),$$

$A(I)$ 上的序关系如下:

$$(w_1,s)\leqslant(w_2,t)\Leftrightarrow(w_1{=}w_2\text{ 且 }s\leqslant t)\text{ 或者 }(w_1\neq w_2,\text{ 且存在 }i\in I,\text{ 使得 }s\leqslant i\leqslant t).$$

则有如下的结果.

命题 1.5.8 $A(I)$ 是序右 S-系.

证明 易证 $A(I)$ 上的序关系满足自反性和反对称性. 下面证明该序关系是传递的. 设 $(w_1,p),(w_2,q),(w_3,r)\in A(I)$ 且 $(w_1,p)\leqslant(w_2,q)$, $(w_2,q)\leqslant(w_3,r)$. 考虑下面四种情形.

(a) $w_1=w_2$, $w_2=w_3$, 则 $w_1=w_3$, $p\leqslant r$, 因此 $(w_1,p)\leqslant(w_3,r)$.

(b) $w_1\neq w_2$, $w_2=w_3$, 则 $w_1\neq w_3$. 因为 $w_1\neq w_2$, 所以存在 $i\in I$, 使得 $p\leqslant i\leqslant q$, 则 $p\leqslant i\leqslant r$, 因此 $(w_1,p)\leqslant(w_3,r)$.

(c) $w_1=w_2$, $w_2\neq w_3$, 这类似于前面的情形.

(d) $w_1\neq w_2$, $w_2\neq w_3$, 则存在 $i,j\in I$, 使得 $p\leqslant i\leqslant q$ 且 $q\leqslant j\leqslant r$. 显然 $(w_1,p)\leqslant(w_3,r)$.

设 (w_1,s), $(w_2,t)\in A(I)$, $(w_1,s)\leqslant(w_2,t)$, 对任意的 $r\in S$, 考虑下面三种情形:

(a) 若 $sr\in I$, 则 $sr\leqslant sr\leqslant tr$, 因此 $(w_1,s)r=(z,sr)\leqslant(w_2,t)r$.

(b) 若 $tr\in I$, 类似于前面的情形.

(c) 若 $sr\notin I$, $tr\notin I$, 则 $w_1\neq z$, $w_2\neq z$, $s,t\notin I$, 因此 $(w_1,s)r=(w_1,sr)$ 且 $(w_2,t)r=(w_2,tr)$. 因为 $(w_1,s)\leqslant(w_2,t)$, 易知 $s\leqslant t$, $(w_1,s)r\leqslant(w_2,t)r$.

设 $s,t\in S$, $s\leqslant t$, 对任意的 $(w,u)\in A(I)$. 易证 $(w,u)s\leqslant(w,u)t$. ■

在序 S-系范畴中, $A(I)$ 的结构对研究序幺半群的性质也起到了重要作用, 例如在第 11 章中将采用该结构的性质, 它的重要性有待于逐步去发现.

参 考 文 献

[1] Kilp M, Knauer U, Mikhalev A V. Monoids Acts and Categories. Berlin: Walter de Gruyter, 2000.

[2] 刘仲奎, 乔虎生. 半群的 S-系理论. 2 版. 北京: 科学出版社, 2008.

[3] Laan V, Márki L. Fair semigroups and Morita equivalence. Semigroup Forum, 2016, 92: 633-644.

[4] Laan V, Marki Ü L. Reimaa, Morita equivalence of semigroups revisited: Firm semigroups. J. Algebra, 2018, 505: 247-270.

[5] Laan V. Pullbacks and flatness properties of acts I. Comm. Algebra, 2001, 29: 829-850.

[6] Bulman-Fleming S, Kilp M, Laan V. Pullbacks and flatness properties of acts II. Comm. Algebra, 2001, 29: 851-878.

[7] Fakhruddin S M. Absolute flatness and amalgams in pomonoids. Semigroup Forum, 1986, 33: 15-22.

[8] Bulman-Fleming S. Flat and strongly flat S-systems. Comm. Algebra, 1992, 20: 2553-2567.

[9] Liu Z K. A characterization of regular monoids by flatness of left acts. Semigroup Forum, 1993, 46: 85-89.

[10] Qiao H S, Wang L M, Liu Z K. On some new characterizations of right cancellative monoids by flatness properties. The Arabian Journal for Science and Engineering, 2007, 32: 75-82.

[11] Kilp M, Knauer U. Characterization of monoids by properties of regular acts. J. Pure Appl. Algebra, 1987, 46: 217-231.

第 2 章　条件 (P) 和强平坦性质等价的幺半群的刻画

2.1　问题的历史渊源

本章中除非特别说明, 用 N 表示正整数集合.

S-系的强平坦性和条件 (P) 性质是 S-系理论中两个重要的性质. 1970 年, Stenström 在文献 [1] 中已经给出了条件 (P) 和条件 (E) 的雏形, 并称满足条件 (P) 和条件 (E) 的 S-系是弱平坦的. Stenström 给出的原始定义是这样的: 设 A_S 是右 S-系, 称 A_S 为弱平坦的, 如果函子 $A\otimes -$ 保持左 S-系范畴中的拉回图和均衡图 (后来被广泛研究的真正的弱平坦在第 1 章这样定义: 称左 S-系 A 是弱平坦的, 如果对于 S 的任意右理想 I, 映射 $I\otimes A\to S\otimes A$ 是单的). 1987 年, Normak 在文献 [2] 中, 则称 Stenström 在文献 [1] 中定义的弱平坦系 A_S 为强平坦的. 同时, 在文献 [2] 中, 如果函子 $A\otimes -$ 仅保持左 S-系范畴中的拉回图, 当时被称为拉回平坦的. 并且在文献 [2] 中, 首次将文献 [1] 中定理 5.3(b) 出现的条件称为条件 (P) 和条件 (E). 由此可见, 按照文献 [2] 中的定义和结论, 强平坦必为拉回平坦的. 到了 1991 年, 文献 [3] 中则证明了拉回平坦是强平坦的, 至此说明拉回平坦和强平坦是等价的. 在 S-系理论研究历史上, 根据所研究的问题的需要, 这两个提法均出现, 但强平坦的概念使用更多一些.

在文献 [4] 中, 作者研究了平坦 S-系与强平坦 S-系的性质, 给出了所有满足条件 (P) 的循环右 S-系是强平坦的当且仅当对任意的 $x\in S$, 存在自然数 n, 使得 $x^n=x^{n+1}$. 作者用到的主要工具和方法就是特殊的单循环系. 本章所讨论的公开问题, 最早是在文献 [4] 中提出来的.

称交换图

$$C \xrightarrow{\ f\ } A \overset{\alpha}{\underset{\beta}{\rightrightarrows}} B$$

为均衡图, 如果对任意 $a\in A$, 若 $\alpha(a)=\beta(a)$, 则存在唯一的 $c\in C$, 使得 $a=f(c)$. 显然上图为均衡图的充要条件是 f 单, 且

$$\mathrm{Im}f=\{a\in A|\alpha(a)=\beta(a)\}.$$

上述定义中的 A,B,C 可以是集合, 也可以是左 S-系或右 S-系, 相应地 α,β,f

为映射或 S-同态.

例 2.1.1　设 $f:C\to A$ 为左 S-系的单同态. 记 $I=f(C)\leqslant A$, 则下图是均衡图:

$$C\xrightarrow{f}A\underset{\theta}{\overset{\pi}{\rightrightarrows}}A/\lambda_I$$

这里 $\theta(a)=0$, $\pi(a)=a\lambda_I, a\in A$. 事实上, $\pi f=\theta f$ 是显然的. 设 $a\in A$, 使得 $\pi(a)=\theta(a)$, 则 $\pi(a)=0$, 故 $a\in I$, 所以存在唯一的 $c\in C$, 使得 $f(c)=a$.

命题 2.1.2　设

$$C\xrightarrow{f}A\underset{\beta}{\overset{\alpha}{\rightrightarrows}}B$$

为均衡图, 则 $C\simeq\{a\in A|\alpha(a)=\beta(a)\}=D$, 且图

$$D\xrightarrow{f}A\underset{\beta}{\overset{\alpha}{\rightrightarrows}}B$$

仍为均衡图, 其中 g 为自然的包含同态.

证明　根据均衡图的定义立得. ■

定义 2.1.3　设 A 是左 S-系, 称 A 是均衡平坦的, 如果函子 $-\otimes A$ 把 Act-S 中的均衡图变为集合范畴中的均衡图.

均衡平坦性和条件 (E) 的关系为如下结论.

定理 2.1.4　均衡平坦系一定满足条件 (E) .

证明　设 A 是均衡平坦左 S-系, $a\in A, s,t\in S$, 且 $sa=ta$. 定义 S-同态 $\alpha,\beta:S\to S$ 为 : $\alpha(x)=sx,\beta(x)=tx,x\in S$. 令

$$D=\{x\mid\alpha(x)=\beta(x),x\in S\},$$

$f:D\to S$ 为包含同态. 由均衡图

$$D\xrightarrow{f}S\underset{\beta}{\overset{\alpha}{\rightrightarrows}}S$$

可得均衡图:

$$D\otimes A\xrightarrow{f\otimes 1}S\otimes A\underset{\beta\otimes 1}{\overset{\alpha\otimes 1}{\rightrightarrows}}S\otimes A$$

因为 $sa=ta$, 所以 $(\alpha\otimes 1)(1\otimes a)=s\otimes a=1\otimes sa=1\otimes ta=t\otimes a=(\beta\otimes 1)(1\otimes a)$, 因此存在 $d\otimes a'\in D\otimes A$, 使得在 $S\otimes A$ 中有 $1\otimes a=(f\otimes 1)(d\otimes a')=f(d)\otimes a'=d\otimes a'=1\otimes da'$. 所以 $a=da'$, 且 $sd=td$. 故 A 满足条件 (E). ■

均衡平坦性与平坦性的关系为如下结论.

定理 2.1.5 均衡平坦系一定是平坦的.

证明 设 A 是均衡平坦 S-系, Y 是右 S-系, $X \leqslant Y$. 令 $\rho = \rho_X$, 规定同态 $\pi : Y \to Y/\rho$ 为 $\pi(y) = y\rho$, $\theta : Y \to Y/\rho$ 为 $\theta(y) = 0$. 由例 2.1.1 知

$$X \xrightarrow{\ f\ } Y \underset{\theta}{\overset{\pi}{\rightrightarrows}} Y/\rho$$

是均衡图, 其中 f 为自然的包含同态. 由条件可知

$$X \otimes A \xrightarrow{\ f\otimes 1\ } Y \otimes A \underset{\theta\otimes 1}{\overset{\pi\otimes 1}{\rightrightarrows}} Y/\rho \otimes A$$

也是均衡图. 所以 $f \otimes 1$ 是单映射, 从而 A 是平坦的. ■

为了给出条件 (E) 的等价刻画, 先引入下述概念.

定义 2.1.6 设 A, B 是 S-系, $\varphi : B \to A$ 是满同态. 称 φ 是 1-纯的, 如果对于任意 $a \in A$ 和任意一组等式 $s_i a = t_i a, i = 1, \cdots, n$, 存在 $b \in B$, 使得 $\varphi(b) = a$, 且 $s_i b = t_i b, i = 1, \cdots, n$.

定义 2.1.7 称 S-系 A 为有限表示的, 如果 $A \simeq F/\lambda$, 其中 F 为有限生成自由系, λ 为 F 上的有限生成同余.

引理 2.1.8 满同态 $\varphi : B \to A$ 是 1-纯的当且仅当对于任意循环有限表示 S-系 C 和任意 S-同态 $\alpha : C \to A$, 存在 S-同态 $\beta : C \to B$, 使得下图可换:

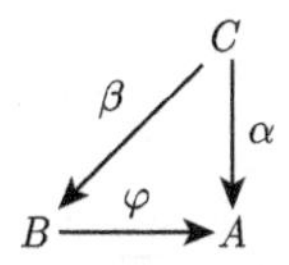

证明 设 $\varphi : B \to A$ 是 1-纯的, C 是循环有限表示 S-系, $\alpha : C \to A$ 是 S-同态. 不妨设 $C = S/\lambda$, 其中 λ 是由 $\{(s_i, t_i) | i = 1, \cdots, n\}$ 生成的 S 上的左同余. 显然有 $s_i\alpha(1\lambda) = \alpha(s_i\lambda) = \alpha(t_i\lambda) = t_i\alpha(1\lambda), i = 1, \cdots, n$. 由 φ 的 1-纯性知存在 $b \in B$, 使得 $s_i b = t_i b, i = 1, \cdots, n$, 且 $\varphi(b) = \alpha(1\lambda)$. 定义 $\beta : C \to B$ 为 $\beta(s\lambda) = sb$. 由命题 1.1.3 容易证明 β 是有定义的. 显然 β 是 S-同态且 $\alpha = \varphi\beta$.

反之, 设 $\varphi : B \to A$ 是满同态, $a \in A, s_i, t_i \in S$, 满足 $s_i a = t_i a, i = 1, \cdots, n$. 令 $H = \{(s_i, t_i) | i = 1, \cdots, n\}, \lambda = \lambda(H)$ 是由 H 生成的最小左同余, $C = S/\lambda$, $\alpha : C \to A$ 定义为 $\alpha(s\lambda) = sa$. 容易证明 α 是 S-同态. 由条件可知存在同态 $\beta : C \to B$, 使得 $\alpha = \varphi\beta$. 所以有 $s_i\beta(1\lambda) = \beta(s_i\lambda) = \beta(t_i\lambda) = t_i\beta(1\lambda)$, 且 $\varphi\beta(1\lambda) = \alpha(1\lambda) = 1 \cdot a = a$, 即 $\varphi : B \to A$ 是 1-纯的. ■

引理 2.1.9 设 S-系 A 满足条件 (E). 如果 $a \in A, s_i, t_i \in S$, 满足 $s_i a = t_i a, i =$

$1, \cdots, n$, 那么存在 $a' \in A, u \in S$, 使得 $a = ua', s_i u = t_i u, i = 1, \cdots, n$.

证明　用数学归纳法容易证明. ■

下述定理 2.1.10 是文献 [2] 中给出的结果.

定理 2.1.10　设 A 是 S-系. 如下几条是等价的:

(1) A 满足条件 (E);

(2) 任意满同态 $\varphi: B \to A$ 是 1-纯的;

(3) 存在 1-纯的满同态 $\varphi: B \to A$, 使得 B 是均衡平坦的;

(4) 对于任意循环有限表示 S-系 B 以及 S-同态 $\varphi: B \to A$, 存在自由 S-系 F 以及 S-同态 $\alpha: B \to F, \beta: F \to A$, 使得 $\varphi = \beta\alpha$;

(5) 对于任意循环有限表示 S-系 B 以及 S-同态 $\varphi: B \to A$, 存在均衡平坦 S-系 M 以及 S-同态 $\alpha: B \to M, \beta: M \to A$, 使得 $\varphi = \beta\alpha$.

证明　(1)⇒(2) 设 $\varphi: B \to A$ 是满同态. 考虑 A 上的等式组 $s_i a = t_i a, i = 1, \cdots, n$, 这里 $a \in A, s_i, t_i \in S$. 由引理 2.1.9 知存在 $u \in S, a' \in A$, 使得 $s_i u = t_i u, i = 1, \cdots, n, a = ua'$. 设 $b \in B$ 满足 $\varphi(b) = a'$. 则 $s_i ub = t_i ub, i = 1, \cdots, n$, $\varphi(ub) = u\varphi(b) = ua' = a$. 所以 φ 是 1-纯的.

(2)⇒(3) 由引理 2.1.8 即得结论.

(3)⇒(4) 设 B 是循环有限表示 S-系, $\varphi: B \to A$ 是 S-同态. 不妨设 $B = S/\lambda$, 其中 λ 是由 $\{(s_i, t_i) | i = 1, \cdots, n\}$ 生成的 S 上的左同余. 由 (3) 知存在 1-纯的满同态 $\psi: C \to A$, 使得 C 是均衡平坦的. 所以由引理 2.1.8 知存在同态 $\psi': B \to C$, 使得下图可换:

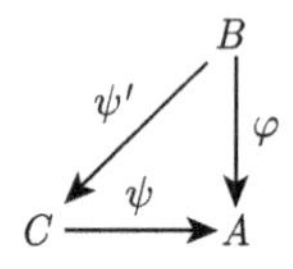

因为 $s_i\psi'(1\lambda) = \psi'(s_i\lambda) = \psi'(t_i\lambda) = t_i\psi'(1\lambda)$, 而均衡平坦系满足条件 (E), 所以由引理 2.1.9 知存在 $u \in S, c \in C$, 使得 $s_i u = t_i u, i = 1, \cdots, n, \psi'(1\lambda) = uc$. 定义同态 $\alpha: B \to S$ 和 $\beta: S \to A$ 分别为: 对任意的 $s \in S$, 有

$$\alpha(s\lambda) = su,$$
$$\beta(s) = \psi(sc),$$

则有 $\varphi = \beta\alpha$.

(4)⇒(5) 因为自由系是均衡平坦系, 所以结论立得.

(5)⇒(1) 设 $s, t \in S, a \in A$ 满足 $sa = ta$. 令 λ 是由 (s, t) 生成的最小左同余, 规定映射 $\varphi: S/\lambda \to A: \varphi(x\lambda) = xa, x \in S$. 容易证明 φ 是有定义的且是 S-同态. 由 (5) 知存在均衡平坦 S-系 M 和 S-同态 $\alpha: S/\lambda \to M$, $\beta: M \to A$, 使得 $\varphi = \beta\alpha$. 显然 $s\alpha(1\lambda) = \alpha(s\lambda) = \alpha(t\lambda) = t\alpha(1\lambda)$. 因为均衡平坦系满足条件 (E), 所以存在 $m \in$

$M, u \in S$, 使得 $su = tu, \alpha(1\lambda) = um$. 因此 $u\beta(m) = \beta(um) = \beta\alpha(1\lambda) = \varphi(1\lambda) = a$. 即 A 满足条件 (E). ■

由该定理的证明可得如下的推论 2.1.11.

推论 2.1.11 设满同态 $\varphi: B \to A$ 是 1-纯的. 若 B 满足条件 (E), 则 A 也满足条件 (E) .

有了均衡平坦性质和条件 (E) 的刻画作为基础, 接下来给出强平坦、拉回平坦与条件 (P)、条件 (E) 的联系.

定义 2.1.12 称 S-系 A 是强平坦的, 如果它既是拉回平坦的, 又是均衡平坦的.

本节中要证明如下的主要定理, 其中 (1), (3), (4) 的等价性是 [4] 中的结果, (1), (2) 的等价性是 [1] 中的结果.

定理 2.1.13 设 A 是 S-系. 以下四条是等价的:

(1) A 是强平坦的;

(2) A 满足条件 (P) 和 (E);

(3) A 满足如下的条件:

(PF) 若 $sa = s'a', ta = t'a', a, a' \in A, s, t, s', t' \in S$, 则存在 $a'' \in A, u, v \in S$, 使得

$$su = s'v, \quad tu = t'v,$$
$$a = ua'', \quad a' = va'';$$

(4) A 是拉回平坦的.

证明 (1)⇒(4) 显然.

(4)⇒(3) 设 A 是拉回平坦的, $a, a' \in A, s, t, s', t' \in S$ 满足 $sa = s'a', ta = t'a'$.

设 $Z = \{z\}$ 是一元右 S-系. 考虑如下的右 S-系拉回图:

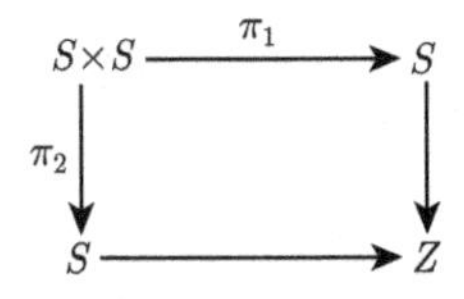

其中 π_1, π_2 是自然的投射. 由假设可知, 下图中的 φ 是一一对应:

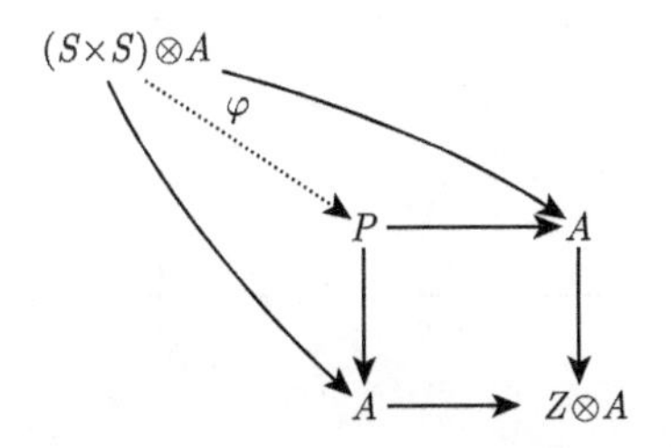

这里

$$P = \{(a_1, a_2) | z \otimes a_1 = z \otimes a_2, a_1, a_2 \in A\},$$

φ 的定义为：对任意的 $p, q \in S,\ a_1 \in A$,

$$\varphi((p, q) \otimes a_1) = (pa_1, qa_1).$$

因为 $sa = s'a', ta = t'a'$, 所以 $\varphi((s,t) \otimes a) = (sa, ta) = (s'a', t'a') = \varphi((s', t') \otimes a')$, 从而在 $(S \times S) \otimes A$ 中有 $(s, t) \otimes a = (s', t') \otimes a'$. 因为 A 是拉回平坦的, 所以 A 满足条件 (P). 因此由命题 1.3.8 知存在 $a'' \in A, u, v \in S$, 使得

$$(s, t)u = (s', t')v, \quad a = ua'', \quad a' = va''.$$

所以条件 (PF) 成立.

(3)⇒(2) 在条件 (PF) 中, 取 $s = t, s' = t'$, 则即得条件 (P). 下面证明 (PF) 可推出 (E).

设 $a \in A, s, t \in S$ 满足 $sa = ta$. 对于等式组

$$sa = ta, \quad ta = sa$$

应用条件 (PF) 可知存在 $a_1 \in A, x, y \in S$, 使得

$$\begin{aligned} sx = ty, &\quad tx = sy, \\ a = xa_1, &\quad a = ya_1. \end{aligned}$$

对于等式组

$$1 \cdot a = xa_1, \quad 1 \cdot a = ya_1$$

应用条件 (PF) 可知存在 $a'' \in A, u, v \in S$, 使得

$$\begin{aligned} u = xv, &\quad u = yv, \\ a = ua'', &\quad a_1 = va''. \end{aligned}$$

所以 $a = ua'', su = syv = txv = tu$, 即 A 满足条件 (E).

(2)⇒(1) 先证明此时 A 是均衡平坦的.

设

$$K \xrightarrow{\ f\ } X \underset{\beta}{\overset{\alpha}{\rightrightarrows}} Y$$

是右 S-系的均衡图, 不妨设 $K=\{x\in X\mid \alpha(x)=\beta(x)\}$, f 是包含同态. 用函子 $-\otimes A$ 作用后可得

$$K\otimes A \xrightarrow{f\otimes 1} X\otimes A \underset{\beta\otimes 1}{\overset{\alpha\otimes 1}{\rightrightarrows}} Y\otimes A$$

令

$$L=\{x\otimes a\in X\otimes A\mid \alpha(x)\otimes a=\beta(x)\otimes a\}.$$

显然

$$K\otimes A=\{x\otimes a\mid a\in A, x\in X, \alpha(x)=\beta(x)\},$$

要证 A 是均衡平坦的, 只需证明 $L=K\otimes A$ 即可. 显然 $K\otimes A\subseteq L$. 设 $x\otimes a\in L$, 则 $\alpha(x)\otimes a=\beta(x)\otimes a$. 因为 A 满足条件 (P), 所以由命题 1.3.8 知存在 $a_1\in A, u, v\in S$, 使得

$$a=ua_1,\quad a=va_1,\quad \alpha(x)u=\beta(x)v.$$

再由等式 $ua_1=va_1$ 及条件 (E) 可知存在 $a''\in A, t\in S$, 使得 $ut=vt, a_1=ta''$. 所以 $\alpha(xut)=\alpha(x)ut=\beta(x)vt=\beta(xvt)=\beta(xut)$, 从而 $xut\in K$, 因此 $xut\otimes a''\in K\otimes A$. 而 $x\otimes a=x\otimes ua_1=xu\otimes a_1=xu\otimes ta''=xut\otimes a''$, 所以 $x\otimes a\in K\otimes A$. 因此有 $L\subseteq K\otimes A$. 总之有 $L=K\otimes A$, 故 A 是均衡平坦的.

下面证明 A 满足条件 (PF). 设 $s, s', t, t'\in S, a, a'\in A$ 满足 $sa=s'a', ta=t'a'$. 由条件 (P) 知存在 $a_1\in A, u_1, v_1\in S$, 使得

$$a=u_1a_1,\quad a'=v_1a_1,\quad su_1=s'v_1.$$

所以 $tu_1a_1=t'v_1a_1$. 由条件 (E) 可知存在 $a''\in A, u\in S$, 使得

$$tu_1u=t'v_1u,\quad a_1=ua''.$$

所以有

$$\begin{aligned} a&=u_1a_1=u_1ua'', & a'&=v_1a_1=v_1ua'',\\ su_1u&=s'v_1u, & tu_1u&=t'v_1u, \end{aligned}$$

即 A 满足条件 (PF).

最后证明 A 是拉回平坦的.

设有拉回图

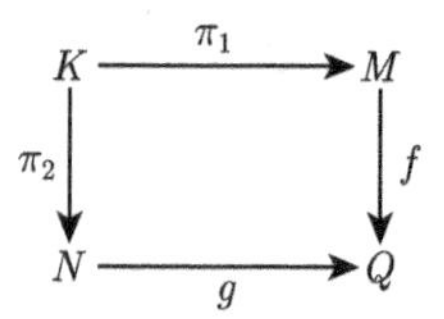

用函子 $-\otimes A$ 作用后可得下图

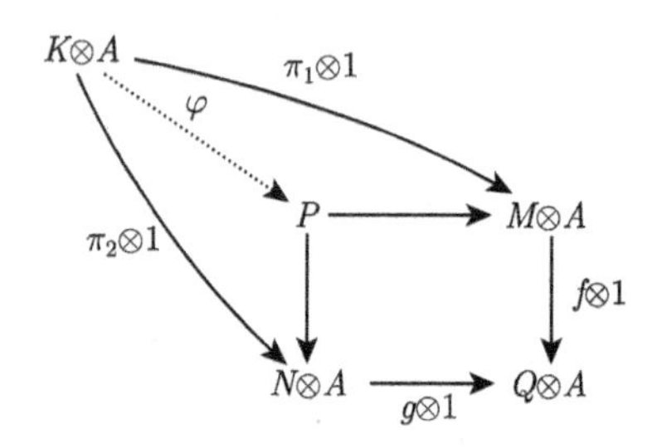

其中

$$P = \{(m \otimes a, n \otimes a') \in (M \otimes A) \times (N \otimes A) \mid f(m) \otimes a = g(n) \otimes a'\},$$

$$K = \{(m, n) \in M \times N \mid f(m) = g(n)\},$$

$$\varphi((m, n) \otimes a) = (m \otimes a, n \otimes a).$$

因为 A 满足条件 (P), 所以由命题 1.3.10 知 φ 是满射. 下证 φ 是单射即可.

设 $a, a' \in A, m, m' \in M, n, n' \in N$, 满足 $\varphi((m, n) \otimes a) = \varphi((m', n') \otimes a')$, 则有 $(m \otimes a, n \otimes a) = (m' \otimes a', n' \otimes a')$, 所以 $m \otimes a = m' \otimes a', n \otimes a = n' \otimes a'$. 由命题 1.3.8 知存在 $u_1, v_1, u_2, v_2 \in S, a_1, a_2 \in A$, 使得

$$a = u_1a_1, \quad a' = v_1a_1, \quad mu_1 = m'v_1,$$

$$a = u_2a_2, \quad a' = v_2a_2, \quad nu_2 = n'v_2.$$

对于等式组

$$u_1a_1 = u_2a_2, \quad v_1a_1 = v_2a_2,$$

利用条件 (PF) 可知存在 $a'' \in A, u, v \in S$, 使得

$$a_1 = ua'', \qquad a_2 = va'',$$

$$u_1u = u_2v, \quad v_1u = v_2v.$$

所以, $mu_1u = m'v_1u = m'v_2v$, $nu_1u = nu_2v = n'v_2v$, 从而 $(m, n) \otimes a = (m, n) \otimes u_1a_1 = (m, n) \otimes u_1ua'' = (m, n)u_1u \otimes a'' = (mu_1u, nu_1u) \otimes a'' = (m'v_2v, n'v_2v) \otimes a'' = (m', n')v_2v \otimes a'' = (m', n') \otimes v_2va'' = (m', n') \otimes v_2a_2 = (m', n') \otimes a'$. ■

这个定理说明拉回平坦和强平坦是一致的, 从而拉回平坦系一定是均衡平坦系.

本章要研究的是如下的

公开问题: 如何刻画所有满足条件 (P) 的右 S-系是强平坦系的幺半群?

2.2 问题的研究进展

本节的主要结果, 依照时间顺序, 选自文献 [4–8].

命题 2.2.1 设 ρ 是幺半群 S 上的右同余. 则 S/ρ 满足条件 (P) 当且仅当: 对任意 $s, t \in S$, 如果 $s\rho t$, 那么存在 $u, v \in S$, 使得 $us = vt$, 并且 $u\rho 1\rho v$.

证明 充分性. 设 $s, s' \in S, a, a' \in S/\rho$, 满足 $as = a's'$. 可设 $a = x\rho, a' = x'\rho$, 则 $xs\rho = x's'\rho$. 所以由条件知存在 $u, v \in S$, 使得 $uxs = vx's'$. 并且 $u\rho 1\rho v$. 因此, $a = x\rho = ux\rho = (1\rho)ux, a' = x'\rho = vx'\rho = (1\rho)vx'$, 即 S/ρ 满足条件 (P).

必要性. 设 $s\rho t$, 则 $s\rho = t\rho$, 因此存在 $u', v' \in S, a'' = x\rho \in S/\rho$, 使得 $u's = v't, 1\rho = a''u' = x\rho u' = (xu')\rho = a''v' = (xv')\rho$. 所以有 $xu's = xv't$, 并且 $xu'\rho 1\rho xv'$. 令 $u = xu', v = xv'$, 结论成立. ■

命题 2.2.2 设 ρ 是幺半群 S 上的右同余. 以下几条等价:

(1) S/ρ 是强平坦的;

(2) S/ρ 满足条件 (E);

(3) 对任意的 $s, t \in S$, $s\rho t$ 可以推出存在 $u \in S$, 使得 $us = ut$ 且 $u\rho 1$.

证明 类似于命题 2.2.1 的方法. ■

注记 2.2.3 对任意 S-系, 强平坦性质推出条件 (E), 反之不对. 但命题 2.2.2 说明, 对循环 S-系而言, 这二者是等价的. 这一点在很多问题的讨论中是经常用到的.

引理 2.2.4 设 S 是任意幺半群, p, q 是非负整数且 $p < q$, $x, s, t \in S$. 那么 $s\rho(x^p, x^q)t$ 当且仅当 $s = t$ 或者存在非负整数 m, n 以及 $u, v \in S$, 满足 $m \equiv n(\mathrm{mod}(q-p))$, 且使得 $s = x^p u, t = x^p v, x^m u = x^n v$.

证明 按照生成同余的刻画容易证明. ■

推论 2.2.5 设 S 是任意幺半群, $x, s, t \in S$. 那么 $s\rho(1, x)t$ 当且仅当存在非负整数 m, n, 使得 $x^m s = x^n t$.

在文献 [4] 中, 作者首次研究了所有满足条件 (P) 的循环右 S-系是强平坦系的幺半群的特征. 证明了所有循环 (有限生成的) 的满足条件 (P) 的右 S-系是强平坦系当且仅当对任意的 $x \in S$, 存在自然数 n, 使得 $x^n = x^{n+1}$. 这类幺半群被称为非周期性的 (aperiodic) 幺半群. 并且作者指出, 在某些特殊的非周期性的幺半群条件下, 所有满足条件 (P) 的右 S-系是强平坦系. 很显然, 幺半群是非周期性的, 是所有

满足条件 (P) 的右 S-系是强平坦系的必要条件. 作者提出了一个自然的公开问题: 幺半群是非周期性的, 是否是所有满足条件 (P) 的右 S-系是强平坦系的充分条件?

该公开问题, 迄今为止, 仍然没有被完全解决. 除了文献 [4] 中, 作者证明了: 当 S 是零半群添加幺元构成的幺半群, 或者幂等元构成的幺半群时, 所有满足条件 (P) 的右 S-系是强平坦系. 本章主要给出了更广的幺半群类, 使得条件 (P) 和强平坦性等价, 所得结论对这两类幺半群进行了推广.

引理 2.2.6　设 S 是幺半群, A 是右 S-系. 以下条件等价:

(1) A 满足条件 (E);

(2) A 满足以下条件: 若 $s,t \in S, a \in A$, 满足 $as = at$, 则存在正整数 $n \in N, u_1, v_1, u_2, v_2, \cdots, u_n, v_n \in S$, $a_1, a_2, \cdots, a_n \in A$, 使得

$$
\begin{aligned}
&u_1 s = v_1 t, && a = a_1 u_1 = a_1 v_1,\\
&u_2 u_1 = v_2 v_1, && a_1 = a_2 u_2 = a_2 v_2,\\
&\cdots\cdots \qquad (\mathrm{F}_1) && \cdots\cdots\\
&u_n u_{n-1} = v_n v_{n-1}, && a_{n-1} = a_n u_n = a_n v_n,
\end{aligned} \tag{2.2.1}
$$

并且 $u_{n-1}, v_{n-1} \in E(S)$.

(3) A 满足以下条件: 若 $s,t \in S, a \in A$, 满足 $as = at$, 则存在正整数 $n \in N, u_1, v_1, u_2, v_2, \cdots, u_n, v_n \in S, a_1, a_2, \cdots, a_n \in A$, 使得

$$
\begin{aligned}
&u_1 s = v_1 t, && a = a_1 u_1 = a_1 v_1,\\
&u_2 u_1 = v_2 v_1, && a_1 = a_2 u_2 = a_2 v_2,\\
&\cdots\cdots \qquad (\mathrm{F}_2) && \cdots\cdots\\
&u_n u_{n-1} = v_n v_{n-1}, && a_{n-1} = a_n u_n = a_n v_n,
\end{aligned} \tag{2.2.2}
$$

并且 $u_n = v_n$.

证明　(1)⇒(2) 因为 A 满足条件 (E), 若 $s,t \in S, a \in A$, 满足 $as = at$, 由条件 (E) 的定义, 存在 $u \in S$, $a' \in A$, 有 $a = a'u, us = ut$. 那么显然有如下等式组

$$
\begin{aligned}
&us = ut, && a = a'u = a'u,\\
&1u = 1u, && a' = a'1 = a'1,\\
&11 = 11, && a' = a'1 = a'1,
\end{aligned}
$$

故 (2) 成立.

(1)⇒(3) 类似于 (1)⇒(2).

(2)⇒(1) 假设 (2) 成立, 分为两种情形讨论.

情形 1: 如果 n 为偶数, 显然 $u_nu_{n-1}\cdots u_2u_1=v_nv_{n-1}\cdots v_2v_1$, 同时由等式组 (F_1) 可得

$$
\begin{aligned}
u_nu_{n-1}\cdots u_2u_1s&=u_nu_{n-1}u_{n-1}u_{n-2}\cdots u_2u_1s\\
&=v_nv_{n-1}v_{n-1}v_{n-2}\cdots v_2v_1t\\
&=v_nv_{n-1}\cdots v_2v_1t.
\end{aligned}
$$

令 $p=u_nu_{n-1}\cdots u_2u_1=v_nv_{n-1}\cdots v_2v_1$, 由等式组 (2.2.1) 可得 $a=a_np, ps=pt$, 则 A 满足条件 (E).

情形 2: 如果 n 为奇数, 显然 $u_nu_{n-1}\cdots u_2u_1s=v_nv_{n-1}\cdots v_2v_1t$, 同时由等式 (F_1) 可得

$$
\begin{aligned}
u_nu_{n-1}\cdots u_2u_1&=u_nu_{n-1}u_{n-1}u_{n-2}\cdots u_2u_1\\
&=v_nv_{n-1}v_{n-1}v_{n-2}\cdots v_2v_1\\
&=v_nv_{n-1}\cdots v_2v_1.
\end{aligned}
$$

令 $p=u_nu_{n-1}\cdots u_2u_1=v_nv_{n-1}\cdots v_2v_1$, 由等式组 (2.2.1) 可得 $a=a_np, ps=pt$, 则 A 满足条件 (E).

(3)⇒(1) 假设 (3) 成立, 分为两种情形讨论.

情形 1: 如果 n 为偶数, 显然 $u_{n-1}\cdots u_2u_1s=v_{n-1}\cdots v_2v_1t$, 显然

$$
u_nu_{n-1}\cdots u_2u_1s=v_nv_{n-1}\cdots v_2v_1t,
$$

同时由等式组 (F_2) 可得

$$
\begin{aligned}
u_nu_{n-1}\cdots u_2u_1&=u_nu_{n-1}u_{n-1}u_{n-2}\cdots u_2u_1\\
&=v_nv_{n-1}v_{n-1}v_{n-2}\cdots v_2v_1\\
&=v_nv_{n-1}\cdots v_2v_1.
\end{aligned}
$$

令 $p=u_nu_{n-1}\cdots u_2u_1=v_nv_{n-1}\cdots v_2v_1$, 由等式组 (2.2.2) 可得 $a=a_np, ps=pt$, 则 A 满足条件 (E) .

情形 2: 如果 n 为奇数, 显然 $u_nu_{n-1}\cdots u_2u_1s=v_nv_{n-1}\cdots v_2v_1t$, 同时由 (F_2) 可得

$$
\begin{aligned}
u_nu_{n-1}\cdots u_2u_1&=u_nu_{n-1}u_{n-1}u_{n-2}\cdots u_2u_1\\
&=v_nv_{n-1}v_{n-1}v_{n-2}\cdots v_2v_1\\
&=v_nv_{n-1}\cdots v_2v_1.
\end{aligned}
$$

令 $p = u_n u_{n-1} \cdots u_2 u_1 = v_n v_{n-1} \cdots v_2 v_1$, 由等式组 (2.2.2) 可得 $a = a_n p, ps = pt$, 则 A 满足条件 (E). ■

引理 2.2.7 设 S 是幺半群, A 是满足条件 (P) 的右 S-系, 对任意 $a_1 \in A$, u_1, $v_1 \in S$, 若 $a_1 u_1 = a_1 v_1$, 则存在 u_i, $v_i \in S$, $a_i \in A$, $i = 2, 3, \cdots$, 使得

$$\begin{array}{ll} u_2 u_1 = v_2 v_1 & a_1 = a_2 u_2 = a_2 v_2 \\ u_3 u_2 = v_3 v_2 & a_2 = a_3 u_3 = a_3 v_3 \\ \cdots\cdots & \cdots\cdots \\ u_n u_{n-1} = v_n v_{n-1} & a_{n-1} = a_n u_n = a_n v_n \\ \cdots\cdots & \cdots\cdots \end{array}$$

证明 反复利用条件 (P). ■

命题 2.2.8 设 S 是幺半群, $x \in S$. 那么

(1) $S/\rho(x,\ 1)$ 满足条件 (P);

(2) $S/\rho(x,\ 1)$ 是强平坦的当且仅当存在整数 $n > 0$, 使得 $x^{n+1} = x^n$.

证明 (1) 设 $s\rho(x,\ 1)t$. 由推论 2.2.5 得存在整数 m, $n \geqslant 0$, 使得 $x^m s = x^n t$. 因为 $x^m \rho(x,\ 1) 1 \rho(x,\ 1) x^n$, 由推论 2.2.5 及命题 2.2.1 可证得.

(2) 设 $S/\rho(x,\ 1)$ 是强平坦的. 那么因为 $x\rho(x,\ 1)1$, 由命题 2.2.2 知存在 $u \in S$, 使得 $ux = u$ 且 $u\rho(x,1)1$. 由推论 2.2.5 可知存在 m, $n \geqslant 0$, $x^m u = x^n$. 因此 $x^{n+1} = (x^m u)x = x^m(ux) = x^m u = x^n$. 反之, 设 $x^{n+1} = x^n$, $n > 0$. 那么存在整数 p, $q > 0$, 若 $s\rho(x,\ 1)t$, 则 $x^p s = x^q t$. 因为对任意的 $r \geqslant n$, $x^r = x^n$, 显然存在 $r > 0$, $x^r s = x^r t$. 那么由 $x^r \rho(x,\ 1)1$ 及命题 2.2.2 可证得. ■

定理 2.2.9 对任意幺半群 S, 以下几条等价:

(1) 任意满足条件 (P) 的有限生成右 S-系是强平坦的;

(2) 任意满足条件 (P) 的循环右 S-系是强平坦的;

(3) 任意形如 $S/\rho(x,\ 1)$ 的循环右 S-系是强平坦的;

(4) S 是非周期性的.

证明 (1)⇒(2) 显然.

(2)⇒(1) 设 (2) 成立, A 是任意有限生成的右 S-系且满足条件 (P) , 由命题 1.5.1 可知, A 是循环右 S-系的不交并, 由此即知这些循环子系都满足条件 (P) , 从而由条件知都是强平坦的. 因此 A 是强平坦的.

(2)⇒(3)⇒(4) 由命题 2.2.8 显然可得.

(4)⇒(2) 若 S 是非周期性的. 设 S/ρ 满足条件 (P), $s\rho t$. 由命题 2.2.1 知存在 u, $v \in S$, 使得 $us = vt$ 且 $u\rho 1 \rho v$. 由命题 2.2.2, 下证存在 $h \in S$, 使得 $hs = ht$ 且 $h\rho 1$. 因为 S 是非周期性的, 存在 m, $n \in S$, 使得 $u^{m+1} = u^m, v^{n+1} = v^n$,

记 $u^m = e, v^n = f$. 因为 $u\rho 1\rho v$, 显然 $eu = e$, $fv = f$, $e\rho 1\rho f$. 由命题 2.2.1 知存在 w, $z \in S$, 使得 $we = zf$, 且 $w\rho 1\rho z$. 记 $we = zf = h$, 注意到 $h\rho 1$. 最后 $hs = wes = weus = zfvt = zft = ht$. 因此 S/ρ 是强平坦的. ■

已经知道在某些非周期性的条件下, 所有满足条件 (P) 的右 S-系是强平坦的. 例如:

命题 2.2.10 设 S 是幂等元构成的幺半群. 那么所有满足条件 (P) 的右 S-系是强平坦的.

证明 设 S 是幂等元构成的幺半群, 设 A 是满足条件 (P) 的右 S-系, 对 $a \in A$, s, $t \in S$, $as = at$. 那么存在 $a' \in A$, u, $v \in S$, $us = vt$, $a = a'u = a'v$. 由幂等性, $a = au = av$. 再由条件 (P) , 存在 $a'' \in A$, p, $q \in S$, $a = a''p = a''q$, $pu = qv$. 记 $pu = qv = h$, 显然 $ah = apu = au = a$, $hs = hus = hvt = ht$. 因此 A 是强平坦的. ■

设半群 T 含有零元 0, 如果对任意 t, $t' \in T$, $tt' = 0$, 那么称 T 是零半群.

命题 2.2.11 设 T 是零半群, $S = T^1$. 那么所有满足条件 (P) 的右 S-系是强平坦的.

证明 设 A 是满足条件 (P) 的右 S-系, 对 $a \in A$, s, $t \in S$, $as = at$. 由条件 (P) , 存在 $a' \in A$, u, $v \in S$, $us = vt$, $a = a'u = a'v$. 如果 $u = v$, 结论已成立. 如果 $u = 1$, $v \neq 1$, 那么 $a = a'$, $a = av = av^2 = a0$, $0s = 0t$. 如果 $u \neq 1$, $v = 1$, 结果类似. 最后设 u, $v \neq 1$. 如果 s, $t \neq 1$, 那么 $a = a'u$, 且 $us = ut\ (= 0)$. 如果 $s = 1$, $t \neq 1$, 那么 $a = at = at^2 = a0$, $0s = 0t$. 如果 $s \neq 1$, $t = 1$, 结果类似. 如果 $s = t = 1$, 结论显然. 因此 A 是强平坦的. ■

接下来主要对使得条件 (P) 和强平坦性质等价的两类幺半群 (零半群添加幺元构成的幺半群, 幂等元构成的幺半群) 做了推广, 得到了一系列更广的幺半群类.

定理 2.2.12 设 S 是幺半群. 如果 S 满足下述条件: 对于任意无穷序列

$$(s_1, s_2, \cdots, s_i, \cdots), \quad s_i \in S\backslash\{1\}, \quad i = 1, 2, \cdots,$$

存在 $n \in N$, 使得对于任意 $k \geqslant n (k \in N)$,

$$s_k s_{k-1} \cdots s_2 s_1 \in E(S).$$

那么所有满足条件 (P) 的右 S-系是强平坦的.

证明 设 A 是满足条件 (P) 的右 S-系, 对 $a_1 \in A, u_1, v_1 \in S, a_1u_1 = a_1v_1$. 由引理 2.2.7 知存在 $u_i, v_i \in S, a_i \in A, i = 2, 3, \cdots$, 使得

$$u_2u_1 = v_2v_1, \qquad a_1 = a_2u_2 = a_2v_2,$$

$$u_3u_2 = v_3v_2, \qquad a_2 = a_3u_3 = a_3v_3,$$

$$\begin{array}{ccc} \cdots\cdots & (\mathrm{F}_3) & \cdots\cdots \\ u_n u_{n-1} = v_n v_{n-1}, & & a_{n-1} = a_n u_n = a_n v_n. \\ \cdots\cdots & & \cdots\cdots \end{array} \tag{2.2.3}$$

如果 $u_2 = v_2$, 结论已成立. 否则根据上述的 $u_i, v_i(i = 2, 3, \cdots)$, 设 U 是无穷序列 $(u_2, u_3, \cdots)$, V 是无穷序列 $(v_2, v_3, \cdots)$, 记

$$A = \{u_i \mid u_i \in U,\ u_i \in S\backslash\{1\},\ i \in N\}, B = \{v_i \mid v_i \in V,\ v_i \in S\backslash\{1\},\ i \in N\}.$$

如果 $|A| < +\infty$, 那么 $|B| < +\infty$, 即存在 $n \in N$, 使得对任意 $k \geqslant n(k \in N)$, $u_k = v_k = 1$. 由引理 2.2.6 知结论显然. 否则由 S 的定义, 对于 U, 存在 $m \in N$, 任意 $k \geqslant m(k \in N)$, 使得 $u_k u_{k-1} \cdots u_2 \in E(S)$, 对于 V, 存在 $n \in N$, 任意 $k \geqslant n(k \in N)$, 使得 $v_k v_{k-1} \cdots v_2 \in E(S)$.

设 $l = \max\{m,\ n\} + p$, 在这个等式中

$$p = \begin{cases} 1, & \max\{m,\ n\}\text{是奇数}, \\ 0, & \max\{m,\ n\}\text{是偶数}. \end{cases}$$

由等式组 (F_3) 可得

$$(u_l u_{l-1} \cdots u_2)u_1 = (v_l v_{l-1} \cdots v_2)v_1,$$

并且

$$u_l u_{l-1} \cdots u_2,\ v_l v_{l-1} \cdots v_2 \in E(S),$$

那么有

$$\begin{array}{ll} (u_l u_{l-1} \cdots u_2)u_1 = (v_l v_{l-1} \cdots v_2)v_1, & a_1 = a_1(u_l u_{l-1} \cdots u_2) = a_1(v_l v_{l-1} \cdots v_2), \\ u_{l+1}(u_l u_{l-1} \cdots u_2) = v_{l+1}(v_l v_{l-1} \cdots v_2), & a_l = a_{1+1} u_{l+1} = a_{l+1} v_{l+1}, \end{array}$$

由引理 2.2.6 得 A 满足条件 (E). ■

定理 2.2.13　设 S 是幺半群. 如果 S 满足下述条件: 对于任意无穷序列

$$(s_1, s_2, \cdots, s_i, \cdots), \quad s_i \in S\backslash\{1\}, \quad i = 1, 2, \cdots,$$

存在 $n \in N$, 使得对于任意 $k \geqslant n(k \in N)$, 有

$$s_k s_{k-1} \cdots s_2 s_1 = s_n s_{n-1} \cdots s_2 s_1.$$

那么所有满足条件 (P) 的右 S-系是强平坦的.

证明 设 A 是满足条件 (P) 的右 S-系, 对 $a_1 \in A$, u_1, $v_1 \in S$, $a_1u_1 = a_1v_1$. 由引理 2.2.7 知存在 u_i, $v_i \in S$, $a_i \in A$, $i = 2, 3, \cdots$ 使得

$$\begin{array}{ll} u_2u_1 = v_2v_1, & a_1 = a_2u_2 = a_2v_2, \\ u_3u_2 = v_3v_2, & a_2 = a_3u_3 = a_3v_3, \\ \cdots\cdots \quad (\mathrm{F}_4) & \cdots\cdots \\ u_nu_{n-1} = v_nv_{n-1}, & a_{n-1} = a_nu_n = a_nv_n. \\ \cdots\cdots & \cdots\cdots \end{array} \tag{2.2.4}$$

如果 $u_2 = v_2$, 结论已成立. 否则根据上述的 u_i, $v_i (i = 1, 2, \cdots)$, 设 U_1 是无穷序列 $(u_1, u_2, u_3, \cdots)$, V_1 是无穷序列 $(v_1, v_2, v_3, \cdots)$, U_2 是无穷序列 $(u_2, u_3, \cdots)$, V_2 是无穷序列 $(v_2, v_3, \cdots)$.

由 S 的定义, 对于 U_1, 存在 $k_1 \in N$, 任意 $k \geqslant k_1 (k \in N)$, 使得

$$u_ku_{k-1}\cdots u_1 = u_{k_1}u_{k_1-1}\cdots u_1,$$

对于 V_1, 存在 $l_1 \in N$, 任意 $k \geqslant l_1 (k \in N)$, 使得

$$v_kv_{k-1}\cdots v_1 = v_{l_1}v_{l_1-1}\cdots v_1,$$

对于 U_2, 存在 $k_2 \in N$, 任意 $k \geqslant k_2 (k \in N)$, 使得

$$u_ku_{k-1}\cdots u_2 = u_{k_2}u_{k_2-1}\cdots u_2,$$

对于 V_2, 存在 $l_2 \in N$, 任意 $k \geqslant l_2 (k \in N)$, 使得

$$v_kv_{k-1}\cdots v_2 = v_{l_2}v_{l_2-1}\cdots v_2.$$

根据上述的 k_2, l_2. 设 $n = \max\{k_2, l_2\} + p$, 其中

$$p = \begin{cases} 0, & \max\{k_2, l_2\}\text{是奇数}, \\ 1, & \max\{k_2, l_2\}\text{是偶数}. \end{cases}$$

由等式组 (F_3) 可得

$$u_nu_{n-1}\cdots u_2 = v_nv_{n-1}\cdots v_2. \tag{2.2.5}$$

设 $m = \max\{k_1, l_1, n\} + q$, 其中

$$q = \begin{cases} 1, & \max\{k_1, l_1, n\}\text{是奇数}, \\ 0, & \max\{k_1, l_1, n\}\text{是偶数}. \end{cases}$$

由等式组 (F_4) 可得

$$u_m u_{m-1} \cdots u_2 u_1 = v_m v_{m-1} \cdots v_2 v_1. \tag{2.2.6}$$

根据上述的选择 $m,\ n,\ k_2,\ l_2,\ m \geqslant n \geqslant k_2,\ m \geqslant n \geqslant l_2$, 有

$$u_m u_{m-1} \cdots u_2 = u_n u_{n-1} \cdots u_2,\ v_m v_{m-1} \cdots v_2 = v_n v_{n-1} \cdots v_2,$$

由等式 (2.2.5) 可得

$$u_m u_{m-1} \cdots u_2 = v_m v_{m-1} \cdots v_2, \tag{2.2.7}$$

由等式组 (2.2.4) 可得

$$a_1 = a_m(u_m u_{m-1} \cdots u_2) = a_m(v_m v_{m-1} \cdots v_2). \tag{2.2.8}$$

最后设 $u_m u_{m-1} \cdots u_2 = v_m v_{m-1} \cdots v_2 = u$. 由等式 (2.2.6)—等式 (2.2.8) 可得 $uu_1 = uv_1, a_1 = a_m u$. 由此可证得 A 满足条件 (E) . ■

定理 2.2.14 设 S 是幺半群. 如果 S 满足下述条件: 对于任意无穷序列

$$(s_1, s_2, \cdots, s_i, \cdots), \quad s_i \in S\backslash\{1\}, \quad i = 1, 2, \cdots,$$

存在 $n \in N$, 使得

$$s_n s_{n-1} \cdots s_2 s_1 = s_n s_{n-1} \cdots s_2.$$

那么所有满足条件 (P) 的右 S-系是强平坦的.

证明 设 A 是满足条件 (P) 的右 S-系, 对 $a_1 \in A,\ u_1,\ v_1 \in S,\ a_1 u_1 = a_1 v_1$. 由引理 2.2.7 知存在 $u_i,\ v_i \in S,\ a_i \in A,\ i = 2,\ 3,\ \cdots$, 使得

$$\begin{array}{lcl} u_2 u_1 = v_2 v_1, & & a_1 = a_2 u_2 = a_2 v_2, \\ u_3 u_2 = v_3 v_2, & & a_2 = a_3 u_3 = a_3 v_3, \\ \quad\cdots\cdots & (F_5) & \quad\cdots\cdots \\ u_n u_{n-1} = v_n v_{n-1}, & & a_{n-1} = a_n u_n = a_n v_n. \\ \quad\cdots\cdots & & \quad\cdots\cdots \end{array} \tag{2.2.9}$$

如果 $u_2 = v_2$, 结论已成立. 否则根据上述的 $u_i,\ v_i (i = 1,\ 2,\ \cdots)$, 设 U 是无穷序列 $(u_1,\ u_2,\ \cdots)$, V 是无穷序列 $(v_1,\ v_2,\ \cdots)$.

由假设, 对于 U 存在 $m \in N$, 使得

$$u_m u_{m-1} \cdots u_2 u_1 = u_m u_{m-1} \cdots u_2. \tag{2.2.10}$$

对于 V 存在 $n \in N$, 使得

$$v_n v_{n-1} \cdots v_2 v_1 = v_n v_{n-1} \cdots v_2. \tag{2.2.11}$$

由等式 (2.2.10) 和等式 (2.2.11), 设 $k = \max\{m, n\}$, 可得

$$u_k u_{k-1} \cdots u_2 u_1 = u_k u_{k-1} \cdots u_2, \tag{2.2.12}$$

$$v_k v_{k-1} \cdots v_2 v_1 = v_k v_{k-1} \cdots v_2. \tag{2.2.13}$$

由等式组 (F_5), 等式 (2.2.12), 等式 (2.2.13) 和 k 的选择, 有

$$u_k u_{k-1} \cdots u_2 = v_k v_{k-1} \cdots v_2, \ u_k u_{k-1} \cdots u_2 u_1 = v_k v_{k-1} \cdots v_2 v_1.$$

设 $u_k u_{k-1} \cdots u_2 = v_k v_{k-1} \cdots v_2 = p$, 那么 $pu_1 = pv_1$, $a_1 = a_k p$. 结论显然. ■

为了方便在序列中讨论, 有如下的定义 2.2.15 和定义 2.2.16.

定义 2.2.15 称半群 S 是左 (右) T-幂零的, 如果对于任意无穷序列

$$(t_1, t_2, \cdots, t_i, \cdots), \quad i = 1, 2, \cdots, \quad t_i \in S,$$

存在 $n \in N$, 使得 $t_n t_{n-1} \cdots t_1$ 是 S 的左 (右) 零元.

称半群 S 是 T-幂零的, 如果对于 S 中元素构成的任意无穷序列

$$(t_1, \ t_2, \ \cdots, \ t_i, \ \cdots), \quad i = 1, \ 2, \ \cdots,$$

存在 $n \in N$, 使得

$$t_n t_{n-1} \cdots t_1 = 0.$$

定义 2.2.16 称半群 S 的元素 x 是 T-幂零的 (左幂零的、右幂零的), 如果存在正整数 n, 使得 $x^n = 0$ (x^n 是半群 S 的左 (右) 零元), 那么最小的 n 被称为元素的幂零指数 (左幂零指数、右幂零指数).

称半群 S 是左 (右) 幂零的, 如果对于 S 中元素构成的任意序列 $(t_1, \ t_2, \ \cdots)$, 存在正整数 n, 使得 $t_1 t_2 \cdots t_n$ 是 S 的左 (右) 零元.

称幺半群 S 是幂零的, 如果对于 S 中元素构成的任意序列 $(t_1, \ t_2, \ \cdots, \ t_n, \cdots)$, 存在正整数 n, 使得 $t_1 t_2 \cdots t_n = 0$.

引理 2.2.17 有以下推出关系:

$$\text{零} \Rightarrow \text{幂零} \Rightarrow \begin{cases} \text{左幂零} \Longrightarrow \text{左 } T\text{-幂零}, \\ \text{右幂零} \Longrightarrow \text{右 } T\text{-幂零}. \end{cases}$$

$$T\text{-幂零} \Longrightarrow \begin{cases} \text{左 } T\text{-幂零}, \\ \text{右 } T\text{-幂零}. \end{cases}$$

推论 2.2.18 设 T 是左 T-幂零的半群且 $S=T^1$. 那么所有满足条件 (P) 的右 S-系是强平坦的.

证明 设 $S=T^1$ 且 T 是左 T-幂零的半群. 对于任意无穷序列

$$U=(t_1,t_2,\cdots,t_i,\cdots),\quad i=1,2,\cdots,\quad t_i\in S,$$

如果所有 $t_i=1$, 序列满足定理 2.2.14 的条件, 显然结论成立. 设

$$A=\{t_i \mid t_i\in U,\ t_i\neq 1\}.$$

讨论集合 A 的基数:

情形 1: 如果 $|A|<+\infty$, 对于所有 $k\geqslant n(k\in N)$, 存在 $n\in N$, 使得

$$t_kt_{k-1}\cdots t_1=t_nt_{n-1}\cdots t_1,$$

由定理 2.2.14 可得结论.

情形 2: 如果 $|A|=+\infty$, 对于无穷序列 $(t_2,\ t_3,\ \cdots,\ t_i,\ \cdots)$, 存在 $n\in N$, 使得 $t_nt_{n-1}\cdots t_2$ 是 T 的左零元. 则有

$$t_nt_{n-1}\cdots t_2t_1=t_nt_{n-1}\cdots t_2.$$

由定理 2.2.14 可得结论. ■

推论 2.2.19 设 T 是右 T-幂零的半群且 $S=T^1$. 那么所有满足条件 (P) 的右 S-系是强平坦的.

证明 对于所有无穷序列

$$(t_1,\ t_2,\ \cdots,\ t_i,\ \cdots),\quad i=1,\ 2,\ \cdots,\quad t_i\in S,$$

由假设知存在 $n\in N$, 使得对任意的 $k\geqslant n$,

$$t_kt_{k-1}\cdots t_1=t_nt_{n-1}\cdots t_1,$$

由定理 2.2.14 可得结论. ■

例 2.2.20 以下例子说明存在满足推论 2.2.19 条件的幺半群, 但它不是带 1 的右 T-幂零的半群. 设 $S=\{a^k \mid a^m=a^{m+1},\ m,\ k\in N,\ m\geqslant 3\}\cup\{b^l \mid b^n=b^{n+1},\ n,\ l\in N,\ n\geqslant 3\}\cup\{1\},\ a\neq b$.

定义在 $S\backslash\{1\}$ 上的乘法运算规则为 $ab=ba=b$, 易证得它满足定理 2.2.14 的条件, 但它不是带 1 的右 T-幂零的半群. 对于无限序列 $(a,\ a,\ \cdots)$, 不存在 $n\in N$, 使得 a^n 是 S 的右零元.

推论 2.2.21 设 T 是幂零 (左幂零、右幂零、T-幂零) 的半群且 $S = T^1$. 那么所有满足条件 (P) 的右 S-系是强平坦的.

证明 由引理 2.2.17, 推论 2.2.18, 推论 2.2.19, 显然. ■

定理 2.2.22 设 S 是幺半群. 如果 S 满足下述条件: 存在 $n \in N$, 对任意无穷序列

$$(s_1, s_2, \cdots, s_n, \cdots), \quad s_i \in S\backslash\{1\}, \quad i = 1, 2, \cdots$$

都存在自然数 $k \in N(n \geqslant k)$, 使得

$$s_n s_{n-1} \cdots s_{k+1} s_k^2 s_{k-1} \cdots s_1 = s_n s_{n-1} \cdots s_{k+1} s_k s_{k-1} \cdots s_1.$$

那么所有满足条件 (P) 的右 S-系是强平坦的.

证明 设 A 是满足条件 (P) 的右 S-系, 对 $a_1 \in A$, $u_1, v_1 \in S$, $a_1u_1 = a_1v_1$. 由引理 2.2.7 知存在 $u_i, v_i \in S$, $a_i \in A$, $i = 2, 3, \cdots$, 使得

$$\begin{array}{lcl} u_2u_1 = v_2v_1, & & a_1 = a_2u_2 = a_2v_2, \\ u_3u_2 = v_3v_2, & & a_2 = a_3u_3 = a_3v_3, \\ \quad\cdots\cdots & (F_6) & \quad\cdots\cdots \\ u_nu_{n-1} = v_nv_{n-1}, & & a_{n-1} = a_nu_n = a_nv_n. \\ \quad\cdots\cdots & & \quad\cdots\cdots \end{array} \tag{2.2.14}$$

如果存在 $i \in N\backslash\{1\}$, 使得 $u_i, v_i \in E(S)$ 或 $u_i = v_i$, 那么由引理 2.2.6 结论已证明. 否则, 根据上述的 u_i, $v_i(i = 2, 3, \cdots)$, 设 U 是无穷序列 $(u_2, u_3, \cdots, u_n, \cdots)$, V 是无穷序列 $(v_2, v_3, \cdots, v_n, \cdots)$.

由 S 的定义, 对于 U, 存在 $n \in N(n \geqslant k)$, 使得

$$u_nu_{n-1} \cdots u_{k+1}u_k^2u_{k-1} \cdots u_2 = u_nu_{n-1} \cdots u_{k+1}u_ku_{k-1} \cdots u_2. \tag{2.2.15}$$

对于 V, 存在 $m \in N(m \geqslant k)$, 使得

$$v_mv_{m-1} \cdots v_{k+1}v_k^2v_{k-1} \cdots v_2 = v_mv_{m-1} \cdots v_{k+1}v_kv_{k-1} \cdots v_2. \tag{2.2.16}$$

考虑以下四种情况:

情形 1: $m = n = k$, 由等式 (2.2.15) 和等式 (2.2.16) 有

$$u_{k+1}u_k^2u_{k-1} \cdots u_2 = u_{k+1}u_ku_{k-1} \cdots u_2, \tag{2.2.17}$$

$$v_{k+1}v_k^2v_{k-1} \cdots v_2 = v_{k+1}v_kv_{k-1} \cdots v_2. \tag{2.2.18}$$

(a) 如果 k 是奇数, 由等式组 (F_6), 等式 (2.2.17) 和 等式 (2.2.18) 有

$$u_{k+1}u_ku_{k-1}\cdots u_2 = v_{k+1}v_kv_{k-1}\cdots v_2.$$

设 $u_{k+1}u_ku_{k-1}\cdots u_2 = v_{k+1}v_kv_{k-1}\cdots v_2 = p$, 那么显然 $a_1 = a_{k+1}p$ 且

$$pu_1 = u_{k+1}u_ku_{k-1}\cdots u_2u_1 = v_{k+1}v_kv_{k-1}\cdots v_2v_1 = pv_1.$$

(b) 如果 k 是偶数, 由等式组 (F_6) 有

$$u_{k+1}u_ku_{k-1}\cdots u_2 = v_{k+1}v_kv_{k-1}\cdots v_2.$$

设 $u_{k+1}u_ku_{k-1}\cdots u_2 = v_{k+1}v_kv_{k-1}\cdots v_2 = p$, 那么由等式组 ($\mathrm{F}_6$), 等式 (2.2.17) 和等式 (2.2.18) 有 $a_1 = a_{k+1}p$ 且

$$\begin{aligned} pu_1 &= u_{k+1}u_ku_{k-1}\cdots u_2u_1 = u_{k+1}u_k^2u_{k-1}\cdots u_2u_1 \\ &= v_{k+1}v_k^2v_{k-1}\cdots v_2v_1 = v_{k+1}v_kv_{k-1}\cdots v_2v_1 = pv_1 \end{aligned}$$

情形 2: 当 $m = k$ 且 $n \neq k$ 时, 那么显然 $n > k = m$, 则由等式 (2.2.15) 和等式 (2.2.16) 有

$$u_nu_{n-1}\cdots u_{k+1}u_k^2u_{k-1}\cdots u_2 = u_nu_{n-1}\cdots u_{k+1}u_ku_{k-1}\cdots u_2, \tag{2.2.19}$$

$$v_nv_{n-1}\cdots v_{k+1}v_k^2v_{k-1}\cdots v_2 = v_nv_{n-1}\cdots v_{k+1}v_kv_{k-1}\cdots v_2. \tag{2.2.20}$$

(a) 如果 n 是奇数, 由等式组 (F_6) 有

$$u_nu_{n-1}\cdots u_2 = v_nv_{n-1}\cdots v_2.$$

设 $u_nu_{n-1}\cdots u_2 = v_nv_{n-1}\cdots v_2 = p$, 那么显然 $a_1 = a_np$, 由等式组 (F_6), 等式 (2.2.19) 和等式 (2.2.20) 有

$$\begin{aligned} pu_1 &= u_nu_{n-1}\cdots u_{k+1}u_ku_{k-1}\cdots u_2u_1 = u_nu_{n-1}\cdots u_{k+1}u_k^2u_{k-1}\cdots u_2u_1 \\ &= v_nv_{n-1}\cdots v_{k+1}v_k^2v_{k-1}\cdots v_2v_1 = v_nv_{n-1}\cdots v_{k+1}v_kv_{k-1}\cdots v_2v_1 = pv_1. \end{aligned}$$

(b) 如果 n 是偶数, 由等式组 (F_6), 等式 (2.2.19) 和等式 (2.2.20) 有

$$u_nu_{n-1}\cdots u_2 = v_nv_{n-1}\cdots v_2.$$

设 $u_nu_{n-1}\cdots u_2 = v_nv_{n-1}\cdots v_2 = p$, 那么显然 $a_1 = a_np$, 由等式组 (F_6) 有

$$pu_1 = u_nu_{n-1}\cdots u_{k+1}u_ku_{k-1}\cdots u_2u_1 = v_nv_{n-1}\cdots v_{k+1}v_kv_{k-1}\cdots v_2v_1 = pv_1.$$

情形 3: 当 $n=k$ 且 $m\neq k$ 时, 类似于之前的情况.

情形 4: 当 $m\neq k$ 且 $n\neq k$ 时, 那么显然 $n>k$ 且 $m>k$, 设 $l=\max\{m, n\}$, 那么由等式 (2.2.15) 和等式 (2.2.16) 有

$$u_l u_{l-1}\cdots u_{k+1}u_k^2 u_{k-1}\cdots u_2=u_l u_{l-1}\cdots u_{k+1}u_k u_{k-1}\cdots u_2, \tag{2.2.21}$$

$$v_l v_{l-1}\cdots v_{k+1}v_k^2 v_{k-1}\cdots v_2=v_l v_{l-1}\cdots v_{k+1}v_k v_{k-1}\cdots v_2. \tag{2.2.22}$$

(a) 如果 l 是奇数, 由等式组 (F_6) 有

$$u_l u_{l-1}\cdots u_2=v_l v_{l-1}\cdots v_2.$$

设 $u_l u_{l-1}\cdots u_2=v_l v_{l-1}\cdots v_2=p$, 那么显然 $a_1=a_l p$, 由等式组 (F_6), 等式 (2.2.21) 和等式 (2.2.22) 有

$$\begin{aligned}pu_1&=u_l u_{l-1}\cdots u_{k+1}u_k u_{k-1}\cdots u_2 u_1=u_l u_{l-1}\cdots u_{k+1}u_k^2 u_{k-1}\cdots u_2 u_1\\&=v_l v_{l-1}\cdots v_{k+1}v_k^2 v_{k-1}\cdots v_2 v_1=v_l v_{l-1}\cdots v_{k+1}v_k v_{k-1}\cdots v_2 v_1=pv_1;\end{aligned}$$

(b) 如果 l 是偶数, 由等式组 (F_6), 等式 (2.2.21) 和等式 (2.2.22) 有

$$u_l u_{l-1}\cdots u_2=v_l v_{l-1}\cdots v_2.$$

设 $u_l u_{l-1}\cdots u_2=v_l v_{l-1}\cdots v_2=p$, 那么显然 $a_1=a_l p$, 由等式组 (F_6) 有

$$pu_1=u_l u_{l-1}\cdots u_{k+1}u_k u_{k-1}\cdots u_2 u_1=v_l v_{l-1}\cdots v_{k+1}v_k v_{k-1}\cdots v_2 v_1=pv_1.$$

那么结论显然. ■

定理 2.2.23 设 S 是幺半群. 如果 S 满足下述条件: 存在 $n\in N$, 对任意无穷序列

$$(s_1,\ s_2,\ \cdots,\ s_n,\ \cdots),\quad s_i\in S\backslash\{1\},\quad i=1,\ 2,\ \cdots$$

都有 $k\in N(n\geqslant k\geqslant 2)$, 使得

$$s_n s_{n-1}\cdots s_{k+1}s_{k-1}\cdots s_2 s_1=s_n s_{n-1}\cdots s_{k+1}s_k s_{k-1}\cdots s_2 s_1.$$

那么所有满足条件 (P) 的右 S-系是强平坦的.

证明 设 A 是满足条件 (P) 的右 S-系, 对 $a_1\in A$, $u_1, v_1\in S$, $a_1u_1=a_1v_1$. 由引理 2.2.7 知存在 $u_i, v_i\in S$, $a_i\in A$, $i=2, 3, \cdots$, 使得

$$u_2u_1=v_2v_1,\qquad a_1=a_2u_2=a_2v_2,$$

$$u_3u_2=v_3v_2,\qquad a_2=a_3u_3=a_3v_3,$$

$$\cdots\cdots \qquad (\mathrm{F}_7) \qquad \cdots\cdots \tag{2.2.23}$$

$$u_n u_{n-1} = v_n v_{n-1}, \qquad a_{n-1} = a_n u_n = a_n v_n.$$

$$\cdots\cdots \qquad\qquad \cdots\cdots$$

如果存在 $i \in N\backslash\{1\}$, 使得 $u_i v_i \in E(S)$ 或 $u_i = v_i$, 那么由引理 2.2.6 结论已成立. 否则根据上述的 u_i, $v_i (i = 2, 3, \cdots)$, 设 U 是无穷序列 $(u_2, u_3, \cdots, u_n, \cdots)$, V 是无穷序列 $(v_2, v_3, \cdots, v_n, \cdots)$.

由 S 的定义, 对于 U, 存在 $n \in N(n \geqslant k)$, 使得

$$u_n u_{n-1} \cdots u_{k+1} u_{k-1} \cdots u_2 = u_n u_{n-1} \cdots u_{k+1} u_k u_{k-1} \cdots u_2. \tag{2.2.24}$$

对于 V 存在 $m \in N(m \geqslant k)$, 使得

$$v_m v_{m-1} \cdots v_{k+1} v_{k-1} \cdots v_2 = v_m v_{m-1} \cdots v_{k+1} v_k v_{k-1} \cdots v_2. \tag{2.2.25}$$

考虑以下四种情况.

情形 1: $m = n = k$, 由等式 (2.2.24) 和等式 (2.2.25) 有

$$u_{k+1} u_{k-1} \cdots u_2 = u_{k+1} u_k u_{k-1} \cdots u_2, \tag{2.2.26}$$

$$v_{k+1} v_{k-1} \cdots v_2 = v_{k+1} v_k v_{k-1} \cdots v_2. \tag{2.2.27}$$

(a) 如果 k 是奇数, 由等式 (F_7), 等式 (2.2.26) 和等式 (2.2.27) 有

$$u_{k+1} u_k u_{k-1} \cdots u_2 = v_{k+1} v_k v_{k-1} \cdots v_2.$$

设 $u_{k+1} u_k u_{k-1} \cdots u_2 = v_{k+1} v_k v_{k-1} \cdots v_2 = p$, 那么显然 $a_1 = a_{k+1} p$ 且由等式组 (F_7) 有

$$p u_1 = u_{k+1} u_k u_{k-1} \cdots u_2 u_1 = v_{k+1} v_k v_{k-1} \cdots v_2 v_1 = p v_1.$$

(b) 如果 k 是偶数, 由等式组 (F_7) 有

$$u_{k+1} u_k u_{k-1} \cdots u_2 = v_{k+1} v_k v_{k-1} \cdots v_2.$$

设 $u_{k+1} u_k u_{k-1} \cdots u_2 = v_{k+1} v_k v_{k-1} \cdots v_2 = p$, 那么 $a_1 = a_{k+1} p$, 由等式组 (F_7), 等式 (2.2.26) 和等式 (2.2.27) 有

$$\begin{aligned} p u_1 &= u_{k+1} u_k u_{k-1} \cdots u_2 u_1 = u_{k+1} u_{k-1} \cdots u_2 u_1 \\ &= v_{k+1} v_{k-1} \cdots v_2 v_1 = v_{k+1} v_k v_{k-1} \cdots v_2 v_1 = p v_1. \end{aligned}$$

情形 2: 当 $m=k$ 且 $n\neq k$ 时, 那么显然 $n>k=m$, 则由等式 (2.2.26) 和等式 (2.2.27) 有

$$u_l u_{l-1}\cdots u_{k+1}u_k^2 u_{k-1}\cdots u_2=u_l u_{l-1}\cdots u_{k+1}u_k u_{k-1}\cdots u_2, \tag{2.2.28}$$

$$v_l v_{l-1}\cdots v_{k+1}v_k^2 v_{k-1}\cdots v_2=v_l v_{l-1}\cdots v_{k+1}v_k v_{k-1}\cdots v_2. \tag{2.2.29}$$

(a) 如果 n 是奇数, 由等式组 (F_7) 有

$$u_n u_{n-1}\cdots u_2=v_n v_{n-1}\cdots v_2.$$

设 $u_n u_{n-1}\cdots u_2=v_n v_{n-1}\cdots v_2=p$, 那么显然 $a_1=a_n p$, 由等式组 (F_7), 等式 (2.2.28) 和 等式 (2.2.29) 有

$$\begin{aligned}pu_1&=u_n u_{n-1}\cdots u_{k+1}u_k u_{k-1}\cdots u_2 u_1=u_n u_{n-1}\cdots u_{k+1}u_{k-1}\cdots u_2 u_1\\&=v_n v_{n-1}\cdots v_{k+1}v_{k-1}\cdots v_2 v_1=v_n v_{n-1}\cdots v_{k+1}v_k v_{k-1}\cdots v_2 v_1=pv_1.\end{aligned}$$

(b) 如果 n 是偶数, 由等式组 (F_7), 等式 (2.2.28) 和等式 (2.2.29) 有

$$u_n u_{n-1}\cdots u_2=v_n v_{n-1}\cdots v_2.$$

设 $u_n u_{n-1}\cdots u_2=v_n v_{n-1}\cdots v_2=p$, 那么显然 $a_1=a_n p$, 由等式组 (F_7) 有

$$pu_1=u_n u_{n-1}\cdots u_{k+1}u_k u_{k-1}\cdots u_2 u_1=v_n v_{n-1}\cdots v_{k+1}v_k v_{k-1}\cdots v_2 v_1=pv_1.$$

情形 3: $n=k$ 且 $m\neq k$, 类似于之前的情况.

情形 4: $m\neq k$ 且 $n\neq k$, 那么显然 $n>k$ 且 $m>k$, 设 $l=\max\{m,\ n\}$, 那么由等式 (2.2.24) 和等式 (2.2.25) 有

$$u_l u_{l-1}\cdots u_{k+1}u_{k-1}\cdots u_2=u_l u_{l-1}\cdots u_{k+1}u_k u_{k-1}\cdots u_2, \tag{2.2.30}$$

$$v_l v_{l-1}\cdots v_{k+1}v_{k-1}\cdots v_2=v_l v_{l-1}\cdots v_{k+1}v_k v_{k-1}\cdots v_2. \tag{2.2.31}$$

(a) 如果 l 是奇数, 由等式组 (F_7) 有

$$u_l u_{l-1}\cdots u_2=v_l v_{l-1}\cdots v_2.$$

设 $u_l u_{l-1}\cdots u_2=v_l v_{l-1}\cdots v_2=p$, 那么显然 $a_1=a_l p$, 由等式组 (F_7), 等式 (2.2.30) 和等式 (2.2.31) 有

$$\begin{aligned}pu_1&=u_l u_{l-1}\cdots u_{k+1}u_k u_{k-1}\cdots u_2 u_1=u_l u_{l-1}\cdots u_{k+1}u_{k-1}\cdots u_2 u_1\\&=v_l v_{l-1}\cdots v_{k+1}v_{k-1}\cdots v_2 v_1=v_l v_{l-1}\cdots v_{k+1}v_k v_{k-1}\cdots v_2 v_1=pv_1.\end{aligned}$$

(b) 如果 l 是偶数, 由等式组 (F_7), 等式 (2.2.30) 和等式 (2.2.31) 有

$$u_l u_{l-1} \cdots u_2 = v_l v_{l-1} \cdots v_2.$$

设 $u_l u_{l-1} \cdots u_2 = v_l v_{l-1} \cdots v_2 = p$, 那么显然 $a_1 = a_l p$, 由等式组 (F_7) 有

$$pu_1 = u_l u_{l-1} \cdots u_{k+1} u_k u_{k-1} \cdots u_2 u_1 = v_l v_{l-1} \cdots v_{k+1} v_k v_{k-1} \cdots v_2 v_1 = pv_1.$$

那么结论显然. ■

定理 2.2.24　设 S 是幺半群. 如果 S 满足下述条件: 存在偶数 $k \in N(k \geqslant 2)$, 对任意无穷序列

$$(s_1,\ s_2,\ \cdots,\ s_n,\ \cdots), \quad s_i \in S\backslash\{1\}, \quad i = 1,\ 2,\ \cdots$$

都有 $n \in N(n \geqslant k)$, 使得

$$s_n s_{n-1} \cdots s_3 s_2 s_1 = s_n s_{n-1} \cdots s_{k+1} s_k.$$

那么所有满足条件 (P) 的右 S-系是强平坦的.

证明　设 A 是满足条件 (P) 的右 S-系, 对 $a_1 \in A$, u_1, $v_1 \in S$, $a_1 u_1 = a_1 v_1$. 由引理 2.2.7 知存在 u_i, $v_i \in S$, $a_i \in A$, $i = 2,\ 3,\ \cdots$ 使得

$$\begin{aligned} &u_2 u_1 = v_2 v_1, && a_1 = a_2 u_2 = a_2 v_2,\\ &u_3 u_2 = v_3 v_2, && a_2 = a_3 u_3 = a_3 v_3,\\ &\cdots\cdots \qquad (F_8) && \cdots\cdots\\ &u_n u_{n-1} = v_n v_{n-1}, && a_{n-1} = a_n u_n = a_n v_n.\\ &\cdots\cdots && \cdots\cdots \end{aligned} \tag{2.2.32}$$

如果存在 $i \in N\backslash\{1\}$, 使得 $u_i v_i \in E(S)$ 或 $u_i = v_i$, 那么由引理 2.2.6 结论已成立. 否则根据上述的 u_i, $v_i (i = 1,\ 2,\ 3,\ \cdots)$, 设 U 是无穷序列 $(u_1,\ u_2,\ u_3,\ \cdots,\ u_n,\ \cdots)$, V 是无穷序列 $(v_1,\ v_2,\ v_3,\ \cdots,\ v_n, \cdots)$.

由 S 的定义, 对于 U 存在 $n \in N(n \geqslant k)$, 使得

$$u_n u_{n-1} \cdots u_{k+1} u_k u_{k-1} \cdots u_2 u_1 = u_n u_{n-1} \cdots u_{k+1} u_k. \tag{2.2.33}$$

对于 V, 存在 $m \in N(m \geqslant k)$, 使得

$$v_m v_{m-1} \cdots v_{k+1} v_k v_{k-1} \cdots v_2 v_1 = v_m v_{m-1} \cdots v_{k+1} v_k. \tag{2.2.34}$$

考虑以下四种情况.

情形 1: 当 $m=n=k$ 时, 由等式 (2.2.33) 和等式 (2.2.34) 有

$$u_{k+1}u_ku_{k-1}\cdots u_2u_1=u_{k+1}u_k, \tag{2.2.35}$$

$$v_{k+1}v_kv_{k-1}\cdots v_2v_1=v_{k+1}v_k. \tag{2.2.36}$$

由等式组 (F_8) 显然有

$$u_{k+1}u_ku_{k-1}\cdots u_2=v_{k+1}v_kv_{k-1}\cdots v_2.$$

设 $u_{k+1}u_ku_{k-1}\cdots u_2=v_{k+1}v_kv_{k-1}\cdots v_2=p$, 那么显然 $a_1=a_{k+1}p$ 且由等式组 (F_8), 等式 (2.2.35) 和等式 (2.2.36) 有

$$pu_1=u_{k+1}u_ku_{k-1}\cdots u_2u_1=u_{k+1}u_k=v_{k+1}v_k=v_{k+1}v_kv_{k-1}\cdots v_2v_1=pv_1.$$

情形 2: 当 $m=k$ 且 $n\neq k$ 时, 那么显然 $n>k=m$.

(a) 如果 n 是奇数, 由等式组 (F_8) 有

$$u_nu_{n-1}\cdots u_2=v_nv_{n-1}\cdots v_2.$$

设 $u_nu_{n-1}\cdots u_2=v_nv_{n-1}\cdots v_2=p$, 那么由 (2.2.33) 和 (2.2.34) 有

$$u_nu_{n-1}\cdots u_{k+1}u_ku_{k-1}\cdots u_2u_1=u_nu_{n-1}\cdots u_{k+1}u_k, \tag{2.2.37}$$

$$v_nv_{n-1}\cdots v_{k+1}v_kv_{k-1}\cdots v_2v_1=v_nv_{n-1}\cdots v_{k+1}v_k. \tag{2.2.38}$$

那么显然 $a_1=a_np$, 由等式组 (F_8), 等式 (2.2.37) 和等式 (2.2.38) 有

$$\begin{aligned}pu_1&=u_nu_{n-1}\cdots u_{k+1}u_ku_{k-1}\cdots u_2u_1=u_nu_{n-1}\cdots u_{k+1}u_k\\&=v_nv_{n-1}\cdots v_{k+1}v_k=v_nv_{n-1}\cdots v_{k+1}v_kv_{k-1}\cdots v_2v_1=pv_1.\end{aligned}$$

(b) 如果 n 是偶数, 由等式 (2.2.33) 和等式 (2.2.34) 有

$$u_{n+1}u_nu_{n-1}\cdots u_{k+1}u_ku_{k-1}\cdots u_2u_1=u_{n+1}u_nu_{n-1}\cdots u_{k+1}u_k, \tag{2.2.39}$$

$$v_{n+1}v_nv_{n-1}\cdots v_{k+1}v_kv_{k-1}\cdots v_2v_1=v_{n+1}v_nv_{n-1}\cdots v_{k+1}v_k. \tag{2.2.40}$$

由等式组 (F_8) 有

$$u_{n+1}u_nu_{n-1}\cdots u_2=v_{n+1}v_nv_{n-1}\cdots v_2.$$

设 $u_{n+1}u_nu_{n-1}\cdots u_2=v_{n+1}v_nv_{n-1}\cdots v_2=p$, 那么显然 $a_1=a_{n+1}p$, 由等式组 (F_8), 等式 (2.2.39) 和等式 (2.2.40) 有

$$pu_1=u_{n+1}u_nu_{n-1}\cdots u_{k+1}u_ku_{k-1}\cdots u_2u_1=u_{n+1}u_nu_{n-1}\cdots u_{k+1}u_k$$

$$=v_{n+1}v_nv_{n-1}\cdots v_{k+1}v_k=v_{n+1}v_nv_{n-1}\cdots v_{k+1}v_kv_{k-1}\cdots v_2v_1=pv_1.$$

情形 3: 当 $n=k$ 且 $m\neq k$ 时, 类似于之前的情况.

情形 4: 当 $m\neq k$ 且 $n\neq k$ 时, 那么显然 $n>k$ 且 $m>k$.

设 $l=\max\{m,\ n\}+p$ 且

$$p=\begin{cases}1, & \max\{m,\ n\}\text{是偶数},\\ 0, & \max\{m,\ n\}\text{是奇数}.\end{cases}$$

那么由等式 (2.2.33) 和等式 (2.2.34) 有

$$u_{n+1}u_nu_{n-1}\cdots u_{k+1}u_ku_{k-1}\cdots u_2u_1=u_{n+1}u_nu_{n-1}\cdots u_{k+1}u_k, \tag{2.2.41}$$

$$v_{n+1}v_nv_{n-1}\cdots v_{k+1}v_kv_{k-1}\cdots v_2v_1=v_{n+1}v_nv_{n-1}\cdots v_{k+1}v_k, \tag{2.2.42}$$

由等式组 (F_8) 有

$$u_lu_{l-1}\cdots u_4u_3u_2=v_lv_{l-1}\cdots v_4v_3v_2.$$

由等式组 (F_8), 等式 (2.2.41) 和等式 (2.2.42) 显然有

$$u_lu_{l-1}\cdots u_4u_3u_2u_1=v_lv_{l-1}\cdots v_4v_3v_2v_1.$$

设

$$u_lu_{l-1}\cdots u_4u_3u_2=v_lv_{l-1}\cdots v_4v_3v_2=q. \tag{2.2.43}$$

由等式 (2.2.32) 和等式 (2.2.43) 有 $a_1=a_lq,\ qu_1=qv_1$.

因此 A 满足条件 (E) . ■

2.3 总结与启发

从该部分主要结果的证明可以看出, 文献 [6–8] 中所得结果, 主要依据反复用条件 (P), 得到无限序列, 也就是如下的过程.

设 S 是幺半群, A 是满足条件 (P) 的右 S-系, 对任意 $a\in A,\ s,\ t\in S$, 若 $as=at$, 则存在 $u_i,\ v_i\in S,\ a_i\in A,\ i=1,2,\ 3,\ \cdots$, 使得

$$\begin{array}{ll} u_1s=v_1t, & a=a_1u_1=a_1v_1,\\ u_2u_1=v_2v_1, & a_1=a_2u_2=a_2v_2,\\ \cdots\cdots & \cdots\cdots\\ u_nu_{n-1}=v_nv_{n-1}, & a_{n-1}=a_nu_n=a_nv_n.\\ \cdots\cdots & \cdots\cdots \end{array}$$

特别地, 若 A 是满足条件 (P) 的右 S-系, 对任意 $a \in A$, s, $t \in S$, 若 $as = at$, 则存在 u, $v \in S$, $a_1 \in A$, 使得 $a = a_1u = a_1v$, $us = vt$. 该条件后来被单独进行研究, 并称之为条件 (EP), 见文献 [9]. 在此文献中研究了该条件的同调分类问题.

在反复用条件 (P) 的基础上, 得到了一系列等式组, 之后的关键问题, 就是讨论序列中 "奇数" 个元素和 "偶数" 个元素按照次序相乘何时相等, 围绕着这个目标, 给出了一系列的条件. 只要能满足这些条件, 就可以证明满足条件 (P) 的右 S-系满足条件 (E), 这种思想, 被该公开问题的提出者, 加拿大数学工作者 Bulman-Fleming 称之为 "a really nice way". 如果仅仅从讨论序列中 "奇数" 个元素和 "偶数" 个元素按照次序相乘何时相等这个条件的角度来看, 该研究远没有停止. 自 2009 年以来, 再没有发现比本章文献 [8] 中结果更好的幺半群类.

在利用该方法研究的过程中, 还用到了等式两边同乘这种办法, 这是一种很常见的做法, 但在该问题的研究中起到了重要作用.

本章所用方法的启发是: 反复用条件, 有限变无限.

参 考 文 献

[1] Stenström B. Flatness and localization over monoids. Mathematische Nachrichten, 1970, 48: 315-334.

[2] Normak P. On equalizer flat and pullback flat acts. Semigroup Forum, 1987, 36: 293-313.

[3] Bulman-Fleming S. Pullback flat acts are strongly flat. Canadian Mathematical Bulletin, 1991, 34: 1-6.

[4] Bulman-Fleming S. Flat and strongly flat S-systems. Communications in Algebra, 1992, 20: 2553-2567.

[5] Liu Z K, Yang Y B. Monoids over which every flat right act satisfies condition (P). Comm. Algebra, 1994, 22: 2861-2875.

[6] Qiao H S. Strong flatness properties of right S-acts satisfying condition (P). Communications in Algebra, 2002, 30: 4321-4330.

[7] Qiao H S. Some conditions on monoids for which condition (P) acts are strongly flat. Communications in Algebra, 2004, 32: 4795-4807.

[8] Qiao H S, Li F. On monoids for which all condition (P) acts are strongly flat. Communications in Algebra, 2009, 37(1): 234-241.

[9] Golchin A. On condition (EP). International Mathematical Forum, 2007, 2: 911-918.

第3章　平坦的右 S-系满足条件 (E) 的幺半群的刻画

3.1　问题的历史渊源

在文献 [1] 中, 作者利用平坦性和条件 (E) 给出了 Von Neumann 正则幺半群的等价刻画, 证明了所有满足条件 (E) 的左 S-系是平坦的当且仅当 S 是正则幺半群. 该结论说明, 任意幺半群上, 条件 (E) 不能推出平坦性. 文献 [2] 中给出了下面的例 3.1.1.

例 3.1.1　设 G 是非平凡群, 由定理 1.5.2 可知显然所有 S-系是平坦的. 若所有平坦系满足条件 (E), 则一元 S-系满足条件 (E), 易知 G 中只有一个元素, 矛盾.

该例子说明平坦性也不能推出条件 (E).

因此, 平坦性和条件 (E) 这两个性质没有直接的蕴涵关系. 在 [1] 的最后, 提出了:

公开问题: 如何刻画所有平坦系满足条件 (E) 的幺半群?

该问题迄今为止, 没有彻底解决, 在已经证明的使得所有循环平坦系是强平坦的幺半群的基础上, 在 3.3 节最后提出了一些努力和思考的方向.

3.2　问题的研究进展

这里首先给出所有满足条件 (E) 的左 S-系是平坦系的幺半群刻画, 主要结果选自文献 [1, 3, 4].

定理 3.2.1　对于幺半群 S, 以下几条等价:

(1) 所有满足条件 (E) 的左 S-系是平坦的;

(2) 所有满足条件 (E) 的左 S-系是弱平坦的;

(3) 所有满足条件 (E) 的左 S-系是主弱平坦的;

(4) S 是正则幺半群.

证明　(1)$\Rightarrow$(2)$\Rightarrow$(3) 是显然的.

(3)$\Rightarrow$(4) 令 $x \in S$. 如果 $Sx = S$, 则 x 是左可逆元, 所以是正则元. 设 $Sx \neq S$, 则 Sx 是 S 的真左理想. $A(Sx)$ 满足条件 (E), 因此由条件知 $A(Sx)$ 是主弱平坦 S-系. 由命题 1.5.6 知对任意 $y \in Sx$, 有 $y \in ySx$. 特别地 $x \in xSx$, 即 x 是正则元. 所以 S 是正则幺半群.

(4)⇒(1) 设 B 是任意满足条件 (E) 的左 S-系. 要证明 B 是平坦的.

设 A 是右 S-系, $a,a' \in A, b,b' \in B$, 在 $A \otimes B$ 中有 $a \otimes b = a' \otimes b'$, 则存在 $a_1,\cdots,a_n \in A, b_2,\cdots,b_n \in B$, $s_1,t_1,\cdots,s_n,t_n \in S$, 使得

$$\begin{aligned} &a = a_1 s_1, \\ &a_1 t_1 = a_2 s_2, \qquad && s_1 b = t_1 b_2, \\ &\quad \cdots\cdots && \quad \cdots\cdots \\ &a_n t_n = a', && s_n b_n = t_n b'. \end{aligned}$$

下面对 n 用数学归纳法证明在 $(aS \cup a'S) \otimes B$ 中有 $a \otimes b = a' \otimes b'$.

设 $n = 1$, 此时有

$$\begin{aligned} &a = a_1 s_1, \\ &a_1 t_1 = a', \qquad && s_1 b = t_1 b'. \end{aligned}$$

由条件知 s_1 是正则元, 所以存在 $s_1' \in S$, 使得 $s_1 = s_1 s_1' s_1$. 因此 $t_1 b' = s_1 b = s_1 s_1' s_1 b = s_1 s_1' t_1 b'$. 由于 B 满足条件 (E) , 所以存在 $u \in S$, $b'' \in B$, 使得

$$t_1 u = s_1 s_1' t_1 u, b' = u b''.$$

因此, $a s_1' t_1 u = a_1 s_1 s_1' t_1 u = a_1 t_1 u = a' u$. 所以在 $(aS \cup a'S) \otimes B$ 中有

$$\begin{aligned} a \otimes b &= a_1 s_1 \otimes b = a_1 s_1 s_1' s_1 \otimes b = a_1 s_1 s_1' \otimes s_1 b \\ &= a s_1' \otimes s_1 b = a s_1' \otimes t_1 b' = a s_1' \otimes t_1 u b'' \\ &= a s_1' t_1 u \otimes b'' = a' u \otimes b'' = a' \otimes u b'' \\ &= a' \otimes b'. \end{aligned}$$

设 $n \geqslant 2$. 由条件知存在 $s_1', t_1' \in S$, 使得 $s_1 = s_1 s_1' s_1, t_1 = t_1 t_1' t_1$. 因此由 $s_1 b = t_1 b_2$ 可得

$$\begin{aligned} t_1 b_2 &= s_1 b = s_1 s_1' s_1 b = s_1 s_1' t_1 b_2, \\ s_1 b &= t_1 b_2 = t_1 t_1' t_1 b_2 = t_1 t_1' s_1 b. \end{aligned}$$

由于 B 满足条件 (E), 所以存在 u, $v \in S$, c, $c' \in B$, 使得

$$\begin{aligned} &t_1 u = s_1 s_1' t_1 u, \qquad && b_2 = uc, \\ &s_1 v = t_1 t_1' s_1 v, && b = vc'. \end{aligned}$$

因此 $s_1 v c' = s_1 b = t_1 b_2 = t_1 u c$. 所以有如下的等式组:

$$av = a_1 s_1 v,$$

$$\begin{array}{ll} a_1 t_1 u = a_2 s_2 u, & s_1 v c' = t_1 u c, \\ a_2 t_2 = a_3 s_3, & s_2 u c = t_2 b_3, \\ \quad \cdots\cdots & \quad \cdots\cdots \\ a_n t_n = a', & s_n b_n = t_n b'. \end{array}$$

对于框线以内的等式组, 由归纳假定可知在 $(a_1 t_1 u S \cup a'S) \otimes B$ 中有 $a_1 t_1 u \otimes c' = a' \otimes b'$. 又因为

$$a_1 t_1 u = a_1 s_1 s_1' t_1 u = a s_1' t_1 u \in aS,$$

所以在 $(aS \cup a'S) \otimes B$ 中有 $a_1 t_1 u \otimes c = a' \otimes b'$.

对前两行等式组利用归纳假定可知, 在 $(avS \cup a_2 s_2 u S) \otimes B$ 中有 $av \otimes c' = a_2 s_2 u \otimes c$. 所以在 $(aS \cup a'S) \otimes B$ 中有

$$a \otimes b = a \otimes vc' = av \otimes c' = a_2 s_2 u \otimes c = a_1 t_1 u \otimes c = a' \otimes b'.$$

因此由数学归纳法原理即知 B 是平坦 S-系. ■

由于循环系满足条件 (E) 和强平坦性质等价, 所以, 为了对该公开问题的研究提供某种思考的方向, 需要以下的主要结论. 这部分结论主要选自文献 [5].

先从下面的结果开始.

命题 3.2.2　设 S 是幺半群, λ 是 S 上的左同余. 则 S-系 S/λ 是弱平坦的当且仅当对任意 $u, v \in S$, 若 $u\lambda v$, 则存在 $s, t \in S$, 使得 $us = vt$, 并且 $s(\lambda \vee \Delta)1, t(\lambda \Delta v)1$. 这里 Δu 是如下定义的 S 上的右同余:

$$x \, \Delta u \, y \Leftrightarrow ux = uy.$$

证明　设 S/λ 是弱平坦的, $u, v \in S$, 满足 $u\lambda v$. 则 $u\overline{1} = v\overline{1}$. 由定理 1.3.16 知存在 $a \in S/\lambda, z \in uS \cap vS$, 使得 $u\overline{1} = v\overline{1} = za$. 设 $a = w\overline{1}, w \in S, z = us = vt, s, t \in S$, 则有

$$u \cdot \overline{1} = zw\overline{1} = usw \cdot \overline{1},$$
$$v \cdot \overline{1} = zw\overline{1} = vtw \cdot \overline{1}.$$

因此在 $S \otimes S/\lambda$ 中有 $u \otimes \overline{1} = 1 \otimes \overline{u} = 1 \otimes \overline{usw} = 1 \otimes u \cdot \overline{sw} = u \otimes \overline{sw}$. 由于 S/λ 是弱平坦的, 所以在 $uS \otimes S/\lambda$ 中有 $u \otimes \overline{1} = u \otimes \overline{sw}$. 因此存在 $s_1, t_1, \cdots, s_n, t_n \in S$, 使得

$$\overline{1} = s_1 \overline{1},$$
$$us_1 = ut_1, \qquad t_1 \overline{1} = s_2 \overline{1},$$

$$us_2 = ut_2, \qquad t_2\overline{1} = s_3\overline{1},$$
$$\cdots\cdots \qquad \cdots\cdots$$
$$us_n = ut_n, \qquad t_n\overline{1} = \overline{sw}.$$

所以有

$$sw\lambda t_n(\Delta u)s_n\lambda t_{n-1}(\Delta u)s_{n-1}\cdots(\Delta u)s_1\lambda 1,$$

即 $sw(\lambda\vee\Delta u)1$. 同理可以证明 $tw(\lambda\vee\Delta v)1$. 显然还有

$$usw = vtw.$$

所以结论成立.

反过来, 在题设条件下, 要证明 S/λ 是弱平坦的. 设 $u,v\in S$, 并且在 $S\otimes S/\lambda$ 中有 $u\otimes\overline{1} = v\otimes\overline{1}$. 要证明在 $(uS\cup vS)\otimes S/\lambda$ 中也有 $u\otimes\overline{1} = v\otimes\overline{1}$, 易知有 $u\cdot\overline{1} = v\cdot\overline{1}$, 即 $u\lambda v$. 由条件知存在 $s,t\in S$, 使得 $us = vt, s(\lambda\vee\Delta u)1, t(\lambda\vee\Delta v)1$. 设 $x_0, y_1, x_1, \cdots, x_n, y_{n+1}, z_0, w_1, z_1, \cdots, z_m, w_{m+1}\in S$, 使得

$$\begin{aligned}
&1 = x_0\lambda y_1(\Delta u)x_1\lambda y_2(\Delta u)x_2\cdots(\Delta u)x_n\lambda y_{n+1} = s,\\
&t = z_0\lambda w_1(\Delta v)z_1\lambda w_2(\Delta v)z_2\cdots(\Delta v)z_m\lambda w_{m+1} = 1.
\end{aligned}$$

在 $(uS\cup vS)\otimes S/\lambda$ 中进行计算

$$\begin{aligned}
u\otimes\overline{1} &= u\otimes\overline{x_0} = u\otimes\overline{y_1} = uy_1\otimes\overline{1} = ux_1\otimes\overline{1} = u\otimes\overline{x_1}\\
&= u\otimes\overline{y_2} = uy_2\otimes\overline{1} = ux_2\otimes\overline{1} = u\otimes\overline{x_2} = \cdots = u\otimes\overline{x_n}\\
&= u\otimes\overline{y_{n+1}} = u\otimes\overline{s} = us\otimes\overline{1} = vt\otimes\overline{1} = v\otimes\overline{t} = v\otimes\overline{z_0}\\
&= v\otimes\overline{w_1} = \cdots = v\otimes\overline{w_m} = vw\otimes\overline{1} = vz_m\otimes\overline{1} = v\otimes\overline{z_m}\\
&= v\otimes\overline{w_{m+1}} = v\otimes\overline{1}.
\end{aligned}$$

所以 S/λ 是弱平坦 S-系. ■

引理 3.2.3 设 S 是幺半群, $w,t\in S$, 令 $\lambda = \lambda(tw,t)$, 则对任意 $x,y\in S, x\lambda y$ 的充要条件是存在 $m,n\geqslant 0$, 使得 $xw^m = yw^n$, 并且

$$\begin{aligned}
&xw^i\in St, \quad 0\leqslant i<m,\\
&yw^j\in St, \quad 0\leqslant j<n.
\end{aligned}$$

证明 在 S 上定义关系 θ 如下: $x\ \theta\ y$ 当且仅当存在 $m,n\geqslant 0$, 使得 $xw^m = yw^n$, 并且 $xw^i\in St\ (0\leqslant i<m), yw^j\in St\ (0\leqslant j<n)$. 设 $x\ \theta\ y$, $y\ \theta\ z$, 则存在

$m,n,l,k \geqslant 0$, 使得 $xw^m = yw^n, yw^l = zw^k$, 并且 $xw^i, yw^j, zw^p \in St, 0 \leqslant i < m, 0 \leqslant p < k, 0 \leqslant j < \max\{n,l\}$. 设 $n > l$, 则有 $xw^m = yw^n = yw^l w^{n-l} = zw^{k+n-l}$. 当 $0 \leqslant j < k$ 时, $zw^j \in St$; 当 $k \leqslant j < k+n-l$ 时, $zw^j = zw^k w^{j-k} = yw^l w^{j-k} = yw^{l+j-k} \in St$. 设 $n < l$, 则可类似于上述证明. 设 $n = l$, 此时 $xw^m = zw^k$. 这就证明了关系 θ 是 S 上的等价关系.

显然 θ 还是 S 上的左同余. 因为 $tw \cdot 1 = t \cdot w$, 所以令 $m = 0, n = 1$, 则 $t \cdot w^0 = t \in St$. 因此有 $tw\theta t$. 所以 $\lambda \subseteq \theta$.

反过来, 设 $x \ \theta \ y$. 则存在 $m,n \geqslant 0$, 使得 $xw^m = yw^n$, 并且 $xw^i, yw^j \in St$, $0 \leqslant i < m, 0 \leqslant j < n$. 记 $xw^i = u_i t, yw^j = v_j t$, 其中 $u_i, v_j \in S, 0 \leqslant i < m, 0 \leqslant j < n$, 则有

$$
\begin{aligned}
&x = u_0 t, \\
&u_0(tw) = xw = u_1 t, \\
&u_1(tw) = xw^2 = u_2 t, \\
&\qquad\cdots\cdots \\
&u_{m-1}(tw) = xw^m = yw^n = v_{n-1}(tw), \\
&v_{n-1}t = yw^{n-1} = yw^{n-2}w = v_{n-2}(tw), \\
&\qquad\cdots\cdots \\
&v_2 t = yw^2 = yww = v_1(tw), \\
&v_1 t = yw = v_0(tw), \\
&v_0 t = y,
\end{aligned}
$$

所以 $x\lambda y$. 这说明 $\theta \subseteq \lambda$. 因此 $\lambda = \theta$. ■

引理 3.2.4　设 S 是幺半群, $E(S)$ 是 S 的全部幂等元构成的集合, 令 $e \in E(S)$, ρ 是 S 上的右同余, $w \in S, \lambda = \lambda(ew, e)$. 如果存在自然数 m, n $(m < n)$ 和 $z \in S$, 使得 $zw^i \ \rho \ zw^i e, m \leqslant i < n$, 那么, 对任意 $y \in S$, 如果 $y\rho zw^m$, 则 $1(\lambda \vee \rho y)w^{n-m}$, 这里 ρy 的定义为: $u(\rho y)v \Leftrightarrow yu\rho yv$.

证明　因为 $y \ \rho \ zw^m \ \rho \ zw^m e \ \rho \ ye$, 所以有 $1(\rho y)e$. 显然 $ew\lambda e$. 又因为 $yew\rho yw$, 所以 $ew(\rho y)w$. 因此有 $1(\lambda \vee \rho y)w$.

若 $n - m = 1$, 则结论已证毕.

设 $n - m \geqslant 2$. 此时有 $yw\rho zw^{m+1}\rho zw^{m+1}e\rho ywe$, 所以 $w(\rho y)we\lambda wew(\rho y)w^2$. 结合第一段证明的结果即得 $1(\lambda \vee \rho y)w^2$.

若 $n - m = 2$, 则结论已证毕. 若 $n - m > 2$, 则继续使用上述的证明方法即可证明本引理. ■

引理 3.2.5 设 ρ 是 S 上的右同余, λ 是 S 上的左同余. 则对 $s,t,s',t'\in S$, $[s]_\rho\otimes[t]_\lambda=[s']_\rho\otimes[t']_\lambda$ 在 $S/\rho\otimes S/\lambda$ 中成立当且仅当 $(st)(\rho\vee\lambda)(s't')$.

证明 必要性. 设 $[s]_\rho\otimes[t]_\lambda=[s']_\rho\otimes[t']_\lambda$ 在 $S/\rho\otimes S/\lambda$ 中成立, 其中 $s,t,s',t'\in S$, 则有

$$\begin{aligned}
& & s_1[u_1]_\lambda &= [t]_\lambda,\\
[s]_\rho s_1 &= [v_1]_\rho t_1, & s_2[u_2]_\lambda &= t_1[u_1]_\lambda,\\
[v_1]_\rho s_2 &= [v_2]_\rho t_2, & s_3[u_3]_\lambda &= t_2[u_2]_\lambda,\\
&\cdots\cdots & &\cdots\cdots\\
[v_{k-1}]_\rho s_k &= [s']_\rho t_k, & [t']_\lambda &= t_k[u_k]_\lambda,
\end{aligned}$$

其中 $s_1,\cdots,s_k,t_1,\cdots,t_k,u_1,\cdots,u_k,v_1,\cdots,v_{k-1}\in S$, 因为右边的等式与左同余 λ 有关, 左边的等式与右同余 ρ 有关, 所以有

$$(st)\lambda(ss_1u_1)\rho(v_1t_1u_1)\lambda(v_1s_2u_2)\rho(v_2t_2u_2)\lambda\cdots\rho(s't_ku_k)\lambda(s't').$$

因此 $(st)(\rho\vee\lambda)(s't')$.

充分性. 设 $(st)(\rho\vee\lambda)(s't')$, $s,t,s',t'\in S$, 则存在 $u_1,u_2,\cdots,u_n\in S$, 使得 $(st)\rho u_1\lambda u_2\rho u_3\lambda\cdots\rho u_n\lambda(s't')$, 且

$$\begin{aligned}
[s]_\rho\otimes[t]_\lambda &= [s]_\rho\otimes t[1]_\lambda=[s]_\rho t\otimes[1]_\lambda=[st]_\rho\otimes[1]_\lambda=[u_1]_\rho\otimes[1]_\lambda\\
&= [1]_\rho u_1\otimes[1]_\lambda=[1]_\rho\otimes u_1[1]_\lambda=[1]_\rho\otimes[u_1]_\lambda=[1]_\rho\otimes[u_2]_\lambda=\cdots\\
&= [1]_\rho\otimes[u_n]_\lambda=[1]_\rho\otimes[s't']_\lambda=[1]_\rho\otimes s'[t']_\lambda\\
&= [1]_\rho s'\otimes[t']_\lambda=[s']_\rho\otimes[t']_\lambda,
\end{aligned}$$

则在 $S/\rho\otimes S/\lambda$ 中成立. ■

引理 3.2.6 设 λ 是 S 上的左同余, $t\in S$, 则 $g:S/(t\lambda)\to S[t]_\lambda, g([u]_{t\lambda})=u[t]_\lambda, u\in S$ 是同构.

证明 由同态基本定理易证. ■

定理 3.2.7 设 ρ 是 S 上的右同余, 则右 S-系 S/ρ 是平坦的当且仅当对于 S 上的任意左同余 λ, 任意 $u,v\in S$, 若 $s(\rho\vee\lambda)t$, 则存在 $u,v\in S$, 使得 $(us)\lambda(vt), 1(\rho\vee s\lambda)u$, 并且 $1(\rho\vee t\lambda)v$.

证明 必要性. 设循环右 S-系 S/ρ 是平坦的, $s(\rho\vee\lambda)t$, 其中 $s,t\in S,\lambda$ 是 S 上的左同余, 因为 $s1(\rho\vee\lambda)1t$, 由引理 3.2.5, 有 $[s]_\rho\otimes[1]_\lambda=[1]_\rho\otimes[t]_\lambda$, 所以 $[1]_\rho\otimes[s]_\lambda=[1]_\rho\otimes[t]_\lambda$ 在 $S/\rho\otimes S/\lambda$ 中成立, 因为 S/ρ 是平坦的, 所以 $[1]_\rho\otimes[s]_\lambda=[1]_\rho\otimes[t]_\lambda$ 在 $(S/\rho)\otimes(S[s]\cup S[t])$ 中成立, 则有

$$s_1[u_1]_\lambda=[s]_\lambda,$$

$$
\begin{aligned}
&[1]_\rho s_1 = [v_1]_\rho t_1, && s_2[u_2]_\lambda = t_1[u_1]_\lambda,\\
&[v_1]_\rho s_2 = [v_2]_\rho t_2, && s_3[u_3]_\lambda = t_2[u_2]_\lambda,\\
&\qquad\cdots\cdots && \qquad\cdots\cdots\\
&[v_{j-2}]_\rho s_{j-1} = [v_{j-1}]_\rho t_{j-1}, && s_j[u_j]_\lambda = t_{j-1}[u_{j-1}]_\lambda,\\
&[v_{j-1}]_\rho s_j = [v_j]_\rho t_j, && s_{j+1}[u_{j+1}]_\lambda = t_j[u_j]_\lambda,\\
&\qquad\cdots\cdots && \qquad\cdots\cdots\\
&[v_{k-1}]_\rho s_k = [1]_\rho t_k, && [t]_\lambda = t_k[u_k]_\lambda,
\end{aligned}
$$

其中 $s_1,\cdots,s_k,t_1,\cdots,t_k,u_1,\cdots,u_k,v_1,\cdots,v_{k-1}\in S$.

如果 $[s]_\lambda\in S[t]_\lambda$, 则取 $v\in S$, 使得 $[s]_\lambda=v[t]_\lambda$, 则在 $S/\rho\otimes S/\lambda$ 中有 $[vt]_\lambda=[1]_\rho\otimes[t]_\lambda$. 因为 S/ρ 是平坦的, 所以在 $(S/\rho)\otimes S[t]_\lambda$ 中有 $[1]_\rho\otimes[vt]_\lambda=[1]_\rho\otimes[t]_\lambda$, 由引理 3.2.6, 在 $(S/\rho)\otimes S/t\lambda$ 中有 $[1]_\rho\otimes[v]_\lambda=[1]_\rho\otimes[1]_\lambda$, 则由引理 3.2.5, 取 $u=1$, 满足条件.

如果 $[s]_\lambda\notin S[t]_\lambda$, 设 j 是第一个指数, 使得 $s_j[u_j]_\lambda\in S[t]_\lambda$, 则 $s_j[u_j]_\lambda\in S[s]_\lambda\cap S[t]_\lambda$. 设 $u,v\in S$, 使得 $v_{j-1}s_j[u_j]_\lambda=u[s]_\lambda=v[t]_\lambda$, 因此 $(us)\lambda(vt)$.

利用等式组, 有

$$
[1]_\rho\otimes[s]_\lambda=[1]_\rho\otimes[t]_\lambda=[1]_\rho\otimes v_{j-1}s_j[u_j]_\lambda=[1]_\rho\otimes u[s]_\lambda=[1]_\rho\otimes v[t]_\lambda
$$

在 $(S/\rho)\otimes(S[s]\cup S[t])$ 中成立. 因为 S/ρ 是平坦的, 所以在 $(S/\rho)\otimes S[s]_\lambda$ 中有 $[1]_\rho\otimes[s]_\lambda=[1]_\rho\otimes u[s]_\lambda$, 在 $(S/\rho)\otimes S[t]_\lambda$ 中有 $[1]_\rho\otimes[t]_\lambda=[1]_\rho\otimes v[t]_\lambda$, 由引理 3.2.6, 则在 $(S/\rho)\otimes S/(s\lambda)$ 中有 $[1]_\rho\otimes[1]_\lambda=[1]_\rho\otimes[u]_\lambda$, 在 $(S/\rho)\otimes S/(t\lambda)$ 中有 $[1]_\rho\otimes[1]_\lambda=[1]_\rho\otimes[v]_\lambda$, 由引理 3.2.5, 有 $1(\rho\vee s\lambda)u, 1(\rho\vee t\lambda)v$.

充分性. 设 λ 是 S 上的左同余, $[x]_\rho\otimes[s]_\lambda=[y]_\rho\otimes[t]_\lambda, x,y,s,t\in S$, 则由引理 3.2.5 有 $(xs)(\rho\vee\lambda)(yt)$, 由假设, 则存在 $u,v\in S$, 使得 $(uxs)\lambda(vyt), 1(\rho\vee(xs)\lambda)u, 1(\rho\vee(yt)\lambda)v$, 由引理 3.2.5 以及 $1(\rho\vee(xs)\lambda)u$ 知在 $(S/\rho)\otimes S/((xs)\lambda)$ 中有 $[1]_\rho\otimes[1]_\lambda=[1]_\rho\otimes[u]_\lambda$, 由引理 3.2.6, 在 $(S/\rho)\otimes S[xs]_\lambda$ 中有 $[1]_\rho\otimes[xs]_\lambda=[1]_\rho\otimes u[xs]_\lambda$, 类似地, 可得在 $(S/\rho)\otimes S[yt]_\lambda$ 中有 $[1]_\rho\otimes[yt]_\lambda=[1]_\rho\otimes v[yt]_\lambda$, 则在 $(S/\rho)\otimes(S[s]_\lambda\cup S[t]_\lambda)$ 中有

$$
[x]_\rho\otimes[s]_\lambda=[1]_\rho\otimes[xs]_\lambda=[1]_\rho\otimes u[xs]_\lambda=[1]_\rho\otimes v[yt]_\lambda=[1]_\rho\otimes[yt]_\lambda=[y]_\rho\otimes[t]_\lambda.
$$

因此 S/ρ 是平坦的. ■

引理 3.2.8　设 λ,ρ 是 S 上的左、右同余, $x,y,z\in S$. 若 $1(\lambda\vee\rho(yx))z$, 则 $x(\lambda\vee\rho y)xz$.

证明 设 $s_0, s_1, \cdots, s_n \in S$, 使得

$$1\lambda s_0(\rho yx)s_1\lambda s_2\cdots s_{n-1}\lambda s_n(\rho yx)z,$$

则 $yxs_0\rho yxs_1, \cdots, yxs_n\rho yxz$. 所以有

$$x\lambda xs_0(\rho y)xs_1\lambda xs_2\cdots xs_{n-1}\lambda xs_n(\rho y)xz,$$

即 $x(\lambda\vee\rho y)xz$. ■

下面的命题 3.2.9 给出了平坦循环 S-系的例子.

命题 3.2.9 设 S 是幺半群, $w\in S, e\in E(S)$, $\lambda=\lambda(ew,e)$, 则 S-系 S/λ 是平坦的.

证明 设 ρ 是 S 上的任意右同余, $u,v\in S$, 并且 $u(\lambda\vee\rho)v$. 要证明存在 $x,y\in S$, 使得 $ux\rho vy$, 并且 $x(\lambda\vee\rho u)1, y(\lambda\vee\rho v)1$, 从而由引理 3.2.7 知 S/λ 是平坦的.

令 $\Phi=\lambda\circ\rho$, 则 $\lambda\vee\rho=\bigcup\limits_{n=0}^{\infty}\Phi^n$. 由 $u(\lambda\vee\rho)v$ 知存在 n, 使得 $u\Phi^n v$. 对 $n\geqslant 0$, 用数学归纳法证明存在 $l,r\geqslant 0$, 使得 $uw^l\rho vw^r, w^l(\lambda\vee\rho u)1, w^r(\lambda\vee\rho v)1$, 并且

$$uw^i\rho uw^ie,\quad 0\leqslant i<l,$$
$$vw^j\rho vw^je,\quad 0\leqslant j<r.$$

设 $n=0$. 此时有 $u=v$. 可取 $l=r=0$.

设对于 $n\geqslant 0$ 上述结论已成立. 假定 $u\Phi^{n+1}v$, 则存在 $x,y\in S$, 使得 $u\Phi^n x\lambda y\rho v$. 由归纳假定知存在 $l,r\geqslant 0$, 使得 $uw^l\rho xw^r, w^l(\lambda\vee\rho u)1, w^r(\lambda\vee\rho x)1$, 并且 $uw^i\rho uw^ie$, $0\leqslant i<l, xw^j\rho xw^je, 0\leqslant j<r$. 对于 $x\lambda y$, 由引理 3.2.3 知存在 $m,p\geqslant 0$, 使得 $xw^m=yw^p$, 并且 $xw^i, yw^j\in Se, 0\leqslant i<m, 0\leqslant j<p$. 考虑下列的三种情形:

(a) $r>m$. 此时有

$$uw^l\rho xw^r=xw^mw^{r-m}=yw^pw^{r-m}\rho vw^{r-m+p}.$$

已知当 $0\leqslant i<l$ 时, $uw^i\rho uw^ie$, 并且 $w^l(\lambda\vee\rho u)1$. 因为 $v\rho yw^0, yw^i\in Se(0\leqslant i<p)$ (从而 $yw^i=yw^ie$), 所以由引理 3.2.4 知有 $1(\lambda\vee\rho v)w^p$. 又因为 $vw^p\rho yw^p=xw^m$, 而 $xw^i\rho xw^ie$ $(m\leqslant i<r)$, 所以由引理 3.2.4 知 $1(\lambda\vee\rho(vw^p))w^{r-m}$. 再由引理 3.2.8 即知 $w^p(\lambda\vee\rho v)w^{r-m+p}$. 合起来即得结论 $1(\lambda\vee\rho v)w^{r-m+p}$. 另外, 当 $0\leqslant j<p$ 时, 已有 $vw^j\rho yw^j\in Se$, 从而 $vw^j\rho yw^j=yw^je\rho vw^je$. 当 $p\leqslant j<r-m+p$ 时, 有

$$\begin{aligned}vw^j&=vw^pw^{j-p}\rho yw^pw^{j-p}=xw^mw^{j-p}\\&=xw^{j+m-p}\rho xw^{j+m-p}e\rho vw^je.\end{aligned}$$

(b) $r = m$. 此时有

$$uw^l \rho x w^r = xw^m = yw^p \rho v w^p,$$

$1(\lambda \vee \rho u)w^l, uw^i \rho u w^i e (0 \leqslant i < l)$; 又 $w^p(\lambda \vee \rho u)1$ (同 (a) 的证明). 对任意 $0 \leqslant j < p, vw^j \rho y w^j = yw^j e \rho v w^j e$.

(c) $r < m$. 此时有

$$uw^{l+m-r} = uw^l w^{m-r} \rho x w^r w^{m-r} = xw^m = yw^p \rho v w^p.$$

由上面的证明可知有 $1(\lambda \vee \rho v)w^p, vw^i \rho v w^i e (0 \leqslant i < p)$. 因为 $u \rho u w^0, uw^i \rho u w^i e (0 \leqslant i < l)$, 所以由引理 3.2.4 知有 $1(\lambda \vee \rho u)w^l$. 又因为 $uw^l \rho x w^r, xw^i = xw^i e (r \leqslant i < m)$, 所以由引理 3.2.4 知有 $1(\lambda \vee \rho(uw^l))w^{m-r}$, 再由引理 3.2.8 知 $w^l(\lambda \vee \rho u)w^{m-r+l}$. 所以 $1(\lambda \vee \rho u)w^{m-r+l}$. 另外, 若 $0 \leqslant j < l$, 则 $uw^j \rho u w^j e$; 若 $l \leqslant j < m - r + l$, 则 $0 \leqslant j - l + r < m$, 所以 $uw^j = uw^l w^{j-l} \rho x w^r w^{j-l} = xw^{j-l+r} = xw^{j-l+r} e \rho u w^j e$. 这就证明了 S/λ 是平坦 S-系. ■

推论 3.2.10 设 $w \in S$, t 是 S 的正则元, $\lambda = \lambda(tw, t)$, 则 S/λ 是平坦系.

证明 设 $t = tt't$, 令 $e = t't \in E(S)$. 对任意左同余 θ, 有

$$tw\theta t \Longleftrightarrow ew\theta e,$$

所以 $\lambda(tw, t) = \lambda(ew, e)$. 由命题 3.2.9 即得结论. ■

推论 3.2.11 设所有平坦循环 S-系满足条件 (P), 则任意 $e \in E(S) - \{1\}$ 都是 S 的左零元.

证明 设 $e \in E(S), e \neq 1, x \in S$. 由命题 3.2.9 知循环 S-系 $S/\lambda(exe, e)$ 是平坦的, 所以满足条件 (P). 因为 $exe\lambda(exe, e)e$, 所以由命题 2.2.1 知存在 $s, t \in S$, 使得 $exes = et$, 并且 $s\lambda(exe, e)1\lambda(exe, e)t$.

设 $s \neq 1$, 则存在 $t_1, \cdots, t_n \in S$, 使得

$$1 = t_1 c_1, t_1 d_1 = t_2 c_2, \cdots, t_n d_n = s,$$

这里 $\{c_i, d_i\} = \{exe, e\}, i = 1, \cdots, n$. 所以 $1 \in Se$, 从而 $e = 1$, 矛盾. 因此 $s = 1$. 同理可证 $t = 1$. 所以有 $exe = e$.

设 $e, f \in E(S) - 1$. 由命题 3.2.9 知循环 S-系 $S/\lambda(fe, f)$ 是平坦的, 从而满足条件 (P). 因为 $fe\lambda(fe, f)f$, 所以由命题 2.2.1 知存在 $u, v \in S$, 使得 $feu = fv$, 并且 $u\lambda(fe, f)1, v\lambda(fe, f)1$. 与上述方法类似地可证得若 $u \neq 1$, 则必有 $1 \in Sf$ 或者 $1 \in Se$, 即 $f = 1$ 或者 $e = 1$. 矛盾. 因此 $u = 1$. 同理可证 $v = 1$. 所以 $fe = f$.

设 $e \in E(S) - \{1\}, x \in S$, 则 $ex = exex$, 即 $ex \in E(S)$. 又显然 $ex \neq 1$. 由已证的结论知有 $exe = ex \cdot e = ex$. 又 $exe = e$, 所以 $ex = e$. 因此 e 是 S 的左零元. ■

引理 3.2.12 设 λ 是 S 上的左同余, S/λ 是弱平坦 S-系, e, f 是 S 的左零元并且 $e\lambda f$, 则 $e = f$.

证明 因为 $e\lambda f$, 所以由命题 3.2.2 知存在 $s, t \in S$, 使得 $es = ft$, 并且 $s(\lambda \vee \Delta e)1(\lambda \vee \Delta f)t$. 由于 e, f 是左零元, 所以 $e = f$. ■

设 S 是幺半群, 称 S 是左谐零幺半群, 如果对任意 $x \in S, x \neq 1$, 存在自然数 n, 使得 x^n 是 S 的左零元.

下面的定理 3.2.13 可以为研究平坦 S-系满足条件 (E) 的问题的研究提供某种思路.

定理 3.2.13 对于幺半群 S, 以下几条是等价的:

(1) 任意弱平坦循环左 S-系是投射的;

(2) 任意弱平坦循环左 S-系是强平坦的;

(3) 任意平坦循环左 S-系是投射的;

(4) 任意平坦循环左 S-系是强平坦的;

(5) S 为左谐零幺半群.

证明 (1)⇒(3)⇒(4) 和 (1)⇒(2)⇒(4) 都是显然的.

(4)⇒(5) 由推论 3.2.11 知任意 $e \in E(S) - \{1\}$ 都是 S 的左零元. 对于任意 $x \in S$, 由定理 2.2.9 知存在自然数 n, 使得 $x^{n+1} = x^n$. 所以 $x^n \in E(S)$. 若 $x^n = 1$, 则 x 是可逆元, 所以由 $x^{n+1} = x^n$ 即得 $x = 1$. 因此, 若 $x \neq 1$, 则存在自然数 n, 使得 x^n 是 S 的左零元.

(5)⇒(2) 设 λ 是 S 上的左同余, S/λ 是弱平坦 S-系. 要证明 S/λ 是强平坦的. 设 $u, v \in S$ 满足 $u\lambda v$. 由命题 3.2.2 知存在 $s, t \in S$, 使得 $us = vt, s(\lambda \vee \Delta u)1, t(\lambda \vee \Delta v)1$. 令 $\Phi = \lambda \circ \Delta u, \Psi = \lambda \circ \Delta v$. 设 $m, n \geqslant 0$ 是满足 $s\Phi^m 1$ 和 $t\Psi^n 1$ 的最小的非负整数. 考虑以下几种情形 (要证明存在 $w \in S$, 使得 $uw = vw$, 并且 $w\lambda 1$):

(a) $m = 1$. 此时有 $s = 1$, 因此 $u = vt$. 如果 $n = 0$, 那么 $t = 1$, 从而令 $w = 1$ 即有 $uw = vw$ 并且 $w\lambda 1$. 设 $n > 0$, 则存在 $x, y \in S$, 使得 $t\Psi^{n-1}x\lambda y(\Delta v)1$. 若 $y \neq 1$, 则 $vy = v$, 而 $y \in S$, 所以存在 l, 使得 y^l 是 S 的左零元. 显然 $v = vy^l$, 所以 v 也是 S 的左零元. 故有 $u = vt = v$. 令 $w = 1$ 即可. 设 $y = 1$. 则由 n 的最小性可知 $x \neq 1$, 所以存在 l, 使得 x^l 是 S 的左零元, 由 $x\lambda y = 1$ 易得 $x^l\lambda 1$, 故 $ux^l\lambda u\lambda v\lambda vx^l$. 而 ux^l, vx^l 都是 S 的左零元, 所以由引理 3.2.12 知 $ux^l = vx^l$. 令 $w = x^l$ 即可完成证明.

(b) $n = 0$. 类似于情形 (a) 即可完成证明.

(c) $m > 0, n > 0$. 此时存在 $x, y, z, r \in S$, 使得

$$s\Phi^{m-1}x\lambda y(\Delta u)1,$$

$$t\Psi^{n-1}z\lambda r(\Delta v)1.$$

易知 $u = uy, v = vr$. 如果 $y \neq 1, r \neq 1$, 则存在 k, l, 使得 y^k, r^l 是 S 的左零元, 所以 $u = uy^k$, $v = vr^l$ 也是 S 的左零元, 故从 $us = vt$, 即得 $u = v$. 令 $w = 1$ 即可. 设 $y = 1$, 则由 m 的最小性知 $x \neq 1$. 所以存在 k, 使得 x^k 是左零元. 由于 $ux^k\lambda u, vx^k\lambda v, u\lambda v$, 所以 $ux^k\lambda vx^k$. 又 ux^k, vx^k 都是左零元, 所以 $ux^k = vx^k$. 令 $w = x^k$, 则 $w\lambda 1, uw = vw$. 如果 $r = 1$, 则类似的证明即得结论. 所以由命题 2.2.2 知 S-系 S/λ 是强平坦的.

(2)⇒(1) 设 $\lambda = \Delta$, 则 $S/\lambda \simeq S$ 是投射 S-系. 设 S/λ 是弱平坦的, 并且 $\lambda \neq \Delta$. 由条件知 S/λ 是强平坦的. 设 $u, v \in S, u \neq v$ 但 $u\lambda v$. 由 S/λ 的强平坦性知存在 $s \in S$, 使得 $us = vs$, 并且 $s\lambda 1$. 显然 $s \neq 1$. 由 (2) ⇒(4)⇒(5) 知存在 k, 使得 s^k 是 S 的左零元. 显然 $us^k = vs^k, s^k\lambda 1$. 对于不同的 $u, v \in S, u \neq v, u\lambda v$, 可以得到不同的 s^k, 但这些 s^k 都在 1 所在的 λ- 类中, 从而由引理 3.2.12 知这些 s^k 都是相等的. 令 $e = s^k$, 则 $ue = ve$, 并且 $e\lambda 1$. 令 $f : S/\lambda \to Se$ 如下: 对任意的 $s \in S$,

$$f(s\lambda) = se.$$

若 $u\lambda v$, 而 $u \neq v$, 则由上面的讨论知 $ue = ve$, 即 $f(u\lambda) = f(v\lambda)$. 这说明 f 是有定义的. 显然 f 是 S-同态. 若 $ue = ve$, 则 $u\lambda ue = ve\lambda v$. 所以 f 还是同构. 因此 $S/\lambda \simeq Se$ 是投射的. ■

3.3 总结与启发

由于对循环系而言, 条件 (E) 和强平坦性等价, 所以由定理 3.2.13, 所有平坦 (弱平坦) 左 S-系满足条件 (E), 则幺半群一定是左谐零幺半群, 这是必要条件. 但这个条件是否是充分的, 至今仍然是一个公开问题. 左谐零幺半群中每一个元素的幂零指数全都等于 1 的时候, 就是左零半群添加幺元 1 构成的幺半群. 如何解决这个公开问题, 从这方面考虑对解决问题是有意义的.

另外, 对于张量积中两个元素的等式组, 利用数学归纳法讨论等式组的长度, 是非常重要的研究方法, 在很多问题的研究中起到了重要作用, 值得引起足够的重视. 文献 [6] 就充分应用了这种方法, 本章所研究的问题也采用此方法取得重要的研究成果. 定理 1.3.2 刻画了两组元素张量积相等的条件, 凡是与此类等式组相关的问题, 都可以尝试用该方法去展开研究.

本章所用方法的启发是: 等式缩长度, 数学归纳法.

参 考 文 献

[1] Liu Z K. A characterization of regular monoids by flatness of left acts. Semigroup Forum, 1993, 46: 85-89.

[2] Normak P. On equalizer flat and pullback flat acts. Semigroup Forum, 1987, 36: 293-313.

[3] 刘仲奎, 乔虎生. 半群的 S-系理论. 北京: 科学出版社, 2008.

[4] Bulman-Fleming S. Flat and strongly flat S-systems. Communications in Algebra, 1992, 20: 2553-2567.

[5] Bulman-Fleming S, Normak P. Monoids over which all flat cyclic right acts are strong flat. Semigroup Forum, 1995, 50: 233-241.

[6] Bulman-Fleming S, McDowell K. Monoids over which all weakly flat acts are flat. Proceedings of the Edinburgh Mathematical Society, 1990, 33: 287-298.

第 4 章　强平坦覆盖的唯一性问题

4.1　问题的历史渊源

近年来, 研究 S-系的覆盖问题, 是该领域的一个热点之一, 很多方法和思路借助了模的覆盖理论的若干结论和思想.

研究 S-系的覆盖问题, 历史悠久, 在文献 [1–3] 中已经定义并研究了覆盖. 这种定义, 和环的模理论中经典投射覆盖的定义思想是一致的. 与本章考虑的公开问题相关的覆盖的概念, 就是指文献 [1, 3] 中的定义, 即在本章的定义 4.2.1 意义下的覆盖, 本章研究的公开问题是文献 [4] 中提出来的.

在文献 [4] 中, 作者主要研究了循环系具有 (P)-覆盖、强平坦覆盖、投射覆盖的条件, 在文章最后, 作者提了 6 个公开问题. 这些问题提出以后, 国内外不少学者都展开研究, 例如在文献 [5] 中, 作者给出了若干幺半群类, 证明了在这些幺半群类上, 强平坦覆盖具有唯一性. 迄今为止, 有些公开问题依然遗留着.

本章要研究的**公开问题**:

(1) 是否存在幺半群 S 和某个循环右 S-系没有 (P)-覆盖?

(2) 强平坦覆盖是否唯一?

关于这里的公开问题 (2), 已经有两篇论文 [6, 7] 对此展开研究, 研究结果证明强平坦覆盖不唯一, 主要构造例子说明这一论断.

由于这里的公开问题 (1) 是在研究公开问题 (2) 的过程中回答的, 故统一在本章陈述.

4.2　问题的研究进展

定义 4.2.1　设 S 是幺半群, A 是 S-系, 称 S-系 C 及 S-满同态 $f: C \to A$ 是 A 的覆盖, 如果不存在 C 的真子系 B, 使得 $f|_B$ 是满同态. 在不引起混淆的情况下, 常常省去同态 f, 直接将 C 称为 A 的覆盖.

定义 4.2.2　设 S 是幺半群, $f : C \to A$ 是 S-满同态, 称 f 是余本质的, 如果对每一个 S-系 B 和每一个 S-映射 $g : B \to C$, 若 fg 是满同态, 那么 g 也是满同态.

引理 4.2.3　设 $f : A \to B$ 是余本质的 S-满同态, 那么是 A 循环的当且仅当 B 是循环的.

证明 必要性. 显然.

充分性. 假设 $B = bS$ 是循环 S-系, 由于 $f: A \to B$ 是 S-满同态, 存在 $a \in A$, 使得 $f(a) = b$. 下证 $A = aS$. 如果 $aS \subset A$, 那么显然 $f: aS \to B$ 是 S-满同态, 和 f 是余本质满同态定义矛盾. ■

定义 4.2.4 设 S 是幺半群, A 是 S-系, 称 S-系 C 及 S-满同态 $f: C \to A$ 是 A 的强平坦覆盖, 如果 C 是强平坦的且 f 是余本质的.

引理 4.2.5 设 $P \subseteq S$ 是左可折叠的 (右可逆的) 的子幺半群, 在 S 上定义 ρ 关系如下

$$s\rho s' \Leftrightarrow (\exists p,\ q \in P)(ps = qs').$$

那么:

(1) ρ 是右同余;

(2) S/ρ 是强平坦的 (满足条件 (P)).

证明 (1) 显然 ρ 是自反的和对称的. 假设 $s\,\rho\,t$, $t\,\rho\,u$, 则存在 p, q, p_1, $q_1 \in P$, 使得 $ps = qt$, $p_1t = q_1u$. 设 $r \in P$, 使得 $rq = rp_1$, 则有 $(rp)s = (rq_1)u$. 因此 ρ 是传递的, 故 ρ 是右同余.

(2) 设 $s\ \rho\ t$, 由 ρ 的定义知存在 p, $q \in P$, 使得 $ps = qt$. 设 $r \in P$ 且使得 $rp = rq$. 设 $u = rp = rq$, 那么 $1\ \rho\ u$, $us = ut$. 因此由命题 2.2.2 可知 S/ρ 是强平坦的. ■

引理 4.2.6 设 P 是幺半群 S 的子幺半群, 那么对右同余 ρ, $P = [1]_\rho$ 当且仅当 P 是 S 的左单式子幺半群.

证明 必要性. 设 ρ 是幺半群 S 上的右同余, 则 $P = [1]_\rho$ 是 S 的子幺半群. 因为如果 $p_1, p_2 \in P$, 即 $1\rho p_1, 1\rho p_2$, 那么有 $1\rho p_2\rho(p_1p_2)$, 因此 $p_1p_2 \in P$, 并且 $1 \in P$.

设 $P = [1]_\rho$, 其中 ρ 是 S 上的右同余, 并且 $p \in P, ps \in P, s \in S$, 则 $1\rho ps, p\rho 1$, 因此 $1\rho(ps)\rho s$, 即 $s \in P = [1]_\rho$.

充分性. 记 $X = P \times P$, 令 $\rho = (P \times P)^\sharp$, 即由 P 生成的右同余, 其中 P 是 S 的左单式子幺半群. 因为 $1 \in P$, 故 $P \subseteq [1]_\rho$. 若 $1\rho p, p \in S, p \neq 1$, 则存在 $p_1, \cdots, p_n, q_1, \cdots q_n \in P, w_1, \cdots, w_n \in S$, 其中 $(p_i, q_i) \in X$, $i = 1, \cdots, n$, 使得

$$\begin{aligned} 1 = p_1w_1 \quad q_2w_2 = p_3w_3 \quad \cdots\ q_{n-1}w_{n-1} = p_nw_n,\\ q_1w_1 = p_2w_2 \quad q_3w_3 = p_4w_4 \cdots \quad q_nw_n = p. \end{aligned}$$

因为 $1 \in P$, $1 = p_1w_1$, 故 $w_1 \in P$, 因此 $p_2w_2 = q_1w_1 \in P$, 得到 $w_2 \in P$. 重复此过程, 得到 $w_n \in P$, 因此 $p = q_nw_n \in P$, 故 $P = [1]_\rho$. ■

引理 4.2.7 设 S 是幺半群, P 是 S 的左可折叠的子幺半群, $\sigma = (P \times P)^\sharp$ 是 S 上由 $P \times P$ 生成的同余, 那么 $P \subseteq [1]_\sigma$, $[1]_\sigma$ 是左可折叠的且 S/σ 是强平坦的.

证明　易证得 $P \subseteq [1]_\sigma$. 设 P 是左可折叠的. 令 ρ 是幺半群 S 上如下定义的右同余. $s\rho t$ 当且仅当存在 $p,\ q \in P,\ ps = qt$. 下证 $\sigma = \rho$. 首先易证得 $\sigma \subseteq \rho$. 如果 $s\ \rho\ t$, 那么存在 $p,\ q \in P,\ ps = qt$. 则有 $s = 1s\ \sigma\ ps = qt\ \sigma\ 1t$, 所以 $s\ \sigma\ t$. 由命题 2.2.1 知 S/σ 满足条件 (P). 另外如果 P 是左可折叠的, 由命题 2.2.2 知, S/σ 是强平坦的. ■

定理 4.2.8　设 S 是幺半群, S/ρ 是循环 S-系. 映射 $f: S/\sigma \to S/\rho,\ s\sigma \mapsto s\rho$ 是余本质的满同态当且仅当

$$\sigma \subseteq \rho, \text{ 并且对任意的 } u \in [1]_\rho,\ uS \cap [1]_\sigma \neq \varnothing.$$

证明　必要性. 对任意循环 S-系 S/ρ 和 $u \in S$

$$S/\rho_u \cong \{[us]_\rho : s \in S\}$$

是 S/ρ 的 S-子系. 设 $f: S/\sigma \to S/\rho,\ s\sigma \mapsto s\rho$ 是余本质的满同态. 因为 f 是有定义的, $\sigma \subseteq \rho$. 现在对任意 $u \in [1]_\rho$, 都有 $f|_{S/\sigma_u} : S/\sigma_u \to S/\rho$ 是满同态. 因为 f 是余本质的, 所以必有 $[1]_\sigma \in S/\sigma_u$, 故 $uS \cap [1]_\sigma \neq \varnothing$.

充分性. 如果已有的条件成立, 那么显然 f 是有定义的, 设 A 是 S/σ 的 S-子系, $f|_A$ 是满同态, 那么存在 $u\sigma \in A$, 使得 $1\ \rho = f(u\sigma) = u\rho$. 因此由假设条件可知存在 $t \in S,\ u\rho 1$, 使得 $ut\sigma 1$. 对任意 $s\sigma \in S/\sigma,\ s\sigma uts,\ s\sigma \in A$. 故 $A = S/\sigma$, 即 $f: S/\sigma \to S/\rho$ 是覆盖. ■

定理 4.2.9　设 S 是幺半群, S/ρ 是循环 S-系. 如果 R 是 $[1]_\rho$ 的子幺半群, 使得对任意 $u \in [1]_\rho,\ uS \cap R \neq \varnothing$, 那么在 S 上存在一个右同余 σ, 使得 $R \subseteq [1]_\sigma$, S/σ 是 S/ρ 的覆盖. 而且 $R = [1]_\sigma$ 当且仅当 R 是 S 的左单式子幺半群.

证明　令 $\sigma = (R \times R)^\sharp$, 即 S 上由 $R \times R$ 生成的右同余. 显然 $R \subseteq [1]_\sigma$. 定义映射 f: $S/\sigma \to S/\rho$ 为: 对任意的 $s \in S$,

$$f(s\sigma) = s\rho.$$

下证 f 是自然的满同态. 因为 $R \subseteq [1]_\rho$, 那么 $R \times R \subseteq \rho$, 所以 $\sigma = (R \times R)^\sharp \subseteq \rho$. 因为对任意 $u \in [1]_\rho,\ uS \cap R \neq \varnothing$, 所以由定理 4.2.8 知 f 是余本质的. ■

由引理 4.2.6 知 $R = [1]_\sigma$ 当且仅当 R 在 S 上是左单式的.

定理 4.2.10　设 S 是幺半群, S/ρ 是循环 S-系. 那么自然映射 $S \to S/\rho$ 是余本质的当且仅当 $[1]_\rho$ 是 S 的子群.

证明　如果 $S \to S/\rho$ 是余本质的, 那么由定理 4.2.8 可知对所有的 $u \in [1]_\rho$, 总存在 $s \in S$, 使得 $us = 1$. 但由 $u\rho 1$, 可知 $s\rho us = 1,\ s \in [1]_\rho$, 证毕.

反过来, 如果 $[1]_\rho$ 是 S 的子群, 那么对所有的 $u \in [1]_\rho$, 总有 $uu^{-1} \in \{1\}$. 所以由定理 4.2.8 得 $S \to S/\rho,\ s \mapsto s\rho$ 是余本质的. ■

定理 4.2.11 设 S 是幺半群, 那么循环 S-系 S/ρ 有强平坦覆盖当且仅当 $[1]_\rho$ 包含左可折叠的子幺半群 R, 使得对任意 $u \in [1]_\rho$, $uS \cap R \neq \varnothing$.

证明 设 S/ρ 有强平坦覆盖 S/σ. 那么由定理 4.2.8 可以假设 $R = [1]_\sigma \subseteq [1]_\rho$, 对任意 $u \in [1]_\rho$, $uS \cap R \neq \varnothing$, 而且由命题 4.2.7 知 R 是左可折叠的.

反过来, 设 R 是 $[1]_\rho$ 的左可折叠的子幺半群, 使得对任意 $u \in [1]_\rho$, $uS \cap R \neq \varnothing$. 在 S 上定义右同余 $\sigma = (R \times R)^\sharp$, 由定理 4.2.9 的证明知 S/σ 是 S/ρ 的覆盖. 并且由引理 4.2.7 知 S/σ 是强平坦的. ■

推论 4.2.12 1-元 S-系 Θ 有强平坦覆盖当且仅当存在 S 的左可折叠的子幺半群 R, 使得对任意 $u \in S$, 存在 $s \in S$, $us \in R$.

命题 4.2.13 如果 S 是幺半群, 那么所有循环 S-系有强平坦覆盖当且仅当 S 的任意左单式的子幺半群 T, 都包含左可折叠的子幺半群 R, 使得对任意 $u \in T$, $uS \cap R \neq \varnothing$.

证明 由定理 4.2.11 可得. ■

定理 4.2.14 以下结论成立:

(1) 设 S 是左可消的幺半群, 循环 S-系 S/ρ 有强平坦覆盖当且仅当 $[1]_\rho$ 是 S 的子群, 且在这种情况下 S 是 S/ρ 的强平坦覆盖.

(2) 设 S 是幺半群, S/ρ 是循环 S-系. 如果 S 包含右零元 z, 使得 $z \in [1]_\rho$, 那么 S/ρ 有强平坦覆盖. 特别地, 如果 S 是带幺元 1 的右零半群, 那么所有循环 S-系有强平坦覆盖.

证明 (1) 设 S/σ 是 S/ρ 的强平坦覆盖. 那么对所有 $s, t \in S$, 若 $s\rho t$, 则存在 $u \in S$, 使得 $us = ut$. 因此 $\sigma = \Delta$ 且 S 是 S/ρ 的强平坦覆盖. 由定理 4.2.10 知 $[1]_\rho$ 是 S 的子群. 反过来也可以由定理 4.2.10 证得. ■

(2) 记 $R = \{1, z\}$ 是左可折叠的且 $u \in [1]_\rho$, 那么 $uz = z \in R$, 结果可由定理 4.2.11 证得.

定理 4.2.15 设 S 是周期幺半群, $E(S)$ 是一个带且 $E(S)$ 的所有子幺半群是左可折叠的. 那么所有循环 S-系有强平坦覆盖.

证明 设 T 是 S 的左单式的子幺半群, $R = E(T)$. S 是周期幺半群, 则对所有的 $u \in T$, 存在自然数 n, 使得 u^n 是 S 的幂等元, 且存在 $s \in S$, 使得 $us \in R$. 由于 R 是左可折叠的子幺半群, 由命题 4.2.13 可得结论成立. ■

称半群 S 是右 (左) nil 的, 如果对任意 $s \in S$, 存在 $n \in N$, 使得 s^n 是 S 的右 (左) 零元. 称半群 S 是 nil 的, 如果对任意 $s \in S$, 存在 $n \in N$, 使得 s^n 是 S 的零元.

推论 4.2.16 如果 S 是满足下列条件之一的幺半群, 那么所有循环 S-系有强平坦覆盖.

(1) S 是周期幺半群且 $E(S)$ 是半格;

(2) S 是半格, 且有最大元;

(3) S 是周期逆幺半群;

(4) S 是最多有 2 个幂等元的周期幺半群;

(5) S 是由有限循环半群添加幺元 1 构成的幺半群;

(6) S 是含有幺元 1 的 nil 半群;

(7) S 是含有幺元 1 的左 nil 半群.

称幺半群 S 是右基本的, 如果 $S = G \dot{\cup} N$, 其中 G 是群, N 是空集或者右 nil 半群.

定理 4.2.17　如果 S 满足下列条件之一的幺半群, 那么所有循环 S-系有强平坦覆盖.

(1) S 是正则幺半群, 且 S 的所有左单式的子幺半群是左可折叠的;

(2) S 是含有幺元 1 的左群;

(3) S 是含有幺元 1 的右群;

(4) S 是右基本的.

证明　(1) 设 T 是 S 的左单式的子幺半群, $u \in T$. 那么对所有的 $u' \in V(u)$ 都有 $u(u'u) \in T$, 结合命题 4.2.13 即可证得.

(2) 设 T 是 S 的左单式的子幺半群. 如果 $T = \{1\}$, 那么 T 是左可折叠的. 假设 $T \neq \{1\}$, 那么对每一个 $1 \neq s \in T$ 都存在唯一的必然是幂等元的解 $x = e_s$, 使得 $xs = s$. 由 S 是正则的和右可消的, 则存在 $s' \in V(s)$, 使得 $e_s = ss'$. 设 $R = \{e_s \mid s \in T\} \cup \{1\}$, 从而 $R \subseteq T$. 注意到 $se_ss = ss$, 由右可消性得 $se_s = s$. 由 T 是左单式的知 $e_s \in T$. 由于 R 包含左零元, 所以是左可折叠的, 且对所有 $1 \neq u \in T$, $uu' = e_u \in R$, 结合命题 4.2.13 即可证得.

(3) 设 T 是 S 的左单式的子幺半群. 同上假设 $T \neq \{1\}$, 那么对每一个 $1 \neq s \in T$ 都存在唯一 (必然是幂等元) 的解 $x = e_s$, 使得 $sx = s$. 因为 $se_s = s$, $s \in T$, 所以 $e_s \in T$. 设 e 是一个这样的幂等元, 设 $R = \{1, e\}$, 故 $R \subseteq T$. 那么 R 是左可折叠的且对所有的 $1 \neq u \in T$, 等式 $ux = e$ 有 (唯一) 的解, 故 $uS \cap R \neq \varnothing$, 结合命题 4.2.13 即可证得.

(4) 设 T 是 $S = G \dot{\cup} N$ 的左单式的子幺半群. 如果存在 $n \in N \cap T$, 那么 T 包含右零元 z. 因此若记 $R = \{1, z\}$, 则 R 是左可折叠的, 并且对所有的 $u \in T$, $uz = z \in R$. 否则 T 是 S 的子群. 若设 $R = \{1\}$, 则结论显然. ■

设 S 是幺半群, $s \in S$, 按照循环半群的结构定理, 用 $i(s)$ 表示 s 的指数, $p(s)$ 表示周期.

例 4.2.18　设 $S = \langle a,\ b,\ c | ab = ba = ac = ca = a,\ bc = c^2,\ cb = b^2 \rangle \cup \{1\}$, $3 < i(a) < i(b) < i(c) < +\infty$ 和 $p(a) = p(b) = p(c) = 1$. 在 S 上定义等价关系 ρ 如

下

$$s\rho t \Longleftrightarrow (s,t \in \langle a\rangle) \text{ 或者 } (s,t \in (\langle b\rangle \cup \langle c\rangle \cup \{1\}))$$

易证得 ρ 是 S 上的右同余. 那么 $[1]_\rho = \langle b\rangle \cup \langle c\rangle \cup \{1\}$, 而且 S/ρ 的强平坦覆盖不唯一.

证明 由 ρ 的定义, 可知它是 S 的真右同余. 记 $R_1 = \langle b\rangle \cup \{1\}$ 和 $R_2 = \langle c\rangle \cup \{1\}$, 那么 R_1 和 R_2 都是 $[1]_\rho$ 的左可折叠的子幺半群.

在 S 上定义右同余 σ_1 为

$$s\ \sigma_1 t \Longleftrightarrow (\exists p,\ q \in R_1)(ps = qt).$$

在 S 上定义右同余 σ_2 为

$$s\ \sigma_2 t \Longleftrightarrow (\exists p,\ q \in R_2)(ps = qt).$$

因此对所有 $u \in [1]_\rho,\ uS \cap [1]_{\sigma_i} \neq \varnothing (i = 1,\ 2)$.

那么由引理 4.2.5 知 S/σ_1 和 S/σ_2 都是强平坦的. 但 $\sigma_1 \neq \sigma_2$, 因为 $(b,\ 1) \in \sigma_1$ 而 $(b,\ 1) \notin \sigma_2$, $(c,\ 1) \in \sigma_2$ 而 $(c,\ 1) \notin \sigma_1$.

由定理 4.2.11 和定理 4.2.8 知 S/σ_1 与 S/σ_2 都是 S/ρ 的强平坦覆盖. ■

现在有以下命题 4.2.19.

命题 4.2.19 循环系的强平坦覆盖不一定是唯一的.

这个命题对本章的公开问题 (2) 给出了否定的答案.

接下来主要讨论在什么幺半群条件下, 强平坦覆盖是唯一的.

命题 4.2.20 设 S/ρ 是使得 $[1]_\rho$ 是左可消的循环右 S-系. 如果 S/ρ 有强平坦覆盖, 那么 S 是 S/ρ 的仅有的强平坦覆盖. 在这种情况下 $[1]_\rho$ 是 S 的子群.

证明 设 S/σ 是 S/ρ 的强平坦覆盖. 由定理 4.2.8, 设 $\sigma \subseteq \rho$, 并且对任意 $u \in [1]_\rho$, $uS \cap [1]_\sigma \neq \varnothing$, 设 $R = [1]_\sigma$. 因此 R 是左可折叠的和左可消的, 显然 $R = \{1\}$. 下证 $\sigma = \Delta_S$. 设对 $x,\ y \in S$, $x\sigma y$. 因为 S/σ 是强平坦的, 存在 $v \in R$, 使得 $vx = vy$, 那么 $v = 1$, $x = y$, 所以 $\sigma = \Delta_S$, 且 $S/\sigma = S$. 此外, 如果 $u \in [1]_\rho$, 因为 $uS \cap [1]_\sigma \neq \varnothing$, 那么存在 $s \in S$, 使得 $us = 1$. 又因为 $[1]_\rho$ 是左单式的, $s \in [1]_\rho$, 故 $[1]_\rho$ 是 S 的子群. ■

推论 4.2.21 设 S 是幺半群. 如果 S/ρ 是循环右 S-系, 且 $[1]_\rho$ 是 S 的子群的, 那么 S/ρ 有唯一的强平坦覆盖 S.

命题 4.2.22 设 S/ρ 是使得 $[1]_\rho$ 是可交换的循环右 S-系. 如果 S/ρ 有强平坦覆盖, 那么它是唯一的.

证明 设 S/ρ 有强平坦覆盖 S/σ_1 和 S/σ_2. 由定理 4.2.8, 设 $\sigma_1 \subseteq \rho$, $\sigma_2 \subseteq \rho$, 并且对任意 $u \in [1]_\rho$, $uS \cap [1]_{\sigma_1} \neq \varnothing$, $uS \cap [1]_{\sigma_2} \neq \varnothing$. 下证 $\sigma_1 = \sigma_2$. 设 $x\sigma_1 y$, 因为 S/σ_1

是强平坦的, 存在 $u \in [1]_{\sigma_1}$, 使得 $ux = uy$. 那么因为 $[1]_{\sigma_1} \subseteq [1]_\rho$, $u \in [1]_\rho$, 那么存在 $s \in S$ 使得 $us \in [1]_{\sigma_2}$. 而且, 又因为 $[1]_\rho$ 是左单式的, $s \in [1]_\rho$, 有 $su = us \in [1]_{\sigma_2}$. 因为 $sux = suy$, 故 $x\sigma_2 y$. 因此 $\sigma_1 \subseteq \sigma_2$. 同理 $\sigma_2 \subseteq \sigma_1$, 故 $\sigma_1 = \sigma_2$. ■

命题 4.2.23 设 ρ 是幺半群 S 上使得 $[1]_\rho$ 是 S 含有幺元 1 的左单子半群的右同余. 那么若 S/ρ 存在强平坦覆盖, 则一定是唯一的.

证明 设 S/ρ 有强平坦覆盖 S/σ_1 和 S/σ_2. 由定理 4.2.8, 有 $\sigma_1 \subseteq \rho$, $\sigma_2 \subseteq \rho$, 并且对任意 $u \in [1]_\rho$, $uS \cap [1]_{\sigma_1} \neq \varnothing$, $uS \cap [1]_{\sigma_2} \neq \varnothing$. 如果 $[1]_{\sigma_1} = \{1\}$ 或 $[1]_{\sigma_2} = \{1\}$, 显然 $[1]_\rho$ 是 S 的子群, 这与 $[1]_\rho$ 的结构矛盾.

现在假设 $[1]_{\sigma_1} \neq \{1\}$ 且 $[1]_{\sigma_2} \neq \{1\}$, 下证 $\sigma_1 = \sigma_2$. 设 $x\sigma_1 y$, 因为 S/σ_1 是强平坦的, 存在 $u \in [1]_{\sigma_1}$, 使得 $ux = uy$. 如果 $u = 1$, 那么 $x = y$ 且 $x\sigma_2 y$. 设 $u \neq 1$, 记 $1 \neq t \in [1]_{\sigma_2}$. 那么存在 $s \in [1]_\rho$, 使得 $su = t$, 故 $tx = sux = suy = ty$ 且 $x\sigma_2 y$. 因此 $\sigma_1 \subseteq \sigma_2$. 同理 $\sigma_2 \subseteq \sigma_1$, 故 $\sigma_1 = \sigma_2$. ■

根据前面的命题可得下面的定理 4.2.24.

称半群 S 是左单半群, 如果 S 上的格林关系 $\mathcal{L} = S \times S$.

定理 4.2.24 假设幺半群 S 是以下三类幺半群:

(1) S 是左可消的幺半群;

(2) S 是可交换的;

(3) S 是带 1 的左单半群.

那么若循环右 S-系的强平坦覆盖存在, 则必是唯一的.

引理 4.2.25 设 S/ρ 是使得 $[1]_\rho$ 包含左零元的循环强平坦右 S-系, 那么 S/ρ 是投射的.

证明 设 z 是 $[1]_\rho$ 的左零元. 下证 $\rho = \mathrm{Ker}\lambda_z$. 设 $x\ \rho\ y$. 因为 S/ρ 是强平坦的, 所以存在 $u \in [1]_\rho$, 使得 $ux = uy$. 则有 $zx = zux = zuy = zy$, 故 $x(\mathrm{Ker}\lambda_z)y$. 显然, 如果 $zx = zy$, 那么 $x\ \rho\ y$. 故 S/ρ 是投射的, 且与 zS 同构. ■

引理 4.2.26 如果幺半群 S 的左可折叠的子幺半群 R 包含右零元 z, 那么 z 是 R 的零元.

证明 设 z 是左可折叠的子幺半群 R 的右零元. 设 $x \in R$, 那么存在 $u \in R$, 使得 $ux = uz = z$. 对于 $u, z \in R$, 则存在 $v \in R$, 使得 $vu = vz = z$. 因此 $zx = vux = vz = z$, 说明 z 是 R 的零元. ■

命题 4.2.27 设 S/ρ 是循环右 S-系. 那么 S/ρ 有唯一的强平坦覆盖. 如果

(1) $[1]_\rho$ 包含左零元, 或

(2) $[1]_\rho$ 包含右零元.

证明 (1) 设 $R = [1]_\rho$, 因为 R 包含左零元, 显然由定理 4.2.14 知 S/ρ 有强平坦覆盖. 设 S/σ 是 S/ρ 的强平坦覆盖且 z 是 $[1]_\rho$ 的左零元, 因为 $zS \cap [1]_\sigma \neq \varnothing$, $z \in [1]_\sigma$, 由引理 4.2.25 知 S/ρ 是投射的. 因为 S/ρ 的每一个强平坦覆盖都是投射覆盖且投

射覆盖是唯一的, 所以 S/ρ 的强平坦覆盖是唯一的.

(2) 设 ρ 是幺半群 S 上的右同余, z 是 $[1]_\rho$ 的右零元. 设 $R=\{1, z\}$. 因此 R 是左可折叠的且对任意 $u\in[1]_\rho$, $uz=z\in R$. 那么由定理 4.2.14 知 S/ρ 有强平坦覆盖.

下证 S/ρ 的强平坦覆盖是唯一的. 设 S/σ 是 S/ρ 的强平坦覆盖. 因为 $zS\cap[1]_\sigma\neq\varnothing$, 存在 $s\in S$ 使得 $zs\in[1]_\sigma$. 记 $w=zs$. 那么 w 也是 $[1]_\rho$ 的右零元. 因为 $[1]_\rho$ 是左可折叠的, 由引理 4.2.26 可知 w 也是 $[1]_\rho$ 的零元. 故由引理 4.2.25, S/σ 是投射的. 因此 S/σ 是 S/ρ 在同构意义下唯一的强平坦覆盖. ■

定理 4.2.28 若 S 是右 (左) 基本的幺半群, 那么所有循环右 S-系有唯一的强平坦覆盖.

证明 设 S/ρ 是循环右 S-系且 $T=[1]_\rho$. 如果 $T\subseteq G$, 显然 T 是 S 的子群. 由推论 4.2.21 可知, S/ρ 有唯一的强平坦覆盖. 设 $s\in T\cap N$. 那么存在 $n\in\mathbb{N}$, 使得 $z=s^n$ 是右 (左) 零. 因为 T 包含右 (左) 零, 由命题 4.2.27 可知, S/ρ 存在唯一的强平坦覆盖. ■

推论 4.2.29 若 S 是右 (左) nil 半群添加幺元 1 构成的幺半群, 那么所有循环右 S-系有唯一的强平坦覆盖.

定理 4.2.30 若 S 是周期左逆幺半群, 则所有循环右 S-系有唯一的强平坦覆盖.

证明 设 T 是 S 的左单式的子幺半群. 因此 $R=E(T)$ 是 T 的子幺半群. 因为对任意 $e, f\in R$, $(ef)e=(ef)f$, 故 R 是左可折叠的. 又因为 S 是周期的, 对任意 $u\in T$, $uS\cap R\neq\varnothing$. 因此所有循环右 S-系有强平坦覆盖.

设 S/ρ 有强平坦覆盖 S/σ_1 和 S/σ_2. 由定理 4.2.8 可知, $\sigma_1\subseteq\rho$, $\sigma_2\subseteq\rho$, 并且对任意 $u\in[1]_\rho$, $uS\cap[1]_{\sigma_1}\neq\varnothing$, $uS\cap[1]_{\sigma_2}\neq\varnothing$. 设 $x\sigma_1 y$, 则存在 $u\in[1]_{\sigma_1}$, 使得 $ux=uy$. 因为 S 是周期的, 存在 $m\in\mathbb{N}$, 使得 $e=u^m$ 是幂等元. 因此 $e\in[1]_{\sigma_1}$, $ex=ey$, 那么 $eS\cap[1]_{\sigma_2}\neq\varnothing$. 从而存在 $s\in S$, 使得 $es\in[1]_{\sigma_2}$. 并且存在 $n\in\mathbb{N}$, 使得 $f=(es)^n$ 是幂等元. 这样就有 $ef=f$, $f\in[1]_{\sigma_2}$. 则由 $ex=ey$ 推出 $fx=efx=efex=efey=efy=fy$. 所以 $x\sigma_2 y$, $\sigma_1\subseteq\sigma_2$. 同理 $\sigma_2\subseteq\sigma_1$, 故 $\sigma_1=\sigma_2$. ■

定理 4.2.31 若 S 是 Clifford 幺半群, 则所有循环右 S-系有唯一的强平坦覆盖.

证明 设 T 是 S 的左单式的子幺半群. 因为对任意 $e, f\in E(S)$, $ef=fe$. 因此 $R=E(T)$ 是 T 的左可折叠的子幺半群. 设 $u\in T$. 则存在 $e\in E(S)$, $u^{-1}\in S$, 使得 $u^{-1}u=uu^{-1}=e$. 因为 $ue=u$, T 是左单式的, $e\in R$, 所以 $uS\cap R\neq\varnothing$. 故所有循环右 S-系有强平坦覆盖.

设 S/ρ 有强平坦覆盖 S/σ_1 和 S/σ_2. 设 $\sigma_1\subseteq\rho$, $\sigma_2\subseteq\rho$, 并且对任意 $u\in$

$[1]_\rho$, $uS\cap[1]_{\sigma_1}\neq\varnothing$, $uS\cap[1]_{\sigma_2}\neq\varnothing$. 设 $x\sigma_1 y$, 则存在 $u\in[1]_{\sigma_1}$, 使得 $ux=uy$. 而且存在 $e\in E(S)$, $u^{-1}\in S$, 使得 $u^{-1}u=uu^{-1}=e$. 因为 $ue=u$ 且 $[1]_{\sigma_1}$ 是左单式的, $e\in[1]_{\sigma_1}\subseteq[1]_\rho$, 所以 $eS\cap[1]_{\sigma_2}\neq\varnothing$, 则存在 $s\in S$, 使得 $eS\in[1]_{\sigma_2}$. 因为 $es=se$, $(es)x=(es)y$. 所以 $x\sigma_2 y$, $\sigma_1\subseteq\sigma_2$. 同理 $\sigma_2\subseteq\sigma_1$, 故 $\sigma_1=\sigma_2$. ■

设 X 是非空集合, R 是 X 的子半群, 用 $C(R)$ 表示 R 中出现的生成元个数. 例如, 对 X 中一个元素生成的循环半群 R, $C(R)=1$.

引理 4.2.32 设 X 是非空集, R 是 X^+ 的子半群. 那么 R 是右可逆的当且仅当 $|C(R)|=1$.

证明 由自由幺半群以及右可逆的幺半群的定义可得. ■

引理 4.2.33 设 S 是幺半群, 那么循环 S-系 S/ρ 有 (P)-覆盖当且仅当 $[1]_\rho$ 包含右可逆的子幺半群 R, 使得对任意 $u\in[1]_\rho$, $uS\cap R\neq\varnothing$.

证明 利用引理 4.2.5, 类似于定理 4.2.11 可得. ■

定理 4.2.34 设 X 是元素个数大于 2 个的集合且 $S=X^*$, 由 X 生成自由幺半群. 设 ρ 是 S 的右同余, 那么

(1) 循环右 S-系 S/ρ 没有 (P)-覆盖当且仅当 $|C([1]_\rho)|>1$;

(2) 循环右 S-系 S/ρ 有 (P)-覆盖当且仅当 $|C([1]_\rho)|=0$ 或 $|C([1]_\rho)|=1$.

证明 (1) 必要性. 设 $|C([1]_\rho)|=n$, 其中 n 是非负整数. 如果 $n=0$, 那么 $[1]_\rho=\{1\}$, 其仅有的右可逆的子幺半群是 $\{1\}$, 由引理 4.2.33 显然可得循环右 S-系 S/ρ 有一个 (P)-覆盖, 矛盾. 如果 $n=1$, 表示为 $C([1]_\rho)=\{x\}$, 那么 $[1]_\rho$ 的每一个元素都是 x 的幂. 对任意 s, $t\in[1]_\rho$, 总存在正整数 k, l, 使得 $s=x^k,t=x^l$. 因此 $st=ts$ 可以推出 $[1]_\rho$ 是右可逆的, 且对所有的 $u\in[1]_\rho$, $uS\cap[1]_\rho\neq\varnothing$. 所以由引理 4.2.33 可知循环右 S-系 S/ρ 有 (P)-覆盖, 矛盾, 证毕.

充分性. 假设循环右 S-系 S/ρ 有 (P)-覆盖, 由引理 4.2.33 可知 $[1]_\rho$ 包含右可逆的子幺半群 R, 使得对任意 $u\in[1]_\rho$, $uS\cap R\neq\varnothing$. 由引理 4.2.32 可知 $|C(R)|=1$, 但 S 是自由幺半群且 $|C([1]_\rho)|>1$, 矛盾.

(2) 因为对每一个循环右 S-系 S/ρ, 它要么存在 (P)-覆盖, 要么一个也没有, 那么由 (1) 可以类似证得. ■

该定理 4.2.34 其实回答了本章开头的公开问题 (1), 给出了自由幺半群上循环系具有 (P)-覆盖的一个充要条件.

定理 4.2.35 给出任意基数 α, 总会存在循环右 S-系 A, 使得 A 的强平坦覆盖的个数是 α.

证明 设 X 是非空集合且它的基数是 α. 用 $X=\{x_i\mid i\in I\}$ 表示, 并且任取一个元素 $y\notin X$.

设 $S_1=\langle x_i\mid x_ix_j=x_j^2,\ i,\ j\in I\rangle$ 且 S_1 是非周期的, $S_2=y^+$ 是由 y 生成的自由半群, 并且 $S=S_1\cup S_2\cup\{1\}$, 显然 $S_1\cap S_2=\varnothing$. 在 S 上定义如下乘法运算:

对任意的 $u \in S_1$, $v \in S_2$ 有 $uv = vu = v$; 对任意 $w \in S$, 有 $1w = w1 = w$.

在 S 上定义关系 ρ 由

$$s\rho t \Longleftrightarrow s, t \in S_1 \cup \{1\} \text{ 或者 } s,\ t \in S_2.$$

显然 ρ 是 S 上的等价关系, 并且由幺半群 S 的定义, 易证得 ρ 是 S 上的右同余且 $[1]_\rho = S_1 \cup \{1\}$.

记 $R_i = x_i^+ \cup \{1\}(x_i \in X)$. 由 S_1 的定义, 显然可知 R_i 是 S 的左可折叠的子幺半群. 由引理 4.2.5, 可以在 S 上定义右同余 σ_i

$$s\ \sigma_i t \Longleftrightarrow (\exists p,\ q \in R_i)(ps = qt).$$

由引理 4.2.5, 所有循环右 S-系 S/σ_i 是强平坦的. 并且如果 $i \neq j$, 那么 $\sigma_i \neq \sigma_j$, 因为 $(x_i,\ 1) \in \sigma_i$ 但 $(x_i,\ 1) \notin \sigma_j$, 且 $(x_j,\ 1) \in \sigma_j$ 但 $(x_j,\ 1) \notin \sigma_i$.

由 S 的定义, 对任意 $u \in [1]_\rho$, $uS \cap [1]_{\sigma_i} \neq \varnothing$ $(i \in I)$. 即可表明 $\sigma_i \subseteq \rho$. 对任意 $s, t \in S$ 且 $s\sigma_i t$, 那么存在 $p, q \in R_i$, 使得 $ps = qt$. 显然 $s\rho t$. 否则如果 $s \in S_1 \cup \{1\}$ 且 $t \in S_2$, 那么由 S 的定义, $ps \in S_1$ 且 $qt \in S_2$, 矛盾. 另一种情况类似.

因此由定理 4.2.8 有 S/σ_i 是 S/ρ 的强平坦覆盖. ■

定理 4.2.36 设 X 是元素个数多于 2 个的集合且 $S = X^*$, 由 X 生成自由幺半群. 设 ρ 是 S 的右同余, 那么

(1) 循环右 S-系 S/ρ 仅有强平坦覆盖 S 当且仅当 $|C([1]_\rho)| = 0$;

(2) 循环右 S-系 S/ρ 没有强平坦覆盖当且仅当 $|C([1]_\rho)| \geqslant 1$.

证明 (1) 必要性. 因为循环右 S-系 S/ρ 有强平坦覆盖, 由定理 4.2.20 仅需证明如果 $|C([1]_\rho)| = 1$, 那么 S/ρ 没有强平坦覆盖. 记 $[1]_\rho = \{x\}$, 因为 S 是自由的, $[1]_\rho$ 仅有的左可折叠的子幺半群是 $\{1\}$. 所以由定理 4.2.11 知 S/ρ 没有强平坦覆盖.

充分性. 假设循环右 S-系 S/ρ 有强平坦覆盖 S/σ. 对任意 $s, t \in S$, 如果 $(s,\ t) \in \sigma$, 那么存在 $u \in S$, 使得 $us = ut$ 且 $u\rho 1$. 因此 $s = t$, 从而 $\sigma = 1$.

(2) 由 (1) 的证明显然可得. ■

注意, 不是所有的循环右 S-系都需要有强平坦覆盖. 文献 [4] 证明了对于幺半群 $S = (N, \cdot)$, Θ_S 没有任何强平坦覆盖. 文献提出是否存在不是所有循环右 S-系都有条件 (P)-覆盖的幺半群 S. 以下例子从另外一个角度回答了这个问题. 首先需要以下引理.

引理 4.2.37 设 S 是由 $\{x, y\}$ 生成的自由幺半群, R 是 S 的右可逆的子幺半群. 那么 $R \subseteq xS$ 或 $R \subseteq yS$.

证明 设 R 是 S 的右可逆的子幺半群. 设对于 $a, b \in S$, 有 $xa, yb \in R$. 那么 $xayb, ybxa \in R$. 因为 R 是右可逆的, 所以存在 $u, v \in R$, 使得 $uxayb = vybxa$. 由

于自由半群中 ayb 和 bxa 具有相同的长度, 且 $uxayb = vybxa$, 就可以得到 $x = y$, 矛盾. ■

例 4.2.38　设 S 是由 $\{x, y\}$ 生成的自由幺半群, 下证 Θ_S 没有 (P)-覆盖.

证明　由定理 4.2.34 可得. ■

为完整介绍覆盖的相关内容, 本章最后主要研究按照交换图方式定义的覆盖的基本结论, 这种定义的思想来自环与模理论.

定义 4.2.39　设 S 是幺半群, A 是 S-系. 设 $\mathcal{X}$ 是关于同构封闭的 S-系的一个类. 如果存在 $X \in \mathcal{X}$ 及 S-同态 $g : X \to A$, 使得对任意 $X' \in \mathcal{X}$, 以及任意的 S-同态 $g' : X' \to A$, 存在 S-同态 $f : X' \to X$ 满足 $g' = gf$, 即下图可交换

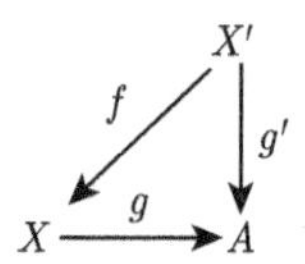

此时称 X 是 A 的 $\mathcal{X}$- 预覆盖. 如果预覆盖满足条件: 若所有使得 $gf = g$ 成立的 S-同态 $f : X \to X$ 是同构, 那么称 X 是 A 的 $\mathcal{X}$-覆盖. 显然 $\mathcal{X}$-覆盖在同构意义下是唯一的. 如果 $\mathcal{SF}$ 是强平坦 S-系的类, 那么由命题 4.2.19 可知强平坦覆盖和 $\mathcal{SF}$-覆盖不一致.

以下研究内容主要选自文献 [8].

设 X 是 S-系的某种性质且该性质关于余积封闭, 即具有该性质的 S-系的余积仍然具有该性质.

称右 S-系 A 是 X-像, 如果 A 是具有性质 X 的不可分 S-系的同态像.

称右 S-系 A 有一个 X- 半分解, 如果存在 A 的子系的族 $\{A_i \mid i \in I\}$, 其中每个 A_i 是 X-像, 使得 $A_S = \bigcup_{i\in I} A_i$ 且对任意的 $i \in I$, $A_i \not\subseteq \bigcup_{j\neq i} A_j$.

一个 X- 半分解 $\{A_i \mid i \in I\}$ 称为极小的, 如果对任意的 $i \in I$, A_i 的任意子系 B_i, 满足条件:

$$B_i \cup \left(\bigcup_{j\neq i} A_j\right) = \bigcup_{i\in I} A_i \text{ 可推出 } B_i = A_i.$$

幺半群 S 称为右 X-完全的, 如果每一个右 S-系有一个 X-覆盖.

定理 4.2.40　幺半群 S 是右 X-完全的当且仅当:

(i) 每一个 X-像 S-系有一个 X-覆盖;

(ii) 每个右 S-系有一个极小的 X- 半分解.

证明　必要性. 设 S 是右 X-完全的, 显然 (1) 成立. 设 A_S 是右 S-系, 由假设, A_S 有一个 X-覆盖 P_S, 即有余本质的满同态 $f : P_S \to A_S$. 设 $P = \coprod_{i\in I} P_i$, 其中 P_i 是满足性质 X 的不可分系. 令 $f(P_i) = A_i$. 则 $A_S = \bigcup_{i\in I} A_i$, A_i 是 X-像,

且对任意的 $i \in I$, $A_i \not\subseteq \bigcup_{j\neq i} A_j$. 因为假设存在 $i \in I$, 使得 B_i 是 A_i 的子系, 且 $B_i \cup (\bigcup_{j\neq i} A_j) = \bigcup_{i\in I} A_i$. 如果 $B_i \neq A_i$, 则 $f^{-1}(B_i) \neq P_i$ 且 $f\mid_{(\cup_{j\neq i} P_j)\cup f^{-1}(B_i)}$: $(\bigcup_{j\neq i} P_j) \cup f^{-1}(B_i) \to A_s$ 是满同态, 矛盾. 因此 $B_i = A_i$, 并且 A_S 有一个极小的 X- 半分解.

充分性. 设 A_S 是右 S-系且 $\{A_i \mid i \in I\}$ 是 A_S 的极小的 X- 半分解. 由前提, 每个 A_i 有一个 X-覆盖 B_i, 含有余本质的满同态 $f_i : B_i \to A_i$. 令 $B = \coprod_{i\in I} B_i$. 定义 $f : B_S \to A_S, f(b) = f_i(b)$, 其中 $b \in B_i$, 则显然 f 是满同态. 设 B'_S 是 B_S 的真子系, 且 $f\mid_{B'_S}: B'_S \to A_S$ 是满射. 则存在 $j \in I$, 使得 $C_j = B'_S \cap B_j$ 是 B_j 的真子系. 则 $f\mid_{C_S}: C_S \to A_S$ 是满的, 其中 $C = (\coprod_{i\neq j} B_i) \cup C_j$. 因此 $f(C) = (\bigcup_{i\neq j} A_i) \cup f_j(C_j) = A_S$. 由 $\{A_i \mid i \in I\}$ 的极小性, $f_j(C_j) = A_j$. 因为 B_j 是 A_j 的 X-覆盖, 故 $C_j = B_j$. 得到矛盾. 因此 B_S 是 A_S 的 X-覆盖. ■

称右 S-系 A 是局部循环的, 如果 A 的任意有限生成子系包含在一个循环子系中. 等价的说法是, 对任意的 $x, y \in A$, 存在 $z \in A$, 使得 $x, y \in zS$.

引理 4.2.41 设 S 是幺半群, 那么以下几条等价:

(1) S 满足条件 (A);

(2) 所有局部循环的右 S-系是循环的;

(3) 所有右 S-系含极小生成集;

(4) 对 S 中元素的所有序列 $s_1, s_2, s_3, \cdots$, 存在 $n \in N$, 使得对于任意 $m \geqslant n$, 存在 $k \geqslant m$, $s_k s_{k-1} \cdots s_{m+1} S = s_k s_{k-1} \cdots s_{m+1} s_m S$;

(5) 对 S 中元素的所有序列 $s_1, s_2, s_3, \cdots$, 存在 $k, m \in \mathbb{N}$, 使得 $k > m$, 且 $s_k s_{k-1} \cdots s_{m+1} S = s_k s_{k-1} \cdots s_{m+1} s_m S$.

证明 由文献 [1] 可知 (1)—(3) 和 (4) 等价. 由文献 [3] 知 (4)⇒(5) 显然.

(5)⇒(2) 反证法. 设 A_S 是局部循环但非循环右 S-系. 因此, 对 $i \in \mathbb{N}$, 存在 $x_i \in A_S$, 使得对任意 $i \in \mathbb{N}$, $x_i S \subsetneq x_{i+1} S$. 设 $i \in \mathbb{N}$, $x_i = x_{i+1} s_i$. 因为对任意 $k, m \in \mathbb{N}, k > m$, 等式 $s_k s_{k-1} \cdots s_{m+1} S = s_k s_{k-1} \cdots s_{m+1} s_m S$ 可以推出 $x_{m+1} S = x_m S$, 由序列 $\{s_1, s_2, s_3, \cdots\}$ 得到矛盾. ■

引理 4.2.42 设 S 是幺半群, 那么以下几条等价:

(1) 所有的循环右 S-系有 X-覆盖;

(2) 所有有限生成的右 S-系有 X-覆盖;

(3) 所有含极小生成集的右 S-系有 X-覆盖.

证明 (1)⇒(3) 设 A_S 是含极小生成集 $\{a_i \mid i \in I\}$ 的右 S- 系, 设 P_i 是满足对任意 $i \in I$, 有余本质同态 $f_i : P_i \to A_i$ 的 $A_i = a_i S$ 的 X 覆盖. 记右 S-系 $P = \coprod_{i\in I} P_i$, 对 $p \in P_i$, 有映射 $f : P_s \to A_s$, $f(p) = f_i(p)$. 显然, f 是满的. 假设 $f : P_s \to A_s$ 不是余本质的. 那么存在 P_s 的真子集 P'_s, 使得限制 $f|_{P'_s}$ 是满同态.

因此存在 $j \in I$, 使得 $P'_j = P_j \cap P'$ 是 P_j 的真子集. 因此 $f_j|_{P'_j}$ 不是满的. 但是 $f|_{P'}$ 是满同态, 可以推出存在 $p' \in P'_S$, 使得 $f(p') = a_j$. 因此存在 $k \in I$ 且 $k \neq j$, $p' \in P_k$. 那么 $a_j = f(p') \in A_K = a_k S$, 这与生成集 $\{a_i \mid i \in I\}$ 的极小性矛盾. 因为 P 满足 X 的性质, 则可证得.

(3)⇒(2) 和 (2)⇒(1) 显然. ■

显然, 对于幺半群 S, 如果 Θ_S 有投射覆盖, 那么该覆盖一定是形如 eS 的右 S-系, 其中 $e \in S$ 是幂等元, 并且 eS 是 S 的极小右理想. 因为对所有的单系 A_S, $\mathrm{Hom}(eS, A_S) \neq \varnothing$, 对所有的单右 S-系, eS 是投射覆盖. 因为投射性关于余积封闭, 可以得到以下命题 4.2.43.

命题 4.2.43 设 S 是幺半群, 那么以下几条等价:

(1) 所有 θ- 单右 S-系有投射覆盖;

(2) 所有循环右 S-系有投射覆盖;

(3) 所有有限生成右 S-系有投射覆盖;

(4) 所有含极小生成集的右 S-系有投射覆盖;

(5) S 的所有左酉子幺半群包含由幂等元生成的极小右理想 (条件 (D)).

证明 (1)⇒(2) 由假设 Θ_S 有投射覆盖. 设 A_S 是包含真子系的循环系. 由 Zorn 引理, 存在 A_S 的极大子系 N_S, 使得 A_S/N_S 是 θ- 单系. 设 $f: P_s \to A_S/N_S$ 是 A_S/N_S 的投射覆盖, 其中 f 是余本质满同态, P_s 是投射系. 那么由 P_s 的投射性知, 存在同态 $h: P_s \to A_S$, 使得 $\pi h = f$, 其中 $\pi: A_S \to A_S/N_S$ 是自然满同态. 此外, 因为 N 是极大的子系, π 是余本质同态. 因为 f 和 π 都是满同态, 所以 h 也是满同态. 因此, P_s 也是 A_S 的投射覆盖.

由以前的引理可知 (2), (3) 和 (4) 等价. 由文献 [1] 知 (2) 和 (5) 等价. ■

引理 4.2.44 局部循环右 S-系的任意覆盖是不可分的.

证明 设 $f: B_S \to A_S$ 是余本质同态, 其中 A_S 是局部循环右 S-系. 假设 $B = \coprod_{i \in I} B_i$, 使得所有的 B_i 是不可分的, 且 $|I| > 1$. 选择 $i \neq j \in I$. 因为 $f|_{B \backslash B_i}$ 和 $f|_{B \backslash B_j}$ 不是满同态, 则存在 $x_i, x_j \in A$, 使得 $x_i \notin f(B \backslash B_i)$ 且 $x_j \notin f(B \backslash B_j)$. 因为 A_S 是局部循环的, 存在 $z \in A_S$, 使得 $x_i, x_j \in zS$. 设 $k \in B$, 使得 $f(k) = z$. 因为 $B = (B \backslash B_i) \cup (B \backslash B_j), k \in B \backslash B_i$ 或 $k \in B \backslash B_j$. 不妨假设 $k \in B \backslash B_i$. 因此 $x_i \in zS = f(k)S \subseteq f(B \backslash B_i)$, 矛盾. 因此, B 是不可分的. ■

命题 4.2.45 任意有投射覆盖的强平坦循环右 S-系是投射的.

证明 设 S/ρ 是有投射覆盖的强平坦循环右 S-系, 由文献 [4] 的定理 5.2, $B = [1]_\rho$ 有一个极小右理想 eB, 且 e 是 S 的幂等元. 由文献 [9] 的引理 8.12 知, Be 也是 S 的极小右理想. 设 $a \in B$. 因为 S/ρ 是强平坦的, B 是左可折叠的, 所以存在 $u \in B$, 使得 $ua = ue$. 记 $d = ua$. 那么 $Bd \subseteq Be$. 由 Be 的极小性, $Bd = Be \subseteq Ba$. 故 Be 是 S 的极小右理想. 定义 $f: S/\rho \to eS, f([s]_\rho) = es$. 设 $s\rho t$. 由 S/ρ 的强

平坦性有, 对于 $v \in B, vs = vt$. 现在对 $w \in B$, $Be \subseteq Bv$ 可以推出 $e = wv$, 因此 $es = wvs = wvt = et$. 所以 f 是有定义的. 显然, f 是同态. 如果 $es = et$, 那么 $[s]_\rho = [1]_\rho s = [e]_\rho s = [1]_\rho es = [1]_\rho et = [e]_\rho t = [1]_\rho t = [t]_\rho$. 故 $S/\rho \cong eS$ 是投射的. ■

引理 4.2.46 满足条件 (P) 的右 S-系 A 是不可分解的当且仅当 A 是局部循环的.

证明 必要性. 设 $x, y \in A$, 因为右 S-系 A 是不可分解的, 故 x, y 在同一个不可分分量中. 一定存在 $a_1, a_2, \cdots, a_n \in A, u_1, v_1, u_2, v_2, \cdots, u_n, u_n \in S$, 使得

$$
\begin{aligned}
&a = a_1u_1,\\
&a_1v_1 = a_2u_2,\\
&a_2v_2 = a_3u_3,\\
&\quad\cdots\cdots\\
&a_nv_n = a'.
\end{aligned}
$$

由于 A 满足条件 (P), 存在 $b_1 \in A, s_1, t_1 \in S$, 使得 $a = b_1s_1, a_1 = b_1t_1$ 且 $s_1 = t_1u_1$. 因此, $b_1(t_1v_2) = a_2u_2$, 故存在 $b_2 \in A, s_2, t_2 \in S$, 使得 $b_1 = b_2s_2, a_2 = b_2t_2$ 且 $s_2t_1v_1 = t_2u_2$. 依次推导下去, 存在 $b_1, b_2, \cdots, b_{n+1} \in A, s_1, s_2, \cdots, s_{n+1}, t_1, t_2, \cdots, t_{n+1} \in S$, 使得

$$
\begin{array}{ccc}
a = b_1s_1, & a_1 = b_1t_1, & s_1 = t_1u_1,\\
b_1 = b_2s_2, & a_2 = b_2t_2, & s_2t_1v_1 = t_2u_2,\\
\cdots\cdots & \cdots\cdots & \cdots\cdots\\
b_n = b_{n+1}s_{n+1}, & a' = b_{n+1}t_{n+1}, & s_{n+1}t_nv_n = t_{n+1}.
\end{array}
$$

因此 $a = b_{n+1}s_{n+1}\cdots s_1, a' = b_{n+1}t_{n+1}$.

充分性. 设 A 是局部循环的右 S-系, $x, y \in A$, 故存在 $z \in A$, 使得 $xS \cup yS \subseteq zS$, 很容易证明 x, y 在同一个不可分分量中. ■

命题 4.2.47 任意有投射覆盖的强平坦右 S-系是投射的.

证明 设 A_S 是强平坦右 S-系, 具有投射覆盖 P_S, 即有余本质满同态 $f: P_S \to A_S$ 的. 令 $A_S = \coprod_{i\in I} A_i$, 其中所有的 A_i 是不可分的, 由引理 4.2.46 知 A_i 是局部循环的强平坦右 S-系. 因此对任意 $i \in I$, $P_S = \coprod_{i\in I} P_i$, 其中 $P_i = f^{-1}(A_i)$. 显然对任意 $i \in I$, $f|_{P_i}: P_i \to A_i$ 是余本质满同态. 由命题 1.2.5 知, P_i 是循环的, 所以 A_i 也是循环的. 由定理 1.2.4, 对任意 $i \in I$, A_i 是投射的. ■

4.3 总结与启发

近年来, 覆盖问题的研究, 常常借鉴环与模理论和同调代数的方法. 由于 S-系范畴和模范畴的差别, 具有两种不同的覆盖定义, 一种就是由定义 4.2.1 所给出的, 另一种是由定义 4.2.39 给出的, 两种定义下的覆盖问题, 从强平坦性质开始就呈现出巨大差别. 本章重要研究的是定义 4.2.1 意义下的覆盖的概念, 通过构造例子的方式, 证明了定义 4.2.1 意义下的强平坦覆盖不唯一, 也介绍了使得强平坦覆盖唯一的幺半群的类. 为展望下一步的研究思路, 本章最后也介绍了定义 4.2.39 意义下的覆盖问题的基本研究结果.

同调分类和覆盖问题的研究, 比较起来, 覆盖问题的研究, 系列成果不多, 还有大量的问题需要考虑. 就利用覆盖对幺半群的特征的刻画来说, 还有很多的工作要做. 借助环与模理论的思想方法和系统的研究成果, 是一个很好的思路. 另外, 就研究的现状而言, 要在覆盖问题上取得进展, 对现有不多的文献需要仔细研读, 并熟悉环与模理论研究的相关结果, 利用环与模范畴和 S-系范畴的区别与联系.

本章所用方法的启发是: 基于原刻画, 构造新例子.

参 考 文 献

[1] Isbell J. Perfect monoids. Semigroup Forum, 1971, 2: 95-118.

[2] Kilp M. Perfect monoids revisited. Semigroup Forum, 1996, 53: 225-229.

[3] Fountain J. Perfect semigroups. Proc. Edinb. Math. Soc., 1976, 20(2): 87-93.

[4] Mahmoudi M, Renshaw J. On covers of cyclic acts over monoids. Semigroup Forum, 2008, 77: 325-338.

[5] Ershad M, Khosravi R. On the uniqueness of strongly flat covers of cyclic acts. Turk. J. Math., 2011, 35: 1-6.

[6] Qiao H S, Wang L M. On flatness covers of cyclic acts over monoids. Glasgow Mathematical Journal, 2012, 54(1): 163-167.

[7] Qiao H S, Wei C Q. On some open problems of Mahmoudi and Renshaw. Bull. Korean Math. Soc., 2014, 51(4): 1015-1022.

[8] Khosravi R, Ershad M, Sedaghatjoo M. Strongly flat and condition (P) covers of acts over monoids. Comm. Algebra, 2010, 38(12): 4520-4530.

[9] Clifford A H, Preston G B. The Algebraic Theory of Semigroups. Vol. II. Math. Surveys No. 7. Providence: American Mathematical Society, 1967.

第 5 章　平坦 S-系满足条件 (P) 的幺半群的刻画

5.1　问题的历史渊源

在文献 [1] 中, 作者研究了平坦 S-系与条件 (P), 以及强平坦性的关系, 证明了所有满足条件 (P) 的循环右 S-系是强平坦的当且仅当对任意的 $x \in S$, 存在自然数 n, 使得 $x^n = x^{n+1}$. 作者用到的主要工具和方法就是利用特殊的单循环系.

在文献 [1] 中, 作者证明了如下结论:

设 S 是幺半群. 则

(1) 如果任意平坦右 S-系满足条件 (P), 则 $|E(S)|$=1;

(2) $|E(S)|$=1 当且仅当对任意有限生成的真右理想 J, 存在 $j \in J - Jj$.

并且作者提出了如下两个公开问题:

公开问题 (A)　$|E(S)|$=1 是否为任意平坦右 S-系满足条件 (P) 的充分条件?

公开问题 (B)　在前述的结论的 (2) 中, 有限生成的条件能否去掉?

本章将给出关于这两个公开问题的回答, 主要结论选自文献 [2, 3]. 在本章最后, 给出了任意平坦右 S-系满足条件 (P) 的幺半群的部分充分条件.

迄今为止, 如何刻画所有平坦右 S-系满足条件 (P) 的幺半群, 仍然是一个没有解决的公开问题.

5.2　问题的研究进展

先回答公开问题 (A).

定理 5.2.1　设 S 是幺半群, 所有平坦左 S-系满足条件 (P), 则 $|E(S)| = 1$.

证明　设 e 是 S 的幂等元, 且 $e \neq 1$, 那么显然 $Se \neq S$. 因为对任意的 $j \in Se$, 有 $j \in jSe$, 则由命题 1.5.6 可知 S-系 $A(Se)$ 是平坦的, 因此由假设, 它满足条件 (P), 这与命题 1.5.4 矛盾, 因此 $e = 1$. ■

定理 5.2.2　如下两条是等价的:

(1) $|E(S)| = 1$;

(2) 对于 S 的任意有限生成真左理想 J, 存在 $j \in J - jJ$.

证明　(1)⇒(2)　设 $|E(S)| = 1$, 则 S 中的任意正则元是可逆元. 设 $J = Sx_1 \cup \cdots \cup Sx_n$ 是 S 的有限生成左理想, 并且 $J \neq S$. 如果 $x_1 \notin x_1J$, 则证明完成. 下设 $x_1 \in x_1J$. 不妨假定 $x_1 = x_1ux_2$, 其中 $u \in S$. 如果 $x_2 \notin x_2J$, 则证明完成. 下设

$x_2 \in x_2 J$. 因为 $x_2 \notin x_2 S x_1 \cup x_2 S x_2$, 所以可设 $x_2 = x_2 v x_3$, 其中 $v \in S$. 继续上述讨论, 可知存在 x_i 满足 $x_i \notin x_i J$.

(2) $\Rightarrow$(1)　由定理 5.2.1 的证明即得结论. ■

称半群 S 是右单半群, 如果 S 上的格林关系 $\mathcal{R} = S \times S$.

定理 5.2.1 和定理 5.2.2 给出了所有平坦 S-系满足条件 (P) 的两个必要条件. 下面的例子说明 $|E(S)| = 1$ 不是平坦 S-系满足条件 (P) 的充分条件, 从而回答了问题 (A).

设 X 是可数的无限集合, 令

$$S = \{\alpha |\ \alpha : X \to X \text{ 是单射且 } X \setminus X\alpha \text{ 是无限集合}\}.$$

那么容易证明 S 按照映射合成构成一个半群, 称之为 Bear Levi 半群. Bear Levi 半群是右单半群且不含有幂等元.

例 5.2.3　设 G 是群, T 是没有幂等元的右单半群 (例如 T 是 Bear Levi 半群). 令 $S = G \dot{\cup} T$, 对任意的 $g_1, g_2, g \in G$, 任意的 $t_1, t_2, t \in G$, 规定 S 中的乘法为

$$g_1 g_2 \in G, \quad t_1 t_2 \in T, \quad tg = gt = t.$$

容易验证 S 是幺半群并且只有一个幂等元. 显然 T 是 S 的真左理想, 对任意 $t \in T$, $tT = T$, 所以 $t \in tT$. 由命题 1.5.6 知 $A(T)$ 是平坦 S-系. 但由命题 1.5.4 知 $A(T)$ 不满足条件 (P).

例 5.2.3 选自文献 [4], 其中的 S 是不交换的. 下面给出一个满足要求的交换幺半群的例子. 为此先证明下面的命题 5.2.4.

命题 5.2.4　对于幺半群 S, 以下两条等价:

(1) 对于每个真左理想 J, 存在 $j \in J - jJ$.

(2) S 中的任意无穷元素链 $x_0, x_1, \cdots$, 若 $x_i = x_i x_{i+1}, i = 0, 1, \cdots$, 则存在自然数 n, 使得 $x_n = x_{n+1} = \cdots = 1$.

证明　(1)$\Rightarrow$(2)　考虑 S 的左理想 $J = \bigcup\limits_{i=0}^{\infty} S x_i$. 对于任意 $j \in J$, 存在 x_i 和 $s \in S$, 使得

$$j = s x_i = s x_i x_{i+1} = j x_{i+1} \in jJ,$$

所以由 (1) 即知 $J = S$. 因此存在 x_n 和 $t \in S$, 使得 $1 = t x_n$. 所以 $x_{n+1} = 1 \cdot x_{n+1} = t x_n x_{n+1} = t x_n = 1$, 因此 $x_{n+2} = \cdots = 1$.

(2)$\Rightarrow$(1)　设 J 是 S 的真左理想. 取 $x_0 \in J$. 若 $x_0 \notin x_0 J$, 则证明完成. 设 $x_0 \in x_0 J$, 则存在 $x_1 \in J$, 使得 $x_0 = x_0 x_1$. 若 $x_1 \notin x_1 J$, 则证明完成. 设 $x_1 \in x_1 J$, 则存在 $x_2 \in J$, 使得 $x_1 = x_1 x_2$. 继续上述过程, 可得到两种情形:

(i) 存在某个 i, 使得 $x_i \notin x_i J$.

(ii) 存在无穷元素链 $x_0, x_1, \cdots$, 使得 $x_i = x_i x_{i+1}, i = 0, 1, \cdots$.

若 (ii) 成立, 则由条件知存在 n, 使得 $x_n = x_{n+1} = \cdots = 1$, 所以 $J = S$. 矛盾. 故 (i) 成立. ■

下面的例 5.2.5 选自文献 [2].

例 5.2.5 定义 $(-\infty, \infty)$ 上的部分映射

$$f_i(x) = \begin{cases} i-1+\frac{1}{2}(x-i+1), & i-1 \leqslant x \leqslant i, \\ x, & x < i-1, \end{cases} \quad i = 1, 2, \cdots.$$

容易证明 $f_i f_{i+1} = f_{i+1} f_i = f_i$. 因此对任意 $i > j$, 有 $f_i f_j = f_j f_i = f_j$. 令

$$S = \{f_i^n | i = 1, 2, \cdots, n = 1, 2, \cdots\} \cup \{1\},$$

其中 $1: (-\infty, \infty) \to (-\infty, \infty)$ 是单位映射. 显然 S 是交换幺半群. 容易证明当 $x \in (i-1, i)$ 时,

$$f_i^n(x) = i - 1 + \frac{1}{2^n}(x - i + 1),$$

所以 f_i^n 不是幂等元, 故 $|E(S)| = 1$.

显然 S 中有无穷元素链 $f_1, f_2, \cdots$, 满足 $f_i = f_i f_{i+1}, i = 1, 2, \cdots$. 所以由命题 5.2.4 知存在 S 的真左理想 J, 使得对任意 $j \in J, j \in jJ$.

这个例子说明定理 5.2.2 (2) 中的 "有限生成" 不能去掉, 即使 S 是交换幺半群. 从而回答了公开问题 (B). 对于上述 J, 由命题 1.5.6 知 $A(J)$ 是平坦的. 但由命题 1.5.4 知 $A(J)$ 不满足条件 (P). 所以平坦 S-系可以不满足条件 (P), 即使 S 是交换幺半群并且 $|E(S)| = 1$.

公开问题 (A) 和公开问题 (B) 讨论了所有平坦右 S-系满足条件 (P) 的幺半群的特征和幂等元集合的关系, 然而对于任意的 (循环的) 平坦右 S-系满足条件 (P) 的幺半群的完整的特征刻画, 或者其充要条件的研究, 仍然是一个没有解决的公开问题. 接下来首先介绍任意的平坦右 S-系满足条件 (P) 的幺半群的部分刻画结果, 其次给出循环平坦右 S-系满足条件 (P) 的幺半群的部分刻画结果, 主要内容选自文献 [3, 5].

引理 5.2.6 设 S 是右 PSF 幺半群并且不是左可消的. $I = \{s \in S \mid s$ 不是 S 的左可消元$\}$, 则 I 是 S 的真左理想并且 $A(I)$ 是平坦的.

证明 设 S 不是左可消的幺半群, 显然 I 是 S 的真左理想. 对任意的 $i \in I$, 由于 i 不是左可消元, 故存在 $s, t \in S$, 使得 $s \neq t$ 但 $is = it$. 对等式 $is = it$, 因为 S 是右 PSF 幺半群, 故存在 $j \in S$, 使得 $i = ij$, $js = jt$. 那么 $j \in I$, 否则 $j \notin I$ 说明 j 是左可消元, 则 $s = t$, 矛盾. 故由命题 1.5.6 知 $A(I)$ 是平坦的. ■

定理 5.2.7　对于幺半群 S, 以下三条等价:

(1) S 是左可消幺半群;

(2) S 是右 PSF 的, 且所有平坦 S-系满足条件 (P);

(3) S 是右 PSF 的, 且所有弱平坦 S-系满足条件 (P).

证明　(1)⇒(3)　当 S 是左可消幺半群时, S 显然是右 PSF 的. 设 A 是弱平坦 S-系, $a, a' \in A, x, y \in S$ 满足 $xa = ya'$. 由定理 1.3.21 知存在 $a'' \in A, u, v, x_1, y_1 \in S$, 使得 $xu = x, yv = y, xx_1 = yy_1, ua = x_1a'', va' = y_1a''$. 由 S 的左可消性知 $u = 1 = v$, 所以 $a = x_1a'', a' = y_1a''$. 因此 A 满足条件 (P).

(3)⇒(2) 显然.

(2)⇒(1)　由引理 5.2.6 可得 S 是左可消的. ■

定理 5.2.8　设 S 是右 PSF 幺半群, 则以下几条是等价的:

(1) 所有平坦 S-系满足条件 (P);

(2) 所有弱平坦 S-系满足条件 (P);

(3) 对于 S 的任意真左理想 J, 存在 $j \in J - jJ$.

证明　(2)⇒(1) 显然.

(1)⇒(3)　由命题 5.2.1 和命题 5.2.2 即得结论.

(3)⇒(2)　设 A 是弱平坦 S-系, $a, a' \in A, x, y \in S$, 满足 $xa = ya'$. 由定理 1.3.21 知存在 $a'' \in A, x_1, y_1, u, v \in S$, 满足

$$xu = x, \quad yv = y, \quad xx_1 = yy_1,$$
$$ua = x_1a'', \quad va' = y_1a''.$$

因为 S 是右 PSF 幺半群, 所以由定理 1.3.18 知 x 是 S 的左半可消元. 因此由 $xu = x$ 可知存在 $x_1 \in S$, 使得 $x = xx_1, x_1u = x_1$. 同样由定理 1.3.18 知 x_1 也是左半可消元, 所以存在 $x_2 \in S$, 使得 $x_1 = x_1x_2, x_2u = x_2$. 继续上述过程, 可以得到无限的元素链 $x, x_1, \cdots$, 满足

$$x_i = x_ix_{i+1}, \quad x_iu = x_i, \quad i = 1, 2, \cdots.$$

由命题 5.2.4 知存在自然数 n, 使得 $x_n = x_{n+1} = \cdots = 1$. 所以 $u = 1$. 同理可以证明 $v = 1$. 所以 $a = x_1a'', a' = y_1a'', xx_1 = yy_1$. 即 A 满足条件 (P). ■

由定理 5.2.1 和定理 5.2.2 知, 若所有平坦 S-系满足条件 (P), 则对于 S 的任意真左理想 J, 存在 $j \in J - jJ$. 后面给出例 5.2.11 将说明反过来的结论是不成立的, 即定理 5.2.8 中的条件 " S 是右 PSF 幺半群" 不能去掉.

接下来讨论使得所有循环的平坦 S-系满足条件 (P) 的幺半群的特征.

引理 5.2.9　设 A 是右 S-系, B 是左 S-系, 并且 B 是主弱平坦的. 若 $a, a_1 \in A$, $b, b_1 \in B, s_1 \in S$ 满足 $a = a_1s_1, s_1b = s_1b_1$, 则在 $aS \otimes B$ 中有 $a \otimes b = a \otimes b_1$.

证明 因为 $s_1b = s_1b_1$, 所以在 $S\otimes B$ 中有 $s_1\otimes b = s_1\otimes b_1$. 又 B 是主弱平坦的, 所以在 $s_1S\otimes B$ 中有 $s_1\otimes b = s_1\otimes b_1$. 因此存在 $b_2,\cdots,b_n \in B$, $u_1, v_1,\cdots,u_n,v_n \in S$, 使得

$$\begin{aligned}
&s_1 = s_1u_1, \\
&s_1v_1 = s_1u_2, \qquad u_1b = v_1b_2, \\
&\qquad\cdots\cdots \qquad\qquad \cdots\cdots \\
&s_nv_n = s_1, \qquad u_nb_n = v_nb_1.
\end{aligned}$$

所以在 $aS\otimes B$ 中有

$$\begin{aligned}
a\otimes b &= a_1s_1\otimes b = a_1s_1u_1\otimes b = au_1\otimes b = a\otimes u_1b \\
&= a\otimes v_1b_2 = av_1\otimes b_2 = \cdots = av_n\otimes b_1 \\
&= a_1s_1v_n\otimes b_1 = a_1s_1\otimes b_1 = a\otimes b_1.
\end{aligned}$$

■

定理 5.2.10 设 S 是交换幺半群, 则任意循环的弱平坦 S-系是平坦的.

证明 设 $B = Sb$ 是循环的弱平坦 S-系, A 是任意右 S-系, $a, a' \in A$, 在 $A\otimes B$ 中有 $a\otimes b = a'\otimes b$. 只需证明在 $(aS\cup a'S)\otimes B$ 中有 $a\otimes b = a'\otimes b$ 即可. 由定理 1.3.2 易知存在 $a_1,\cdots,a_n \in A$, $s_1,t_1,\cdots,s_n,t_n \in S$, 使得

$$\begin{aligned}
&a = a_1s_1, \\
&a_1t_1 = a_2s_2, \qquad s_1b = t_1b, \\
&\qquad\cdots\cdots \qquad\qquad \cdots\cdots \\
&a_nt_n = a', \qquad s_nb = t_nb.
\end{aligned}$$

对于任意 $i \in \{1,\cdots,n\}$, 由定理 1.3.16 知存在 $\alpha_i, \beta_i \in S$, 使得 $s_i\alpha_i = t_i\beta_i$ 并且 $s_ib = t_ib = s_i\alpha_ib = t_i\beta_ib$. 令 $\beta_0 = 1, s_{n+1} = 1, a_{n+1} = a'$. 下面对 i 用数学归纳法证明如下论断: 对任意 $i \in \{1,\cdots,n\}$, $a_{i+1}s_{i+1}\beta_1\cdots\beta_i \in aS$ 并且在 $aS\otimes Sb$ 中有 $a_is_i\beta_1\cdots\beta_{i-1}\otimes b = a_{i+1}s_{i+1}\beta_1\cdots\beta_i\otimes b$.

设 $i = 1$. 因为 $a = a_1s_1, s_1b = s_1(\alpha_1b)$, 所以由引理 5.2.9 知, 在 $aS\otimes Sb$ 中有 $a\otimes b = a\otimes\alpha_1b$. 显然, $a_2s_2\beta_1 = a_1t_1\beta_1 = a_1s_1\alpha_1 = a\alpha_1 \in aS$, 所以在 $aS\otimes Sb$ 中有

$$a_1s_1\beta_0\otimes b = a\otimes b = a\otimes\alpha_1b = a_1s_1\alpha_1\otimes b = a_2s_2\beta_1\otimes b.$$

因为

$$\begin{aligned}
a_{i+1}s_{i+1}\beta_1\cdots\beta_i &= a_{i+1}(s_{i+1}\beta_1\cdots\beta_i), \\
(s_{i+1}\beta_1\cdots\beta_i)b = \beta_1\cdots\beta_is_{i+1}b &= \beta_1\cdots\beta_is_{i+1}\alpha_{i+1}b = (s_{i+1}\beta_1\cdots\beta_i)\alpha_{i+1}b,
\end{aligned}$$

所以由引理 5.2.9 知, 在 $a_{i+1}s_{i+1}\beta_1\cdots\beta_i S\otimes Sb$ 中有

$$a_{i+1}s_{i+1}\beta_1\cdots\beta_i\otimes b=a_{i+1}s_{i+1}\beta_1\cdots\beta_i\otimes\alpha_{i+1}b.$$

又

$$\begin{aligned}a_{i+1}s_{i+1}\beta_1\cdots\beta_i\alpha_{i+1}&=a_{i+1}s_{i+1}\alpha_{i+1}\beta_1\cdots\beta_i\\&=a_{i+1}t_{i+1}\beta_{i+1}\beta_1\cdots\beta_i=a_{i+2}s_{i+2}\beta_1\cdots\beta_i\beta_{i+1},\end{aligned}$$

所以由归纳假定即知结论成立.

因此, 在 $aS\otimes Sb$ 中有

$$\begin{aligned}a\otimes b&=a_2s_2\beta_1\otimes b=\cdots=a_ns_n\beta_1\cdots\beta_{n-1}\otimes b\\&=a_{n+1}s_{n+1}\beta_1\cdots\beta_n\otimes b=a'\beta_1\cdots\beta_n\otimes b.\end{aligned}$$

同理在 $a'S\otimes Sb$ 中有

$$a'\otimes b=a\alpha_1\cdots\alpha_n\otimes b.$$

因为

$$\begin{aligned}a\alpha_1\cdots\alpha_n&=a_1s_1\alpha_1\cdots\alpha_n=a_1t_1\beta_1\cdots\alpha_n=a_2s_2\beta_1\alpha_2\cdots\alpha_n\\&=a_2s_2\alpha_2\cdots\alpha_n\beta_1=a_2t_2\beta_2\alpha_3\cdots\alpha_n\beta_1\\&=\cdots=a_nt_n\beta_n\beta_1\cdots\beta_{n-1}=a'\beta_1\cdots\beta_n,\end{aligned}$$

所以在 $(aS\cup a'S)\otimes B$ 中有 $a\otimes b=a'\otimes b$. ■

例 5.2.11　设 $S=\langle x,y\mid xy=x^2=yx\rangle\cup\{1\}$. 令 $\lambda=\lambda(x,x^2)\vee\lambda(1,y^2)$. 则有

(i) S 是交换幺半群;

(ii) 对 S 的任意真理想 J, 存在元素 $j\in J-jJ$;

(iii) S/λ 是平坦 S-系, 但不满足条件 (P).

证明　首先, $S=\{x^n\mid n$ 是自然数$\}\cup\{y^n\mid n$ 是自然数$\}\cup\{1\}$, 其运算为 $x^ny^m=y^mx^n=x^{m+n}$. 显然 S 是交换幺半群, 并且对任意 n, y^n 是 S 的可消元. 若 $j=jj'$, 则容易知道 $j'=1$. 所以 (ii) 成立.

对于 S 作如下的分类:

$$\begin{aligned}&[x]=\{x^n\mid n=1,2,\cdots\},\\&[1]=\{y^{2n}\mid n=1,2,\cdots\}\cup\{1\},\\&[y]=\{y^1,y^3,y^5,\cdots\}.\end{aligned}$$

容易证明该分类决定的等价关系 σ 是 S 上的同余, 并且 $\sigma=\lambda$, 即 λ 决定的 λ- 类只有上述三类. 设 $u,v\in S$ 满足 $u\lambda v$, 则有下述三种情形:

(a) $x^m\lambda x^n$. 不妨设 $1\leqslant m\leqslant n$. 若 $m=n$, 则令 $s=t=1$, 显然有 $us=vt$, $s(\lambda\vee\Delta u)1(\lambda\vee\Delta v)t$. 设 $m<n$. 此时有 $x^mx^{n-m}=x^n\cdot 1$. 令 $s=x^{n-m},t=1$, 则 $us=vt,t(\lambda\vee\Delta v)1$, 而 $x^{n-m}\lambda x^{2(n-m)}(\Delta x^m)y^{2(n-m)}\lambda 1$, 即 $s(\lambda\vee\Delta u)1$.

(b) $y^{2m}\lambda y^{2n}$. 不妨设 $0\leqslant m\leqslant n$ (约定 $y^0=1$). 此时有 $y^{2m}\cdot y^{2n-2m}=y^{2n}\cdot 1$. 令 $s=y^{2n-2m}$, $t=1$, 则 $s\lambda 1$, 从而 $s(\lambda\vee\Delta u)1$.

(c) $y^{2m-1}\lambda y^{2n-1}$. 不妨设 $1\leqslant m\leqslant n$. 同样有 $y^{2m-1}\cdot y^{2n-2m}=y^{2n-1}\cdot 1$, $y^{2n-2m}\lambda 1$.

所以由命题 3.2.2 知 S/λ 是弱平坦左 S-系. 又 S 是交换幺半群, 所以由定理 5.2.10 即知 S/λ 是平坦的.

设 S/λ 满足条件 (P). 因为 $x\lambda x^2$, 所以由命题 2.2.1 知存在 $s,t\in S$, 使得 $xs=x^2t$, 并且 $s\lambda 1\lambda t$. 显然 $s,t\in[1]$. 因此 xs 是 x 的奇数次幂, 而 x^2t 是 x 的偶数次幂. 这说明 $xs\neq x^2t$. 矛盾. 因此 S/λ 不满足条件 (P). ■

这个例子也说明条件 "对 S 的任意真左理想 J, 存在 $j\in J-jJ$" 不能保证所有循环平坦 S-系满足条件 (P).

引理 5.2.12 设 S 是幺半群, 若所有循环平坦的右 S-系满足条件 (P), 则对任意的 $e\in E(S)-\{1\}$ 是 S 的右零元.

证明 取 $e\in E(S)-\{1\},x\in S$. 因为 $e\cdot ex=ex$, 则 $S/\rho(exe,e)$ 是平坦的, 因此由假设, $S/\rho(exe,e)$ 满足条件 (P), 故由命题 2.2.1 可知存在 $s,t\in S$, 使得 $sexe=te$ 且 $s\rho 1\rho t$, 则 $s=1=t$, 否则 $1\in eS$, 这与 $e=1$ 矛盾, 因此 $eSe=\{e\},e\in E(S)-\{1\}$.

下证 $e\in E(S)-\{1\}$ 是右零元带, 设 $e,f\in E(S)-\{1\}$, 因为 $eSe=\{e\}$, 则 $efe=e$, 所以 $ef\in E(S)-\{1\}$, 即 $E(S)-\{1\}$ 是带. 因为 $ef\cdot f=ef$, 则 $S/\rho(ef,f)$ 是平坦的, 所以由假设, $S/\rho(ef,f)$ 满足条件 (P), 综上 $ef=f$ 即所求.

最后, 任取 $x\in S,e\in E(S)-\{1\}$, 则 $exe=e$, 因此 $xe=e$. ■

定理 5.2.13 设 S 是周期幺半群, 所有平坦循环右 S-系满足条件 (P), 则 $S=G\dot{\cup}N$, 其中 N 是由 S 的右 nil 元素构成的集合, G 是群.

证明 设 $1\neq x\in S$, 假设对任意的 $n\in N,x^n\neq 1$, 则存在 $k\in N$, 使得 x^k 是右零元, 由引理 5.2.12 知, 存在 $k\in N$, 使得 x^k 是幂等元. 但由 x 生成的子半群包含幂等元, 因此 $x\in N$.

设 $G=\{x\in S:\exists n\in N,x^n=1\},x,y\in G$, 由矛盾可知, $xy\notin G$, 显然 $x\neq 1$ 且 $y\neq 1$. 通过第一部分, $(xy)^k,k\in K$ 是右零元. 另外, 假设 k 是 N 的最小元, 而存在 $n,m\in N$ 有 $x^n=y^m=1,n,m>1$, 令 $(xy)^0=1$, 则 $(xy)^{k-1}=(xy)^ky^{m-1}x^{n-1}$, 因此 $(xy)^{k-1}$ 是右零元, 这与题设矛盾, 故 G 是 S 的子半群, 且 $xG=Gx=G,x\in G$, 因此 G 是群. ■

引理 5.2.14　设 λ 是 S 上的左同余, S/λ 是弱平坦 S-系, e, f 是 S 的左零元并且 $e\lambda f$, 则 $e = f$.

证明　因为 $e\lambda f$, 所以由命题 3.2.2 知存在 $s, t \in S$, 使得 $es = ft$, 并且 $s(\lambda \vee \Delta e)1(\lambda \vee \Delta f)t$. 由于 e, f 是左零元, 所以 $e = f$. ■

定理 5.2.15　设 S 是周期幺半群, 则以下条件等价:

(1) $S = G\dot{\cup}N$, 其中 G 是群, 要么 $N = \varnothing$, 要么 N 是左 nil 元素的集合;

(2) 所有弱平坦循环左 S-系满足条件 (P);

(3) 所有平坦循环左 S-系满足条件 (P).

证明　(1) $\Rightarrow$ (2)　设 λ 是 S 上的左同余, S/λ 是弱平坦 S-系. 要证明 S/λ 满足条件 (P). 为此, 设 $x, y \in S$, 使得 $x\lambda y$.

设 $x \in G, y \in N$, 由命题 3.2.2 知存在 $s, t \in S$, 使得 $xs = yt$, 并且 $s(\lambda \vee \Delta x)1, t(\lambda \vee \Delta y)1$. 因为 $x \in G$, 所以存在 $x' \in S$, 使得 $x'x = 1$, 因此 $u(\Delta x)v$ 当且仅当 $u = v$. 故有 $s\lambda 1$. 又由于 $y \in N$, 所以 $xs = yt \in N$, 从而 $s \in N$. 所以存在自然数 n, 使得 s^n 是 S 的左零元. 显然 $s^n\lambda 1$. 设 $u, v \in S$, 使得 $u\lambda v$, 则 $us^n\lambda u\lambda v\lambda vs^n$. 又 us^n, vs^n 都是 S 中的左零元, 所以由引理 5.2.14 知 $us^n = vs^n$. 这说明映射 f: $S/\lambda \to Ss^n$:

$$\text{对任意的 } \overline{u} \in S/\lambda, \quad f(\overline{u}) = us^n$$

是有定义的. 显然 f 还是 S-满同态. 设 $us^n = vs^n$, 则有 $u\lambda us^n = vs^n\lambda v$, 即 $\overline{u} = \overline{v}$. 所以 f 还是单的, 从而 $S/\lambda \simeq Ss^n$ 是投射 S-系, 所以满足条件 (P).

因此下面假设满足 $x\lambda y$ 的 $x \in G$ 和 $y \in N$ 不存在.

因为 S/λ 是弱平坦 S-系, 所以对于 $x\lambda y$, 存在 $s, t \in S$, 使得 $xs = yt, s(\lambda \vee \Delta x)1, t(\lambda \vee \Delta y)1$. 考虑如下两种情形:

(i) $x, y \in G$. 此时有 $s\lambda 1\lambda t$, 并且 $xs = yt$;

(ii) $x, y \in N$. 下证存在 $u \in S$, 使得 $xu = xs$ 并且 $u\lambda 1$.

由 $s(\lambda \vee \Delta x)1$ 可知存在 $s_1, \cdots, s_{2n-1} \in S$, 使得

$$s = s_0\lambda s_1(\Delta x)s_2 \cdots s_{2i}\lambda s_{2i+1}(\Delta x)s_{2i+2} \cdots s_{2n-1}(\Delta x)s_{2n} = 1.$$

设 $s_0, s_1, \cdots, s_{2n-1}$ 中有某个元素在 N 中. 因为 $1 \in G$, 所以存在 j, 使得 $s_j \in N, s_{j+1} \in G$, 并且 $s_j(\Delta x)s_{j+1}$. 因此 $xs_j = xs_{j+1}$, 故 $x = xs_js_{j+1}^{-1}$. 因为 $s_js_{j+1}^{-1} \in N$, 所以存在 n, 使得 $(s_js_{j+1}^{-1})^n$ 是 S 的左零元, 从而 $x = x(s_js_{j+1}^{-1})^n$ 也是 S 的左零元. 所以此时可令 $u = 1$.

设 $s_0, s_1, \cdots, s_{2n-1} \in G$. 令 $u = s_{2n-1}^{-1}s_{2n-2}s_{2n-3}^{-1}s_{2n-4} \cdots s_1^{-1}s_0$, 因 $s_{2i-1}(\Delta x)$

s_{2i}, 所以 $xs_{2i-1} = xs_{2i}$, 故 $x = xs_{2i}s_{2i-1}^{-1}$. 因此

$$\begin{aligned} xu &= xs_{2n-1}^{-1}s_{2n-2}\cdots s_2s_1^{-1}s_0 = xs_{2n}s_{2n-1}^{-1}s_{2n-2}\cdots s_2s_1^{-1}s_0 \\ &= xs_{2n-2}s_{2n-3}^{-1}\cdots s_2s_1^{-1}s_0 = \cdots = xs_2s_1^{-1}s_0 = xs_0 = xs. \end{aligned}$$

又因为 $s_{2i}\lambda s_{2i+1}$, 所以 $s_{2i+1}^{-1}s_{2i}\lambda 1$, 因此

$$u = s_{2n-1}^{-1}s_{2n-2}\cdots s_1^{-1}s_0\lambda s_{2n-1}^{-1}s_{2n-2}\cdots s_3^{-1}s_2\lambda\cdots\lambda s_{2n-1}^{-1}s_{2n-2}\lambda 1.$$

同理可以证明存在 $v \in S$, 使得 $yv = yt$ 并且 $v\lambda 1$. 所以 $xu = yv$ 并且 $u\lambda 1\lambda v$. 故 S/λ 满足条件 (P).

(2) $\Rightarrow$ (3) 显然.

(3) $\Rightarrow$ (1) 由定理 5.2.13 可得. ■

下面的定理 5.2.16 所用的方法具有代表性, 定理的内容主要选自文献 [2, 6].

定理 5.2.16 对于幺半群 S, 以下几条是等价的:

(1) S 是右 PP 的, 并且任意循环平坦 S-系满足条件 (P);

(2) S 是右 PP 的, 并且任意循环弱平坦 S-系满足条件 (P);

(3) S 是右 PSF 的, 并且任意循环平坦 S-系满足条件 (P);

(4) S 是右 PSF 的, 并且任意循环弱平坦 S-系满足条件 (P);

(5) S 中的所有元都是左半可消元, 并且对于 S 的任意真左理想 I, 或存在 $a \in I - aI$, 或 I 中的所有元皆为左零元;

(6) 任意 $x \in S$, x 是左零元或左可消元.

证明 (2)$\Rightarrow$(1)$\Rightarrow$(3) 和 (2)$\Rightarrow$(4)$\Rightarrow$(3) 都是显然的.

(3)$\Rightarrow$(6) 设 $x \in S$, x 不是左可消元. 则存在 $c, d \in S$, 使得 $xc = xd$ 但 $c \neq d$. 因为 S 是右 PSF 幺半群, 所以由定理 1.3.18 知 x 是 S 的左半可消元. 因此存在 $x_1 \in S$, 使得 $x_1c = x_1d, x = xx_1, x_1$ 也是左半可消元, 所以由 $x_1c = x_1d$ 知存在 $x_2 \in S$, 使得 $x_2c = x_2d, x_1 = x_1x_2$. 继续上述过程可知存在 $x_1, x_2, \cdots \in S$, 使得

$$x_ic = x_id, \quad x_i = x_ix_{i+1}, \quad i = 1, 2, \cdots.$$

利用数学归纳法容易证明

$$xx_i = x, \quad i = 1, 2, \cdots.$$

令

$$H = \{(x_ix, x_i) | i = 1, 2, \cdots\}.$$

记 $\lambda = \lambda(H)$ 为由 H 生成的 S 的最小左同余. 下面证明左 S-系 S/λ 是平坦的.

设 ρ 是 S 的任意右同余, $u,v\in S$, 并且 $u(\lambda\vee\rho)v$. 只需找到 $s,t\in S$, 使得 $us\rho vt, s(\lambda\vee\rho u)1$, $t(\lambda\vee\rho v)1$ 即可.

若 $u=v$, 则取 $s=t=1$ 即可. 设 $u\neq v$, 则存在 $u_0,v_0,u_1,v_1,\cdots,u_n,v_n\in S$, 使得

$$u=u_0\lambda v_0\rho u_1\lambda v_1\cdots\rho u_n\lambda v_n\rho u_{n+1}=v.$$

如果 $u_0=v_0,u_1=v_1,\cdots,u_n=v_n$, 则 $u\rho v$, 所以取 $s=t=1$ 即可. 设 j 和 k 满足 $u_0=v_0,\cdots,u_{j-1}=v_{j-1}$, 但 $u_j\neq v_j,u_k\neq v_k,u_{k+1}=v_{k+1},\cdots,u_n=v_n$. 则有

$$u=u_0=v_0\rho u_1=v_1\rho\cdots\rho u_{j-1}=v_{j-1}\rho u_j,$$

$$v_k\rho u_{k+1}=v_{k+1}\rho\cdots\rho u_n=v_n\rho u_{n+1}=v.$$

对于任意 $i\in\{j,\cdots,k\}$, 若 $u_i\neq v_i$, 则存在 $t_{i1},\cdots,t_{im_i}\in S$, 使得

$$u_i=t_{i1}c_{i1},t_{i1}d_{i1}=t_{i2}c_{i2},\cdots,t_{im_i}d_{im_i}=v_i,$$

其中 $(c_{i1},d_{i1}),\cdots,(c_{im_i},d_{im_i})\in H\cup H^{-1}$. 设 $\{c_{i1},d_{i1}\}=\{x_{p_i}x,x_{p_i}\},\{c_{im_i},d_{im_i}\}=\{x_{q_i}x,x_{q_i}\}$. 记 r_i=max $\{p_i,q_i\}$. 若 $c_{i1}=x_{p_i}x$, 则

$$u_ix_{r_i+1}=t_{i1}c_{i1}x_{r_i+1}=t_{i1}x_{p_i}(xx_{r_i+1})=t_{i1}x_{p_i}x=t_{i1}c_{i1}=u_i.$$

若 $c_{i1}=x_{p_i}$, 则 $u_ix_{r_i+1}=t_{i1}c_{i1}x_{r_i+1}=t_{i1}x_{p_i}x_{r_i+1}=t_{i1}x_{p_i}=t_{i1}c_{i1}=u_i$. 总之有 $u_ix_{r_i+1}=u_i$. 同理 $v_ix_{r_i+1}=v_i$. 令 $r=\max\{r_i+1|j\leqslant i\leqslant k,u_i\neq v_i\}$, 则容易证明对任意 $u_i\neq v_i$, 有

$$u_ix_r=u_i,\quad v_ix_r=v_i.$$

继续设 $u_i\neq v_i$, $i\in\{j,\cdots,k\}$. 同上记号, 若 $c_{i1}=x_{p_i}x$, 则 $u_ix=t_{i1}c_{i1}x=t_{i1}x_{p_i}xx=t_{i1}x_{p_i}x^2=t_{i1}d_{i1}x^2=t_{i2}c_{i2}x^2$. 若 $c_{i1}=x_{p_i}$, 则 $u_ix^2=t_{i1}c_{i1}x^2=t_{i1}x_{p_i}x^2=t_{i1}d_{i1}x=t_{i2}c_{i2}x$. 用数学归纳法容易证明存在自然数 α_i,β_i, 使得 $u_ix^{\alpha_i}=v_ix^{\beta_i}$. 显然若 $u_i=v_i$, 则上述 α_i,β_i 仍存在. 令 $\alpha=\sum\limits_{i=j}^{k}\alpha_i,\beta=\sum\limits_{i=j}^{k}\beta_i$, 则有

$$\begin{aligned}ux_rx^\alpha\rho u_jx_rx^\alpha&=u_jx^\alpha=u_jx^{\alpha_j}x^{\alpha-\alpha_j}\\&=v_jx^{\beta_j}x^{\alpha-\alpha_j}=\cdots=v_kx^\beta\\&=v_kx_rx^\beta\rho vx_rx^\beta.\end{aligned}$$

所以, 若令 $s=x_rx^\alpha,t=x_rx^\beta$, 则 $us\rho vt$. 又因为 $x_r\lambda x_rx$, 所以 $x_rx^2=x_rxx=x_r(xx_r)x=(x_rx)(x_rx)\lambda x_rxx_r=x_rx\lambda x_r$. 类似地可以证明 $x_rx^\alpha\lambda x_r$, 即 $s\lambda x_r$. 而 $ux_r\rho u_jx_r=u_j\rho u$, 所以 $x_r(\rho u)1$, 从而 $s(\lambda\vee\rho u)1$. 同理可证 $t(\lambda\vee\rho v)1$. 因此 S/λ 是平坦的.

由条件即知 S/λ 满足条件 (P). 所以由命题 2.2.1 知存在 $s,t\in S$, 使得 $x_1xs=x_1t$, 并且 $s\lambda 1\lambda t$. 设 $s\neq 1$. 由于 $s\lambda 1$, 所以存在 $t_1,\cdots,t_n\in S$, 使得

$$s=t_1c_1,t_1d_1=t_2c_2,\cdots,t_nd_n=1,$$

其中 $(c_i,d_i)\in H\cup H^{-1},i=1,\cdots,n$. 若 $d_n=x_ix$, 则 $x_{i+1}=1\cdot x_{i+1}=t_nd_nx_{i+1}=t_nx_ixx_{i+1}=t_nx_ix=t_nd_n=1$, 所以 $c=d$, 矛盾. 若 $d_n=x_i$, 则 $x_{i+1}=t_nd_nx_{i+1}=t_nx_ix_{i+1}=t_nx_i=t_nd_n=1$, 又得到 $c=d$, 矛盾. 因此 $s=1$. 同理可证 $t=1$. 所以有 $x_1x=x_1$. 因此

$$x=xx_1=xx_1x,$$

即 x 是正则元, 所以 x_1x 是幂等元. 若 $x_1x=1$, 则由 $xc=xd$ 即得 $c=d$, 矛盾. 所以 $x_1x\neq 1$. 由定理 5.2.1 知 x_1x 是 S 的左零元, 所以 $x=xx_1x$ 是左零元.

(6)⇒(5) 设 $u,s,t\in S$, 满足 $us=ut$. 若 u 是 S 的左可消元, 则 $s=t$. 若 u 是 S 的左零元, 则 $us=ut$, $uu=u$. 所以 u 是 S 的左半可消元.

设 I 是 S 的任意真左理想. 若 $a\in I$ 不是 S 的左零元, 则 a 必是 S 的左可消元. 如果 $a\in aI$, 那么 $1\in I$, 矛盾. 所以 $a\in I-aI$.

(5)⇒(4) 因为 S 中的所有元都是左半可消元, 所以由定理 1.3.18 知 S 是右 PSF 幺半群. 设 λ 是 S 上的左同余, S/λ 是弱平坦 S-系, $b,b'\in S/\lambda,x,y\in S$, 满足 $xb=yb'$. 要找 $s,t\in S,b''\in S/\lambda$, 使得 $xs=yt$, 并且 $b=sb'',b'=tb''$.

因为 S/λ 是弱平坦的, 所以由定理 1.3.21 知存在 $x_1,y_1,u,v\in S,b_1''\in S/\lambda$, 使得

$$\begin{aligned}
&x=xu, && ub=x_1b_1'',\\
&y=yv, && vb'=y_1b_1'',\\
&xx_1=yy_1.
\end{aligned}$$

考虑如下四种情形:

(i) x,y 都是左零元. 设 $b=s_1\bar{1},b'=t_1\bar{1}$. 令 $b''=1$, $s=s_1,t=t_1$, 则 $xs=x=xx_1=yy_1=y=yt$, 并且 $b=sb'',b'=tb''$.

(ii) x 不是左零元, y 是左零元. 此时由 $xx_1=yy_1$ 得 $y=xx_1$.

在张量积 $S\otimes S/\lambda$ 中, $x\otimes b=1\otimes xb=1\otimes yb'=y\otimes b'=xx_1\otimes b'=x\otimes x_1b'$. 由于 S/λ 是弱平坦的, 所以在 $xS\otimes S/\lambda$ 中有 $x\otimes b=x\otimes x_1b'$. 故存在 $b_1,\cdots,b_n\in S/\lambda,s_1,t_1,\cdots,s_n,t_n\in S$, 使得

$$\begin{aligned}
& && b=s_1b_1,\\
&xs_1=xt_1, && t_1b_1=s_2b_2,
\end{aligned}$$

$$xs_2 = xt_3, t_2b_2 = s_3b_3,$$

$$\cdots\cdots \qquad \cdots\cdots$$

$$xs_n = xt_n, t_nb_n = x_1b'.$$

因为 x 是左半可消元, 所以由 $xs_1 = xt_1$ 知存在 $r_1 \in S$, 使得 $r_1s_1 = r_1t_1, xr_1 = x$. 因此 $xr_1s_2 = xr_1t_2$. 再利用 x 的左半可消性得知存在 $r_2 \in S$, 使得 $r_2r_1s_2 = r_2r_1t_2, xr_2 = x$. 所以 $r_2r_1s_1 = r_2r_1t_1, r_2r_1s_2 = r_2r_1t_2, xr_2r_1 = xr_1 = x$. 类似地讨论可以证明存在 $u_1 \in S$, 使得

$$x = xu_1, \quad u_1s_i = u_1t_i, \quad i = 1, \cdots, n.$$

因为 u_1 也是左半可消元, 所以同上类似的证明可知存在 $u_2 \in S$, 使得 $u_1u_2 = u_1, u_2s_i = u_2t_i, i = 1, \cdots, n$. 继续上述过程可知存在 S 中的元素 $u_1, u_2, \cdots$, 使得

$$u_ju_{j+1} = u_j, \quad u_js_i = u_jt_i, \quad 1 \leqslant i \leqslant n, \quad j = 1, \cdots.$$

令 $I = \bigcup\limits_{j=1}^{\infty} Su_j$, 则 I 是 S 的左理想. 对任意 $a \in I$, 存在 $y' \in S$, 使得 $a = y'u_j$. 所以 $a = y'u_j = y'u_ju_{j+1} = au_{j+1}$. 因此由条件 (5) 知 I 中的元素皆为左零元, 或 $I = S$. 若是前者, 则 $u_1 \in I$ 是左零元, 所以 $x = xu_1$ 也是左零元, 和 x 不是左零元的假设条件矛盾. 因此必有 $I = S$. 故存在 j 和 $z \in S$, 使得 $1 = zu_j$, 从而有

$$u_{j+1} = 1 \cdot u_{j+1} = zu_ju_{j+1} = zu_j = 1.$$

故有

$$s_i = t_i, \quad i = 1, 2, \cdots, n.$$

所以

$$b = s_1b_1 = t_1b_1 = s_2b_2 = \cdots = s_nb_n = t_nb_n = x_1b'.$$

令 $b'' = b', s = x_1, t = 1$, 则 $b = sb'', b' = tb'', xs = xx_1 = y = yt$.

(iii) x 是左零元, y 不是左零元. 类似于 (ii).

(iv) x, y 都不是左零元. S 中没有左零元时也属于此种情形.

因为 x 是左半可消元, 所以由 $xu = x$ 知存在 $x_1 \in S$, 使得 $x_1u = x, xx_1 = x$. 同理存在 $x_2 \in S$, 使得 $x_2u = x_2, x_1x_2 = x_1$. 继续下去可找到 $x_1, x_2, \cdots \in S$, 使得

$$x_iu = x_i, \quad x_ix_{i+1} = x_i, \quad i = 1, \cdots,$$

类似于上面的证明即可知 $u = 1$. 同理可证 $v = 1$. 所以 $b = x_1b_1'', b' = y_1b_1'', xx_1 = yy_1$. 这即证明了 S/λ 满足条件 (P).

(4)⇒(2) 设 S 是右 PSF 的, 并且任意循环弱平坦 S-系满足条件 (P). 则由 (4)⇒(3)⇒(6) 可知对 S 中的任意元 x, x 是左零元或左可消元. 由此即知 S 是右 PP 幺半群. ■

5.3 总结与启发

围绕着平坦、弱平坦和条件 (P) 性质, 没有解决的公开问题较为集中, 本章回答公开问题所用的方法, 主要用到了 1.5 节的融合余积 $A(I)$, 该结构在解决很多问题的过程中发挥了重要作用, 所以专门作为一节特别予以阐述. 在未来的研究过程中, 该结构的用途有待于进一步开发利用. 本章本来研究的是所有平坦系满足条件 (P) 的幺半群的特征, "所有" 是一个一般性叙述, 而在 S-系范畴中, 平坦系的类是很大的, 把所有的平坦系拿出来去研究满足条件 (P) 时幺半群的特征, 的确是有困难的, 所以要借助某些特殊的平坦系, $A(I)$ 就是一个重要的结构, 故先从研究 $A(I)$ 满足平坦性质的刻画开始着手, 体现出数学研究中特殊与一般的关系.

本章的研究过程中, 构造的例子起到了重要作用, 在一定意义上, 和第 4 章所用的方法具有一定的联系, 都是从已知的刻画开始, 依据问题的需要构造相应的例子. 与平坦性质和条件 (P) 相联系的公开问题, 由定理 1.3.2 给出的等式组, 有时候需要根据张量积的等式组采用数学归纳法以减少等式个数, 有时候需要根据特殊的结构, 例如融合余积 $A(I)$ 给出相应的例子. 从刻画所有平坦系满足条件 (P) 的幺半群的特征的角度来看, 该公开问题的研究远没有结束, 还有大量的工作需要展开. 由于所有左 S-系满足条件 (P) 当且仅当 S 是群. 而所有左 S-系是主弱平坦的当且仅当 S 是正则幺半群. 群与正则半群类之间还有太多的半群类, 加上弱平坦和平坦一致的幺半群的完整刻画尚未解决, 所以本章研究的公开问题的最后解决尚需时日.

有理由相信, 在将来, 采用综合的方法或者出现新的工具, 可以使得该问题彻底得到回答.

本章所用方法的启发是: 利用好结构, 特殊到一般.

参考文献

[1] Bulman-Fleming S. Flat and strongly flat S-systems. Communications in Algebra, 1992, 20: 2553-2567.

[2] Liu Z K, Yang Y B. Monoids over which every flat right act satisfies condition (P). Communications in Algebra, 1994, 22: 2861-2875.

[3] 刘仲奎, 乔虎生. 半群的 S-系理论. 北京: 科学出版社, 2008.

[4] Liu Z K. Characterization of monoids by condition (P) of cyclic left acts. Semigroup Forum, 1994, 49: 31-39.

[5] Golchin A, Renshaw J. Periodic monoids over which all flat cyclic right acts satisfy condition (P). Semigroup Forum, 1997, 54: 261-263.

[6] Bulman-Fleming S, Normak P. Monoids over which all flat cyclic right acts are strong flat. Semigroup Forum, 1995, 50: 233-241.

第 6 章　所有挠自由系是主弱平坦系的幺半群

6.1　问题的历史渊源

挠自由性质, 在经典的同调分类问题研究中, 属于常见而重要的性质, 所有右 S-系是主弱平坦系的幺半群是正则幺半群, 所有右 S-系是挠自由系的幺半群的充要条件的刻画见定理 1.5.5. 然而, 如何刻画所有挠自由系是主弱平坦系的幺半群的特征, 该问题却一直遗留着, 1998 年, 在文献 [1] 中对未曾解决的公开问题以表格的方式做了总结, 如下表, 打问号的地方是当时遗留的公开问题.

所有 Rees商 左 S-系 \ 是 (满足)	自由	投射	强平坦	条件 (P)	平坦	主弱平坦	挠自由
投射	S 存在右零元 $\Longrightarrow$ $S=\{1\}$						
强平坦	R.c.$\Longrightarrow$ $S=\{1\}$	R.c.$\Longrightarrow S$ 中存在右零元					
条件 (P)	L.r.$\Longrightarrow$ $S=\{1\}$	L.r.$\Longrightarrow S$ 中存在右零元	L.r.$\Longrightarrow$R.c.				
平坦	L.r.$\Longrightarrow$ $S=\{1\}$	L.r.$\Longrightarrow$ (*) 并且 S 中存在右零元	L.r.$\Longrightarrow$ (*) 并且 R.c.	L.r.$\Longrightarrow$ (*)			
主弱平坦	$\{1\}$	(*) 并且 S 存在右零元	(*) 并且 R.c.	(*) 并且 R.c.	L.r.		
挠自由	$\{1\}$	?	?	?	?	?	
所有	$\{1\}$	$\{1\}$ 或者 G^0	$\{1\}$ 或者 G^0	G 或者 G^0	Reg. 并且 L.r.	Reg.	S 中每一个左可消元是左可逆元

记号如下:

L.r. 表示 S 的任意两个左理想有非空的交

R.c. 表示 S 满足条件: 任意 $s,t\in S$, 存在 $u\in S$, 使得 $su=tu$

(*) 表示 S 中没有元素个数大于 1 的真左理想 I, 满足:

对任意的 $i\in I$, 存在 $j\in I$, 使得 $i=ij$

R.a. 表示 S 是右几乎正则的

Reg. 表示 S 是正则的

C 表示 S 是左可消的

G 表示 S 是群

2000 年, Laan 在文献 [2] 中解决了这个问题, 研究表明, 所有 (循环的, Rees 商) 的挠自由左 S-系是主弱平坦的当且仅当 S 是右几乎正则的. 为阐述本章研究的主要思想, 需要内射系的概念作为基础.

设 S 是幺半群, E 是右 S-系. 称 E 是内射的, 如果对任意 S-单同态 $f:A\to B$ 和任意 S-同态 $g:A\to E$, 存在 S-同态 $h:B\to E$, 使得下图可换

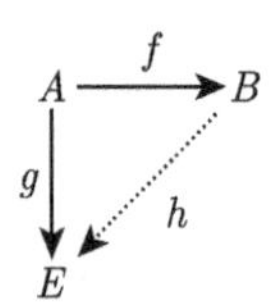

设 $f : A \to B$ 是 S-单同态. 称 f 是可收缩的, 如果存在 S-同态 $g : B \to A$, 使得 $gf = 1_A$.

命题 6.1.1　设 S-单同态 $f : E \to G$ 是可收缩的. 如果 G 是内射系, 则 E 也是内射系.

证明　设 $\phi : A \to B$ 是 S-单同态, $g : A \to E$ 是 S-同态. 由下图即得结论.

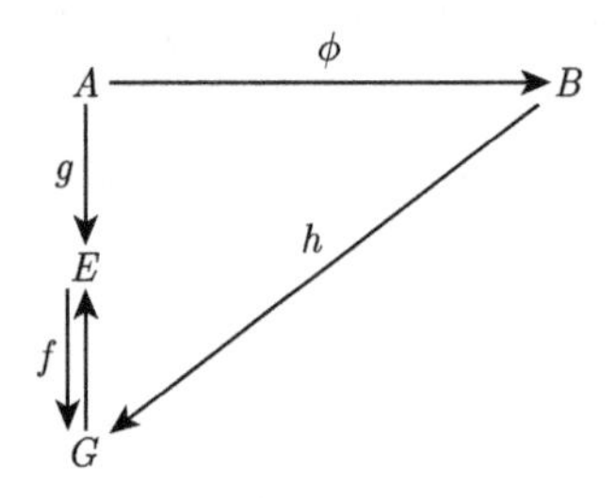

■

为了给出内射 S-系的例子, 对于任意右 S-系 A, 引进下述记号:

$$A^S = \{f \mid f \text{ 是从 } S \text{ 到 } A \text{ 的映射}\}.$$

如下规定 S 在 A^S 上的右作用: 对任意的 $f \in A^S$, $s, x \in S$,

$$(fs)(x) = f(sx).$$

显然 $fs \in A^S$. 对任意 $s, t, x \in S$, 因为

$$((fs)t)(x) = (fs)(tx) = f(stx) = (f(st))(x),$$
$$(f1)(x) = f(1 \cdot x) = f(x),$$

所以 A^S 是右 S-系.

命题 6.1.2　对于任意 S-系 A, A^S 是内射右 S-系.

证明　设 $\phi : B \to C$ 是任意 S-单同态, $g : B \to A^S$ 是任意 S-同态. 如下定义映射 $h : C \to A^S$: 对任意 $c \in C$, 令

$$h(c)(t) = \begin{cases} g(\phi^{-1}(ct))(1), & ct \in \mathrm{Im}\phi, \\ a, & \text{否则}, \end{cases}$$

这里 $a \in A$ 是事先任意固定的一个元素, $t \in S$. 因为 ϕ 是单同态, 所以 $\phi^{-1}(ct)$ 是唯一的. 因此 h 是从 C 到 A^S 的映射. 下证 h 还是 S-同态. 对任意 $s, t \in S$,

$$h(cs)(t) = \begin{cases} g(\phi^{-1}(cst))(1), & cst \in \mathrm{Im}\phi, \\ a, & \text{否则} \end{cases}$$

$$= \begin{cases} h(c)(st), & cst \in \mathrm{Im}\phi, \\ a, & \text{否则} \end{cases}$$

$$= \begin{cases} (h(c)s)(t), & cst \in \mathrm{Im}\phi, \\ a, & \text{否则}, \end{cases}$$

所以 $h(cs) = h(c)s$, 即 h 是 S-同态. 下证有如下的交换图

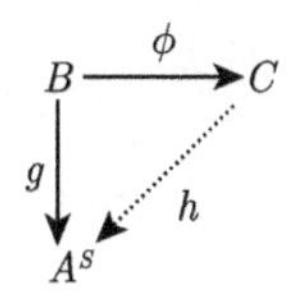

因对任意 $b \in B$, 任意 $t \in S$, 有 $h\phi(b)(t) = h(\phi(b))(t) = g(\phi^{-1}(\phi(b)t))(1) = g(\phi^{-1}(\phi(bt)))(1) = g(bt)(1) = g(b)t(1) = g(b)(t \cdot 1) = g(b)(t)$, 所以 $h\phi = g$. 因此 A^S 是内射系. ■

推论 6.1.3 任意 S-系 A 可嵌入一个内射系中.

证明 由命题 6.1.2 知 A^S 是内射 S-系. 作映射 $\phi : A \to A^S$ 为

$$\phi(a) : S \to A;$$
$$x \longmapsto xa, \quad \forall x \in S, \quad \forall a \in A.$$

由于对任意 $s, x \in S$, 任意 $a \in A$, $\phi(sa)(x) = xsa = \phi(a)(xs) = (s\phi(a))(x)$, 所以 $\phi(sa) = s\phi(a)$, 即 ϕ 是 S-同态. 设 $a, b \in A$, 使得 $\phi(a) = \phi(b)$, 则对任意 $x \in S$, $\phi(a)(x) = \phi(b)(x)$, 即 $xa = xb$, 所以 $a = b$. 这说明 ϕ 还是单同态. ■

下面可以给出内射 S-系的等价刻画.

定理 6.1.4 对于 S-系 E, 以下几条等价:

(1) E 是内射 S-系;

(2) 函子 $\mathrm{Hom}_S(-, E)$(从范畴 S-Act 到集合范畴) 把单同态变为满映射;

(3) 任意 S-单同态 $f : E \to A$ 是可收缩的;

(4) 存在 S-系 B 以及可收缩的 S-单同态 $f : E \to B^S$.

证明 (1)$\Longleftrightarrow$(2) 是显然的.

(1)⇒(3) 对任意 S-单同态 $f: E \to A$, 由 E 的内射性可知存在 S-同态 $g: A \to E$, 使得下图交换:

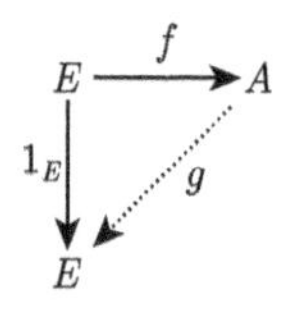

所以 f 是可收缩的.

(3)⇒(4) 令 $B = E$, 由推论 6.1.3 知存在 S-单同态 $f: E \to E^S$. 由 (3) 知 f 是可收缩的.

(4)⇒(1) 由命题 6.1.2 知 B^S 是内射系, 所以由命题 6.1.1 知 E 也是内射系. ■

称 E 是主弱内射的, 如果对 S 的任意主右理想 I, 对任意 S-单同态 $f: I \to S$ 和任意 S-同态 $g: I \to E$, 存在 S-同态 $h: S \to E$, 使得下图可换

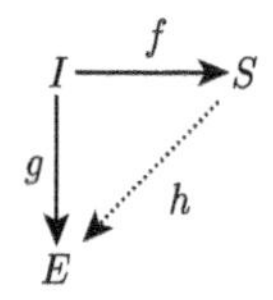

设 $s \in S, a \in A$. 称元素 a 关于 s 在 A 中是可除的, 如果存在 $b \in A$, 使得 $a = bs$.

称右 S-系 A 是可除的, 如果对 S 的任意左可消元 c, 有 $Ac = A$.

众所周知, S-系的常用的经典性质之间有如下的蕴涵关系:

$$平坦 \Rightarrow 弱平坦 \Rightarrow 主弱平坦 \Rightarrow 挠自由,$$
$$内射 \Rightarrow 弱内射 \Rightarrow 主弱内射 \Rightarrow 可除.$$

虽然可除性和挠自由性质还有其他的推广形式, 但就经典的性质而言, 从直观上看, 挠自由性质和可除性质均属于两类系列性质里面最弱的性质. 早在 1987 年, 按照左 S-系方式叙述, 文献 [3] 中就已经给出所有可除的右 S-系是主弱内射的当且仅当 S 是右几乎正则的, 以及所有左 S-系是主弱平坦的 (当时称为余平坦的) 当且仅当 S 是正则幺半群. 所以, 考察幺半群特征刻画的结果, 从对偶的角度来看, 似乎主弱平坦和主弱内射对应, 可除和挠自由对应. 本章要研究的

公开问题 如何刻画所有挠自由右 S-系是主弱平坦系的幺半群?

6.2 问题的研究进展

首先给出 Rees 商系、循环系具有主弱平坦性质的特征刻画.

引理 6.2.1 设 S 是幺半群, λ 是 S 上的左同余. 则 S/λ 是主弱平坦的当且仅当对任意 $u,v,x\in S$, 若 $xu\lambda xv$, 则 $u(\lambda\vee\Delta x)v$.

证明 设 S/λ 是主弱平坦的, $u,v,x\in S$, 满足 $xu\lambda xv$. 则 $x\overline{u}=x\overline{v}$, 所以在 $S\otimes S/\lambda$ 中有 $x\otimes\overline{u}=x\otimes\overline{v}$. 由 S/λ 的主弱平坦性, 即知在 $xS\otimes S/\lambda$ 中有 $x\otimes\overline{u}=x\otimes\overline{v}$. 所以存在 $s_1,t_1,\cdots,s_n,t_n\in S$, 使得

$$\begin{aligned} & & \overline{u}&=s_1\overline{1},\\ xs_1&=xt_1, & t_1\overline{1}&=s_2\overline{1},\\ &\cdots\cdots & &\cdots\cdots\\ xs_n&=xt_n, & t_n\overline{1}&=\overline{v}. \end{aligned}$$

因此有

$$u\lambda s_1(\Delta x)t_1\lambda s_2\cdots\lambda s_n(\Delta x)t_n\lambda v,$$

即 $u(\lambda\vee\Delta x)v$.

反过来, 设 $x\in S$, $\overline{u},\overline{v}\in S/\lambda$, 在 $S\otimes S/\lambda$ 中有 $x\otimes\overline{u}=x\otimes\overline{v}$. 则 $x\overline{u}=x\overline{v}$, 所以 $xu\lambda xv$. 由条件即知 $u(\lambda\vee\Delta x)v$. 所以存在 $s_1,t_1,\cdots,s_n,t_n\in S$, 使得

$$u\lambda s_1(\Delta x)t_1\lambda s_2(\Delta x)t_2\cdots\lambda s_n(\Delta x)t_n=v.$$

因此在 $xS\otimes S/\lambda$ 中有

$$\begin{aligned} x\otimes\overline{u}&=x\otimes\overline{s_1}=xs_1\otimes\overline{1}=xt_1\otimes\overline{1}\\ &=x\otimes\overline{t_1}=x\otimes\overline{s_2}=\cdots=x\otimes\overline{s_n}\\ &=xs_n\otimes\overline{1}=xt_n\otimes\overline{1}=x\otimes\overline{t_n}=x\otimes\overline{v}. \end{aligned}$$

所以 S/λ 是主弱平坦的. ■

命题 6.2.2 设 I 是 S 真左理想, S/λ_I 是主弱平坦的当且仅当任意的 $x\in I$, 必有 $x\in xI$.

证明 必要性. 设 $x\in I, y\in I$. 若 $x=xy$, 则结论成立. 下设 $x\neq xy$. 在 $S\otimes S/\lambda_I$ 中显然有 $x\otimes\overline{1}=1\otimes\overline{x}=1\otimes\overline{xy}=x\otimes\overline{y}$. 由于 S/λ_I 是主弱平坦的, 所以在 $xS\otimes S/\lambda_I$ 中有 $x\otimes\overline{1}=x\otimes\overline{y}$. 因此存在 $s_1,t_1,\cdots,s_n,t_n\in S$, 使得

$$\begin{aligned} & & \overline{1}&=\overline{s_1},\\ xs_1&=xt_1, & \overline{t_1}&=\overline{s_2},\\ &\cdots\cdots & &\cdots\cdots\\ xs_n&=xt_n, & \overline{t_n}&=\overline{y}. \end{aligned}$$

记 $1 = t_0, y = s_{n+1}$. 若对任意 $i \in \{0, 1, \cdots, n, n+1\}$ 都有 $t_i = s_{i+1}$, 则 $x = xs_1 = xt_1 = xs_2 = \cdots = xs_n = xt_n = xy$, 矛盾. 所以存在 i, 使得 $t_0 = s_1, \cdots, t_i = s_{i+1}$, 但 $t_{i+1} \neq s_{i+2}$, 故 $t_{i+1}, s_{i+2} \in I$. 因而 $x = xs_1 = xt_1 = \cdots = xs_{i+1} = xt_{i+1}$. 由于 $t_{i+1} \in I$, 所以 $x \in xI$.

充分性. 设 $u, v, x \in S$, 使得 $xu\lambda_I xv$. 如果 $xu = xv$, 那么显然 $u\lambda_I u(\Delta x)v$, 即 $u(\lambda_I \vee \Delta x)v$. 如果 $xu \neq xv$, 由已知条件存在 $p, q \in I$, 使得 $xu = xup, xv = xvq$. 所以 $u\lambda_I u(\Delta x)up\lambda_I\ vq(\Delta x)v$, 即 $u(\lambda_I \vee \Delta x)v$, 故由命题 6.2.1 可得 S/λ_I 是主弱平坦的. ■

引理 6.2.3　设 I 是 S 的真左理想, 则如下几条等价:

(1) S/λ_I 是平坦的;

(2) S/λ_I 是弱平坦的;

(3) $A(I)$ 是平坦的, 并且 S 的任意两个左理想有非空的交;

(4) $A(I)$ 是弱平坦的, 并且 S 的任意两个左理想有非空的交;

(5) 任意 $x \in I$, 必有 $x \in xI$, 并且 S 的任意两个左理想有非空的交.

证明　(1)⇒(2) 显然.

(3)⇔(4)⇔(5)　由命题 1.5.6 可知结论成立.

(5)⇒(1)　设 A 是任意右 S-系, $a, a' \in A$, 在 $A \otimes S/\lambda_I$ 中有 $a \otimes \bar{1} = a' \otimes \bar{1}$. 要证明在 $(aS \cup a'S) \otimes S/\lambda_I$ 中有 $a \otimes \bar{1} = a' \otimes \bar{1}$. 由定理 1.3.2 知存在 $a_1, \cdots, a_n \in A$, $s_1, t_1, \cdots, s_n, t_n \in S$, 使得

$$\begin{aligned} a &= a_1 s_1, & & \\ a_1 t_1 &= a_2 s_2, & \bar{s}_1 &= \bar{t}_1, \\ a_2 t_2 &= a_3 s_3, & \bar{s}_2 &= \bar{t}_2, \\ &\cdots\cdots & &\cdots\cdots \\ a_n t_n &= a', & \bar{s}_n &= \bar{t}_n. \end{aligned} \tag{$*$}$$

对 n 使用数学归纳法.

设 $n = 1$, 则 $a = a_1 s_1, a' = a_1 t_1, \bar{s}_1 = \bar{t}_1$. 若 $s_1 = t_1$, 则 $a = a'$, 所以在 $(aS \cup a'S) \otimes S/\lambda_I$ 中有 $a \otimes \bar{1} = a' \otimes \bar{1}$. 设 $s_1 \neq t_1$, 则 $s_1, t_1 \in I$. 所以存在 $x, y \in I$, 使得 $s_1 = s_1 x, t_1 = t_1 y$, 又因为 $s_1 S \cap t_1 S \neq \varnothing$, 所以存在 $u, v \in S$, 使得 $s_1 u = t_1 v$, 所以有如下的等式组

$$\begin{aligned} a &= ax, & & \\ a(uy) &= a'(vy), & \overline{x} &= \overline{uy}, \\ a'y &= a', & \overline{vy} &= \overline{y}, \end{aligned}$$

由此即知在 $(aS \cup a'S) \otimes S/\lambda_I$ 中有 $a \otimes \overline{1} = a' \otimes \overline{1}$.

设 $n \geqslant 2$. 若 $s_1 = t_1$ 或 $s_2 = t_2$, 则等式组 $(*)$ 可以用一个个数较少的等式组来代替, 所以由归纳假定即知结论成立. 设 $s_1 \neq t_1$, 并且 $s_2 \neq t_2$, 则 $s_1, t_1, t_2 \in I$. 所以存在 $x_1, y_1 \in I$, 使得 $s_1 = s_1 x_1, t_1 = t_1 y_1$. 同样存在 $u, v \in S$, 使得 $s_1 u = t_1 v$. 所以 $auy_1 = a_1 s_1 u y_1 = a_1 t_1 v y_1 = a_2 s_2 v y_1$. 故有如下的等式组

$$\begin{array}{ll} a = ax_1, & \\ a(uy_1) = a_2(s_2 v y_1), & \overline{x_1} = \overline{uy_1}, \\ a_2 t_2 = a_3 s_3, & \overline{s_2 v y_1} = \overline{t_2}, \\ \cdots\cdots & \cdots\cdots \\ a_n t_n = a', & \overline{s_n} = \overline{t_n}\ . \end{array}$$

使用两次归纳假定可知在 $(aS \cup a_2 s_2 v y_1 S) \otimes S/\lambda_I$ 中有 $a \otimes \overline{1} = a_2 s_2 v y_1 \otimes \overline{1}$; 在 $(auy_1 S \cup a'S) \otimes S/\lambda_I$ 中有 $auy_1 \otimes \overline{1} = a' \otimes \overline{1}$. 所以在 $(aS \cup a'S) \otimes S/\lambda_I$ 中有 $a \otimes \overline{1} = a' \otimes \overline{1}$. 故 S/λ_I 是平坦的.

(2)⇒(5) 设 $x \in I, y \in I$. 若 $x = xy$, 则结论成立. 下设 $x \neq xy$. 在 $S \otimes S/\lambda_I$ 中显然有 $x \otimes \overline{1} = 1 \otimes \overline{x} = 1 \otimes \overline{xy} = xy \otimes \overline{1}$. 由于 S/λ_I 是平坦的, 所以在 $(xS \cup xyS) \otimes S/\lambda_I$ 中有 $x \otimes \overline{1} = xy \otimes \overline{1}$. 因此存在 $s_1, t_1, \cdots, s_n, t_n \in S$, 使得

$$\begin{array}{ll} x = x_1 s_1, & \\ x_1 t_1 = x_2 s_2, & \overline{s_1} = \overline{t_1}, \\ \cdots\cdots & \cdots\cdots \\ x_n t_n = xy, & \overline{s_n} = \overline{t_n}, \end{array}$$

其中 $x_1, x_2, \cdots, x_n \in \{x, xy\}$. 若对任意 $i \in \{1, \cdots, n\}$ 都有 $s_i = t_i$, 则 $x = x_1 s_1 = x_1 t_1 = x_2 s_2 = \cdots = x_n s_n = s_n t_n = xy$, 矛盾. 所以存在 i, 使得 $s_1 = t_1, \cdots, s_i = t_i$, 但 $s_{i+1} \neq t_{i+1}$, 故 $s_{i+1}, t_{i+1} \in I$. 因而 $x = x_1 s_1 = x_1 t_1 = \cdots = x_i t_i = x_{i+1} s_{i+1}$. 由于 $x_{i+1} \in \{x, xy\}$, 所以 $x \in xI$.

设 J_1, J_2 是 S 的两个右理想, 取 $s \in J_1, t \in J_2, x \in I$, 则在 $S \otimes S/\lambda_I$ 中有 $s \otimes \overline{x} = 1 \otimes \overline{sx} = 1 \otimes \overline{tx} = t \otimes \overline{x}$. 因为 S/λ_I 是平坦的, 所以在 $(sS \cup tS) \otimes S/\lambda_I$ 中有 $s \otimes \overline{x} = t \otimes \overline{x}$. 因此存在 $u_1, v_1, \cdots, u_n, v_n \in S$, 使得

$$\begin{array}{ll} s = s_1 u_1, & \\ s_1 v_1 = s_2 u_2, & \overline{u_1 x} = \overline{v_1}, \\ \cdots\cdots & \cdots\cdots \\ s_v t_n = t, & \overline{u_n} = \overline{v_n x}, \end{array}$$

其中 $s_1, \cdots, s_n \in \{s,t\}$. 显然存在 i, 使得 $s_i = s, s_{i+1} = t$, 所以 $s_i v_i = s_{i+1}u_{i+1} \in sS \cap tS \subseteq J_1 \cap J_2$. ■

引理 6.2.4 设 S 是幺半群. 对一元右 S-系 Θ, 下述结论成立:

(1) Θ 是主弱平坦的;

(2) Θ 满足条件 (P) 当且仅当 S 的任意两个左理想有非空的交;

(3) Θ 是强平坦的当且仅当任意的 $s, t \in S$, 存在 $u \in S$, 使得 $us = ut$;

(4) Θ 是平坦 (弱平坦) 的当且仅当 S 的任意两个左理想有非空的交;

(5) Θ 是投射的当且仅当 S 包含右零元;

(6) Θ 是自由的当且仅当 $S=\{1\}$.

证明 (1)—(3), (5), (6) 利用定义是显然的.

(4) 利用引理 6.2.3 可得结论成立. ■

引理 6.2.5 所有主弱平坦右 Rees 商系是 (弱) 平坦的当且仅当 S 是右可逆的.

证明 由引理 6.2.3 和引理 6.2.4 可得. ■

引理 6.2.6 设 I 是 S 的右理想. S/λ_I 是挠自由的当且仅当任意 $x, c \in S$, c 为右可消元, 如果 $xc \in I$, 则必有 $x \in I$.

证明 必要性. 设 $x, c \in S$, c 为右可消元, 且 $xc \in I$. 那么 $xcc \in I$, 故 $[x]c = [xc] = [xcc] = [xc]c$. 由假设知 $[x] = [xc]$, 故 $x \in I$.

充分性 设 $u, v, c \in S$, 使得 $[u]c = [v]c$, 其中 c 为右可消元. 如果 $uc = vc$, 显然 $u = v$, 故 $[u] = [v]$. 否则 $uc, vc \in I$, 由已知条件有 $u, v \in I$, 则 $[u] = [v]$. ■

定义 6.2.7 设 S 是幺半群, $s \in S$, 称 s 是右几乎正则的, 如果存在 $r, r_1, \cdots, r_m$, $s_1, \cdots, s_m \in S$ 以及左可消元 $c_1, c_2, \cdots, c_m \in S$, 使得下述等式组成立

$$c_1 s_1 = r_1 s,$$

$$c_2 s_2 = r_2 s_1,$$

$$\cdots\cdots$$

$$c_m s_m = r_m s_{m-1},$$

$$s = s r s_m.$$

如果幺半群 S 中每一个元素是右几乎正则的, 则称幺半群 S 是右几乎正则的.

定理 6.2.8 对于幺半群 S, 以下几条等价:

(1) 所有挠自由的左 S-系是主弱平坦的;

(2) 所有挠自由的循环左 S-系是主弱平坦的;

(3) 所有挠自由的左 Rees 商 S-系是主弱平坦的;

(4) S 是右几乎正则的.

证明 (1)⇒(2)⇒(3) 显然.

(3)⇒(4) 设所有挠自由的左 Rees 商 S-系是主弱平坦的, 任取 $s \in S$, 那么存在 $t, r_1, \cdots, r_m, s_1, \cdots, s_{m-1} \in S$ 以及左可消元 $c_1, c_2, \cdots, c_m \in S$, 使得下述等式组成立

$$\begin{aligned} c_1 s_1 &= r_1 s, \\ c_2 s_2 &= r_2 s_1, \\ &\cdots\cdots \\ c_m t &= r_m s_{m-1}. \end{aligned}$$

令 K 是使得上述等式组成立的元素 t 的集合, 由于 $1s = 1s$, 所以 $s \in K$, 故 $K \neq \varnothing$.

设 I 是由集合 K 生成的左理想, 即 $I = \bigcup\limits_{t \in K} St$. 下证 S/λ_I 是挠自由的. 假设对 $s' \in S$ 以及左可消元 $c \in S$, 使得 $cs' \in I$. 那么存在 $t \in K$, 使得 $cs' \in St$. 因此存在 $t, r_1, \cdots, r_m, r_{m+1}, s_1, \cdots, s_{m-1} \in S$ 以及左可消元 $c_1, c_2, \cdots, c_m \in S$, 使得下述等式组成立

$$\begin{aligned} c_1 s_1 &= r_1 s, \\ c_2 s_2 &= r_2 s_1, \\ &\cdots\cdots \\ c_m t &= r_m s_{m-1}, \\ cs' &= r_{m+1} t. \end{aligned}$$

这说明 $s' \in K$, 故 $s' \in I$. 由命题 6.2.5 知 S/λ_I 是挠自由的, 由假设 S/λ_I 是主弱平坦的, 故由命题 6.2.2, 对 $s \in S$, 存在 $t \in K$, $r \in S$, 使得 $srt = s$. 故由 $t \in K$ 及等式 $srt = s$, 故 s 是右几乎正则的.

(4)⇒(1) 设 S 是右几乎正则的, 并且 A 为挠自由的左 S-系. 若 $a, a' \in A$, $s \in S$, 使得 $sa = sa'$. 因为 s 是右几乎正则的, 所以存在 $r, r_1, \cdots, r_m, s_1, \cdots, s_m \in S$ 以及左可消元 $c_1, c_2, \cdots, c_m \in S$, 使得下述等式组成立

$$\begin{aligned} c_1 s_1 &= r_1 s, \\ c_2 s_2 &= r_2 s_1, \\ &\cdots\cdots \\ c_m s_m &= r_m s_{m-1}, \\ s &= s r s_m. \end{aligned}$$

由第一个等式有 $c_1s_1a = r_1sa = r_1sa' = c_1s_1a'$. 由 A 是挠自由的可得 $s_1a = s_1a'$, 类似地可得 $s_2a = s_2a', \cdots, s_ma = s_ma'$. 显然 $rs_ma = rs_ma'$, 故

$$s \otimes a = srs_m \otimes a = s \otimes rs_ma = s \otimes rs_ma' = srs_m \otimes a' = s \otimes a'$$

在张量积 $sS \otimes A$ 中成立, 即 A 是主弱平坦的. ■

6.3 总结与启发

文献 [2] 给出了所有挠自由右 S-系是主弱平坦系的幺半群的特征, 作者如何想到用几乎正则幺半群, 不得而知. 不过, 从对偶的角度来看待这个结果, 也许是合理的思路之一. 当然, 不是所有的性质的研究都可以从对偶的角度去看, 必须具体问题具体分析. 例如, 从定义的角度, 按照交换图来看, 投射性和内射性自然是对偶的. 然而, 任意 S-系均有内射包, 但并非任意 S-系均有投射覆盖, 需要完备幺半群的条件. 内射包和投射盖从定义来看, 又是那么自然和谐.

在本章的公开问题研究中, 有一个结构起到了重要作用, 即可除扩张. 本着启迪思路的目的, 在这里给出其原始的结构, 在一定意义上, 可以和 1.5 节的融合余积相比较. 该结构最初是由 V. Gould[3] 给出的, 文献 [4] 则给出了更为一般的结构. 下面按照文献 [4] 的结构 3.2.5 说明.

设 A 是任意的右 S-系, C 是幺半群 S 的子集. 记

$$X = X(C, A_S) = \{(c, a) \in C \times A_S \mid \mathrm{Ker}\lambda_c \leqslant \mathrm{Ker}\lambda_a, a \text{ 关于 } c \text{ 不是可除的}\}.$$

若 $X \neq \varnothing$, 记 $F_S = F(X)$ 是以 X 为基的自由右 S-系. 令

$$H = \{((c, a)c, a) \mid (c, a) \in X\} \subseteq F_S \times A_S \subseteq (A_S \amalg F_S) \times (A_S \amalg F_S),$$

$\rho(H)$ 是 $A_S \coprod F_S$ 上的由 H 生成的右同余. 令

$$U(C, A_S) = \begin{cases} (A_S \coprod F_S)/\rho(H), & X \neq \varnothing, \\ A_S, & \text{否则}. \end{cases}$$

对任意的 $x \in A$, 用 $[x]$ 代表 x 所在的 $\rho(H)$-同余类.

引理 6.3.1 如果 $a, b \in A$ 且 $a\rho(H)b$, 那么 $a = b$.

证明 假设 $a, b \in A$ 且 $a \neq b$. 由命题 1.1.3 可知存在元素 $x_1, x_2, \cdots, x_n$, y_1, y_2, $\cdots$,$y_n \in A_S \coprod F_S, t_1, t_2, \cdots, t_n \in S$, 使得

$$\begin{aligned} a &= x_1t_1 & y_2t_2 &= x_3t_3 & \cdots & \quad y_nt_n = b, \\ y_1t_1 &= x_2t_2 & y_3t_3 &= x_4t_4 & \cdots & \end{aligned}$$

其中 $(x_i, y_i) \in H$ 或 $(y_i, x_i) \in H, i = 1, 2, \cdots, n$. 并且可以假设这里的长度 n 是最小的.

由 $a = x_1 t_1$ 可得 $x_1 \in A_S$. 因此由 $(y_1, x_1) \in H$ 或者 $(x_1, y_1) \in H$, 故存在 $(c, d) \in X$, 使得 $y_1 = (c, d)c$. 由 H 的定义可知 $d = x_1$. 由 $y_1 t_1 = x_2 t_2$ 可得 $(c, x_1)ct_1 = x_2 t_2$. 因此 $x_2 \in F_S$. 由 H 的定义可得存在 $(c', d') \in X$, 使得 $x_2 = (c', d')c'$. 故在自由系 F_S 中 $(c, x_1)ct_1 = (c', d')c't_2$. 因此 $(c, x_1) = (c', d')$ 且 $ct_1 = c't_2$. 故有 $c = c', x_1 = d'$. 从而 $y_1 = x_2, ct_1 = ct_2$. 由于 $\mathrm{Ker}\lambda_c \leqslant \mathrm{Ker}\lambda_{x_1}$, 故 $x_1 t_1 = x_1 t_2$. 由 $x_2 = (c, x_1)c$ 以及 $(x_2, y_2) \in H$ 可得 $y_2 = x_1$. 那么有 $y_2 t_2 = x_1 t_2 = x_1 t_1 = a$.

如果 $n = 2$, 则等式 $y_2 t_2 = x_1 t_2 = x_1 t_1 = a$ 可推出 $a = b$.

如果 $n > 2$, 由 n 的最小性得出矛盾. ■

引理 6.3.1 说明 $A \subseteq U(C, A_S)$. 并且有如下结论.

引理 6.3.2 若 $c \in C$, $a \in A$ 且 $\mathrm{Ker}\lambda_c \leqslant \mathrm{Ker}\lambda_a$, 那么 a 关于 c 在 $U(C, A_S)$ 中是可除的.

证明 如果 a 关于 c 在 A_S 中不是可除的, 那么 $(c, a) \in X$, 且在 $U(C, A_S)$ 中有

$$a = [a]_{\rho(H)} = [(c, a)c]_{\rho(H)} = [(c, a)]_{\rho(H)}c.$$ ■

注意到如果 c 是 S 的左可消元, 那么对任意的 $x \in A$, 有 $\mathrm{Ker}\lambda_c = \Delta_S \leqslant \mathrm{Ker}\lambda_x$.

定理 6.3.3 设 A 是右 S-系, C 是 S 的所有左可消但非左可逆元素构成的集合. 记 $A_0 = A_S, A_i = U(C, A_{i-1}), D(A_S) = \cup_{i \in I} A_i$, 其中 $i \in N$, N 是非负整数的集合. 那么 $D(A_S)$ 是可除右 S-系, 称为 A 的可除扩张.

证明 任取 $d \in D(A_S)$. 则存在 i, 使得 $d \in A_i$. 假设 c 是 S 的左可消但非左可逆的元素. 那么要么 d 关于 c 是可除的, 或者由引理 6.3.2, d 关于 c 在 $U(C, A_i)$ 中是可除的, 所以 $D(A_S)$ 是可除的. ■

引理 6.3.4 设 C 是 S 的子集, A 是右 S-系, 记 $A_0 = A_S$, $A_i = U(C, A_{i-1}), i \in N$. 若 $a \in A, x \in A_n \backslash A_{n-1}, n \geqslant 1, t \in S$, 使得 $a = xt$, 则存在 $y \in A_{n-1}, u, v \in S, c \in C$, 使得 $a = yu, cu = vt$.

证明 记 $X = X(C, A_{n-1})$, H 和同余 $\rho(H)$ 的记号如前所述. 则 $x = [(c, y)v]_\rho$, 其中 $y \in A_{n-1}, v \in S, c \in C$. 因此 $a\rho(H)(c, y)vt$. 由引理 6.3.1 和命题 1.1.3 可得存在 $y' \in A_{n-1}, u \in S, c' \in C$, 使得 $a = y'u, (c', y')c'u = (c, y)vt$. 从而可得 $c' = c, y' = y$ 且 $cu = vt$. ■

接下来给出如何由可除系和主弱内射系给出几乎正则幺半群的刻画, 与本章回答公开问题的方法做一比较.

定理 6.3.5 所有可除右 S-系是主弱内射的当且仅当 S 是右几乎正则的.

证明 必要性. 设所有可除右 S-系是主弱内射的. 任取 $s \in S$, 由假设, 右 S-系 sS 的可除扩张 $D(sS)$ 是主弱内射的, 故包含同态 $l : sS \to D(sS)$ 可以扩张为同态 $\bar{f} : S_S \to D(sS)$. 那么

$$s = l(s) = \bar{f}(s) = \bar{f}(1)s,$$

并且存在正整数 m, 使得 $\bar{f}(1) \in (sS)_m$.

若 $m = 0$, 那么 $\bar{f}(1) \in sS$, 故 $s = \bar{f}(1)s \in sSs$. 因此 s 正则, 故必为右几乎正则.

若 $m \geqslant 1$. 由引理 6.3.4 可知存在 $y_1 \in (sS)_{m-1}, c_1, r_1, s_1 \in S$, 其中 c_1 是左可消元, 使得 $s = y_1 s_1$, 且 $c_1 s_1 = r_1 s$. 若 $m \neq 1$, 同样由引理 6.3.4 可知存在 $y_2 \in (sS)_{m-2}, c_2, r_2, s_2 \in S$, 其中 c_2 是左可消元, 使得 $s = y_2 s_2$ 且并 $c_2 s_2 = r_2 s_1$. 将引理 6.3.4 引用 m 次可得元素 $r_1, \cdots, r_m, s_1, s_2, \cdots, s_m \in S$, 以及左可消元 $c_1, c_2, \cdots, c_m \in S$, 使得

$$\begin{aligned} r_1 s &= c_1 s_1, \\ r_2 s_1 &= c_2 s_2, \\ &\cdots\cdots \\ r_m s_{m-1} &= c_m s_m, \end{aligned}$$

而且 $s = y_m s_m$, 其中 $y_m \in (sS)_0 = sS$. 因此存在 $r \in S$, 使得 $y_m = sr$, 从而 s 是右几乎正则的.

充分性. 假设对任意的 $s \in S$, s 是右几乎正则的, A_S 是可除右 S-系, $f : sS \to A_S$ 是任意的 S-同态, 由于 s 是右几乎正则的, 故存在 $r, r_1, \cdots, r_m, s_1, s_2, \cdots, s_m \in S$ 以及左可消元 $c_1, c_2, \cdots, c_m \in S$, 使得

$$\begin{aligned} r_1 s &= c_1 s_1, \\ r_2 s_1 &= c_2 s_2, \\ &\cdots\cdots \\ r_m s_{m-1} &= c_m s_m, \\ s &= s r s_m. \end{aligned}$$

故

$$f(s) = f(s r s_m) = f(sr) s_m.$$

因为 A_S 是可除的, 故存在 $a_1 \in A_S$, 使得 $f(sr) = a_1 c_m$. 因此

$$f(s) = (a_1 c_m) s_m = a_1 (c_m s_m) = a_1 (r_m s_{m-1}) = (a_1 r_m) s_{m-1}.$$

再次由 A_S 是可除的, 故存在 $a_2 \in A_S$, 使得 $a_1 r_m = a_2 c_{m-1}$. 因此

$$f(s) = (a_2 c_{m-1}) s_{m-1} = a_2 (c_{m-1} s_{m-1}) = a_2 (r_{m-1} s_{m-2}) = (a_2 r_{m-1}) s_{m-2}.$$

继续按照该过程最后可得

$$f(s) = a_m(c_1s_1) = a_m(r_1s) = (a_mr_1)s.$$

故 A_S 是主弱内射系. ■

本章所用方法的启发是: 巧用对偶性, 启迪新思路.

参考文献

[1] Bulman-Fleming S. The classification of monoids by flatness properties of acts. Semigroups and applications (St. Andrews, 1997): 18-38, World Sci. Publ., River Edge, NJ, 1998.

[2] Laan V. When torsion free acts are principally weakly flat. Semigroup Forum, 2000, 60: 321-325.

[3] Gould V. Divisible S-systems and R-modules. Proc. Proceedings of the Edinburgh Mathematical Society, 1987, 30: 187-200.

[4] Kilp M, Knauer U, Mikhalev A V. Monoids, Acts, and Categories with Applications to Wreath Products and Graphs. Berlin: Walter de Gruyter, 2000.

第7章　挠自由 Rees 商 S-系满足条件 (P) 的幺半群的刻画

7.1　问题的历史渊源

研究 S-系的同调分类问题, 其中一个重要方面就是研究 Rees 商系的同调分类. 一般而言, 相对于任意循环系和任意 S-系的同调分类问题, Rees 商系的同调分类问题研究相对简单一些. 因此, 到了 1998 年, 还有大量其他方面 (关于任意系, 循环系) 的公开问题亟待解决的时候, Rees 商系的同调分类的研究基本已经结束, 只有少量公开问题遗留着, 而且主要是围绕挠自由性质提出来的. 文献 [1] 对研究结果以表格的方式, 进行了系统总结. 下表就是文献 [1] 中的表 10, 打问号的地方是当时遗留的公开问题.

是 (满足) 所有 Rees商 左 S-系	自由	投射	强平坦	条件 (P)	平坦	主弱平坦	挠自由
投射	S 存在右零元 $\Longrightarrow$ $S=\{1\}$						
强平坦	R.c.$\Longrightarrow$ $S=\{1\}$	R.c.$\Longrightarrow S$ 中存在右零元					
条件 (P)	L.r.$\Longrightarrow$ $S=\{1\}$	L.r.$\Longrightarrow S$ 中存在右零元	L.r.$\Longrightarrow$R.c.				
平坦	L.r.$\Longrightarrow$ $S=\{1\}$	L.r.$\Longrightarrow$ (*) 并且 S 中存在右零元	L.r.$\Longrightarrow$ (*) 并且 R.c.	L.r.$\Longrightarrow$ (*)			
主弱平坦	$\{1\}$	(*) 并且 S 存在右零元	(*) 并且 R.c.	(*) 并且 R.c.	L.r.		
挠自由	$\{1\}$	?	?	?	?	?	
所有	$\{1\}$	$\{1\}$ 或者 G^0	$\{1\}$ 或者 G^0	G 或者 G^0	Reg. 并且 L.r.	Reg.	S 中每一个右可消元是左可逆元

记号如下:

L.r. 表示 S 的任意两个左理想有非空的交

R.c. 表示 S 满足条件: 任意 $s, t \in S$, 存在 $u \in S$, 使得 $su = tu$

(*) 表示 S 中没有元素个数大于 1 的真左理想 I, 满足:
对任意的 $i \in I$, 存在 $j \in I$, 使得 $i = ij$

R.a. 表示 S 是左几乎正则的

Reg. 表示 S 是正则的

C 表示 S 是右可消的

G 表示 S 是群

本章要考虑的所有挠自由 Rees 商 S-系满足条件 (P) 的幺半群的刻画问题, 就是遗留的关于 Rees 商系的为数不多的公开问题之一. 文献 [2] 中解决了该问题, 本章就来介绍这个结果. 事实上, 随着所有挠自由 Rees 商 S-系满足条件 (P) 的幺半群的刻画的给出, 与之相关的其他几个问题也得到解决. 例如, 如何给出所有挠自由 Rees 商 S-系是强平坦系的幺半群的刻画等.

7.2 问题的研究进展

先从一些基本的结论开始讨论.

引理 7.2.1 设 S 是幺半群. 令 $I=\{s\in S \mid s$ 是非右可消元$\}$. 若 I 是非空集合, 则 I 是 S 的真右理想, 并且 Rees 商 S-系 S/λ_I 是挠自由的.

证明 显然若 I 是非空集合, 必为 S 的真右理想. 设 c 是 S 的右可消元, 对任意的 $s\in S$, 如果 $sc\in I$, 则必有 $s\in I$. 否则 s 是右可消元, 故 sc 也是右可消元, 这与 $sc\in I$ 矛盾. 所以由引理 6.2.6 可知 S/λ_I 是挠自由的. ■

引理 7.2.2 设 S 是带零的右可消幺半群, I 是 S 的右理想, 若 Rees 商 S-系 S/λ_I 是挠自由的, 那么 $I=S$ 或者 $|I|=1$.

证明 设 $\{0\}$ 是 S 的零元, 由已知条件, 仅需证明 I 不可能是 S 的元素个数大于 1 的真右理想, 否则存在 $0\neq c\in I$, c 是 S 的右可消元. 因为 S/λ_I 是挠自由的, 由 $1\cdot c\in I$ 推出 $1\in I$, 矛盾. ■

定理 7.2.3 对幺半群 S, 以下几条等价:

(1) 所有挠自由的右 Rees 商 S-系是平坦的;

(2) 所有挠自由的右 Rees 商 S-系是弱平坦的;

(3) S 是左几乎正则的, 并且 S 的任意两个左理想有非空的交.

证明 利用引理 6.2.4, 引理 6.2.5 和定理 6.2.8 容易证明. ■

命题 7.2.4 设 S 是幺半群, I 是 S 的真右理想, 则

(1) S/λ_I 是自由的;

(2) S/λ_I 是投射的;

(3) S/λ_I 是强平坦的;

(4) S/λ_I 是满足条件 (P);

(5) $\mid I\mid=1$.

证明 (1) $\Rightarrow$ (2) $\Rightarrow$ (3) $\Rightarrow$ (4) 显然;

(4) $\Rightarrow$ (5) 设 S/λ_I 满足条件 (P), 取 $x,y\in I$, 则 $x\lambda_I y$, 所有由命题 2.2.1 知, 存在 $u,v\in S$, 使得 $xu=yv, u\lambda_I 1\lambda_I v$. 因为 I 是 S 的真右理想, 所以 $u,v\notin I$. 因此 $u=1=v$, 从而 $x=y$. 所以 $\mid I\mid=1$.

(5) $\Rightarrow$ (1) 若 $\mid I\mid=1$, 则 $S/\lambda_I\cong S$ 是自由的. ■

定理 7.2.5 对幺半群 S, 以下两条等价:

(1) 所有挠自由的右 Rees 商 S-系满足条件 (P);

(2) S 是右可消幺半群, 并且 S 的任意两个左理想有非空的交, 或者 S 是含有零元的幺半群, 且所有非零元都右可消.

证明 (1)⇒(2) 令 $I = \{s \in S \mid s$ 是非右可消元$\}$, 则有以下两种情形:

(i) $I = \varnothing$. 此时 S 是右可消幺半群. 同时由 (1) 得所有主弱平坦的右 Rees 商 S-系是平坦的, 由定理 6.2.5 可知 S 的任意两个左理想有非空的交.

(ii) $I \neq \varnothing$. 则由引理 7.2.1 知 Rees 商右 S-系 S/λ_I 是挠自由的, 利用命题 6.2.4 可得 $|I| = 1$. 记 $I = \{z\}$. 对任意的 $x \in S$, 因为 I 是 S 的右理想, $zx \in I = \{z\}$, 即 $zx = z$, 说明 z 是 S 的左零元.

令 $K = \{s \in S \mid s$ 是 S 的左零元$\}$, 则 K 是 S 的右理想, 对任意的 $t \in S$ 以及右可消元 $c \in S$, 如果 $tc \in I$, 因为 tc 是左零元, 所以 $t \cdot c = tc \cdot c$, 但 c 是右可消元, 故 $t = tc \in I$. 说明 S/λ_I 是挠自由的, 故 S/λ_I 满足条件 (P). 由命题 6.2.4 可知 $|I| = 1$. 这说明 S 只有唯一的右零元, 易证该唯一的右零元就是 S 的 零元 0. 令 $C = S - \{0\}$, 则 C 中的元均是右可消元. 对任意的 $s, t \in C$, 必有 $st \in C$. 否则, 如果 $st = 0$, 则 $s \cdot t = 0 = 0 \cdot t$ 可得 $s = 0$, 矛盾. 所以 C 是 S 的子半群. 故 $S = C \dot{\cup} \{0\}$.

(2)⇒(1) 设 I 是 S 的右理想并且 S/λ_I 是挠自由的.

如果 S 是右可消幺半群, 并且 S 的任意两个左理想有非空的交. 由于 S 是右可消幺半群, 必为左几乎正则的, 由定理 6.2.8 知 S 是主弱平坦的. 因为 S 的任意两个左理想有非空的交, 由定理 6.2.5 得所有主弱平坦的右 Rees 商 S-系是平坦 (弱平坦) 的. 最后由 S 是右可消幺半群以及定理 5.2.7 易证所有弱平坦的右 S-系满足条件 (P).

如果 S 是带零的右可消幺半群, 由于 Rees 商 S-系 S/λ_I 是挠自由的, 由引理 6.2.4 可得 $I = S$ 或者 $|I| = 1$. 若 $I = S$, 则 $S/I = \Theta$, 由于 S 有零元, S 的任意两个左理想有非空的交, 由引理 6.2.5 得一元左 S-系 Θ 满足条件 (P). 若 $|I| = 1$, 则 $S/I = S$, 结论显然. ■

引理 7.2.6 设 S 是幺半群, 以下两条等价:

(1) 所有满足条件 (P) 的右 Rees 商 S-系是强平坦的;

(2) 如果 S 的任意两个左理想有非空的交, 则对任意的 $s, t \in S$, 存在 $u \in S$, 使得 $us = ut$.

证明 (1)⇒(2) 若 S 的任意两个左理想有非空的交, 由引理 6.2.4 知一元右 S-系 Θ 满足条件 (P), 由假设 Θ 是强平坦的, 由引理 6.2.4 知对任意的 $s, t \in S$, 存在 $u \in S$, 使得 $us = ut$.

(2)⇒(1) 设 I 是 S 的右理想并且右 Rees 商 S-系 S/λ_I 满足条件 (P). 如果 $I = S$, 显然 $S/I \simeq \Theta$, 故由引理 6.2.4 可知 S 的任意两个左理想有非空的交, 由假设对任意的 $s, t \in S$, 存在 $u \in S$, 使得 $us = ut$, 说明一元右 S-系 Θ 也满足条件 (E),

即 $S/I \simeq \Theta$ 是强平坦的. 如果 $I \neq S$, 则 I 是 S 的真右理想, 因为 S/λ_I 满足条件 (P), 由命题 6.2.4 得 $|I| = 1$. 说明 $S/I \simeq S$, 此时显然 S/λ_I 是强平坦的. ■

定理 7.2.7 对幺半群 S, 以下两条等价:

(1) 所有挠自由的右 Rees 商 S-系是强平坦的;

(2) S 是右可消幺半群且左 可折叠的 幺半群, 或者 S 是含有零元的幺半群, 且所有非零元都右可消.

证明 (1)⇒(2) 所有挠自由的右 Rees 商 S-系是强平坦的, 则所有挠自由的右 Rees 商 S-系满足条件 (P), 由定理 7.2.5 得 S 是右可消幺半群, 并且 S 的任意两个左理想有非空的交; 或者 S 是带零的右可消幺半群. 另一方面, 对前一情形, 由于所有挠自由的右 Rees 商 S-系是强平坦的, 则一元右 S-系 Θ 是强平坦的, 由定理 6.2.4 得对任意的 $s, t \in S$, 存在 $u \in S$, 使得 $us = ut$.

(2)⇒(1) 设 I 是 S 的右理想并且 S/λ_I 是挠自由的. 分以下两种情形讨论:

如果 S 是右可消幺半群, 并且 S 是左可折叠的幺半群. 由定理 7.2.5 可得所有挠自由的右 Rees 商 S-系满足条件 (P), 再由引理 7.2.6 可得所有挠自由的右 Rees 商 S-系是强平坦的.

如果 S 是含有零元的幺半群, 且所有非零元都右可消, 由于 Rees 商 S-系 S/λ_I 是挠自由的, 由引理 6.2.4 可得 $I = S$ 或者 $|I| = 1$. 若 $I = S$, 则 $S/I = \Theta$, 由于 S 有零元, S 是左可折叠的, 由引理 6.2.5 得一元左 S-系 Θ 是强平坦的. 若 $|I| = 1$, 则 $S/I = S$, 结论显然. ■

7.3 总结与启发

挠自由右 S-系的定义中, 用到一个很重要的性质, 就是幺半群 S 中的右可消元, 所以与挠自由相关的问题的研究, 自然地要考虑到右可消元的集合. 本章研究的公开问题, 主要的启发来自文献 [3]. 文献 [3] 中研究了所有循环系满足条件 (P) 的特征刻画, 证明了所有循环系满足条件 (P) 当且仅当 S 是群或者 0- 群, 即群并上零元构成的幺半群. 证明的过程, 主要先找到了右零元是集合, 并证明幺半群含有唯一的右零元, 进一步研究非右零元构成的集合, 证明该集合是群. 基本的过程, 利用了特殊的循环系, 即单循环系 $S/\lambda(x, x^2)$, 以及 Rees 商系 S/Sx, 按照从特殊到一般的研究思路, 结合构造性的方法.

本章所用方法的启发是: 特殊循环系, 构造新集合.

参 考 文 献

[1] Bulman-Fleming S. The classification of monoids by flatness properties of acts// Howie J M, Ruškuc N. ed. Proceedings of the Conference on Semigroups and Applications.

St. Andrews, U.K., London: World Scientific, 1998.

[2] Qiao H S, Wang L M, Liu Z K. On flatness properties of torsion free right Rees factor acts. Semigroup Forum, 2006, 73: 470-474.

[3] Liu Z K. Characterization of monoids by condition (P) of cyclic left acts. Semigroup Forum, 1994, 49: 31-39.

第 8 章　平坦是正则系的幺半群的刻画

8.1　问题的历史渊源

本章要研究的是:

公开问题　如何刻画所有平坦 S-系是正则系的幺半群?

正则系是正则幺半群的推广, 对于正则系的研究, 在 S-系理论中具有重要的理论意义. 在文献 [1, 2] 中, 系统研究了正则系的基本性质和相应的同调分类问题. 但还有一些问题遗留着, 其中一个很重要的公开问题就是如何刻画所有平坦 S-系是正则系的幺半群. 之所以说该问题重要, 是由于平坦性作为 S-系理论中最经典最重要的性质之一, 起到承上启下的作用, 围绕该性质遗留了很多公开问题, 迄今尚未解决. 这些问题的一部分得到解决, 有时会引起一系列问题的解决, 起到 "牵一发而动全身" 的作用.

直到 1996 年, 在文献 [3] 中完整地刻画了所有平坦 S-系是正则系的幺半群的特征. 本章的主要内容, 就是介绍该公开问题的解决方法. 文献 [2] 中, 对该公开问题, 只给出了部分的研究结果, 为了完整地讲清楚该问题的历史渊源, 定理 8.1.2 选自文献 [2], 基本上保持了 "原汁原味". 其余部分补充和简化了原证明, 以利于和本章 8.2 节的方法进行比较, 更好地理解不同的方法和思路, 对解决问题的区别.

关于正则性、投射性以及左 PP 幺半群的概念和基本性质, 参看 1.2 节.

定理 8.1.1　设 S 是幺半群, 以下条件等价:

(1) 所有自由左 S-系是正则的;

(2) 所有投射生成子是正则的;

(3) 所有投射左 S-系是正则的;

(4) S 是左 PP 幺半群.

证明　(3) $\Rightarrow$ (2) $\Rightarrow$ (1) 显然.

(1) $\Rightarrow$ (4)　由于 S 是自由的, 则由假设可得 S 是正则的, 由引理 1.2.9 知, S 的所有循环子系是投射的, 因此 S 是左 PP 幺半群.

(4) $\Rightarrow$ (3)　设 A 是投射右 S-系, 由定理 1.2.7 可知 $A \cong \amalg Se_i, e_i^2 = e_i \in S$. 因为 S 是左 PP 幺半群, 则由引理 1.2.9 知, Se_i 是正则的, 因此由引理 1.2.10 知 A 是正则的. ■

称幺半群 S 是周期的 (periodic), 如果对任意的 $s \in S$, 存在正整数 $k, l, k \neq l$, 使得 $s^k = s^l$. 称幺半群 S 是组合的 (combinatorial), 如果 S 的任意极大子群只有

一个元素. 容易看出, 幺半群 S 是周期的、组合的当且仅当对任意的 $s \in S$, 存在正整数 m, 使得 $s^m = s^{m+1}$. 这类幺半群在第 2 章出现过, 按照字面意思译为 "非周期的"(非周期性的).

定理 8.1.2 设 S 是左 PP 幺半群. 任取 $u \in S$, 如下定义 S 上的左同余 λ

$$s \,\lambda\, t \Longleftrightarrow \text{存在非负整数 } k,l, \text{ 使得 } su^k = tu^l.$$

设 I 是 S 的左理想, 要么 $I = Se$, e 是 S 的幂等元或者 I 仅仅由幂等元构成. 如果所有如上定义的循环系 S/λ 以及 Rees 商系 S/I 是正则的, 那么 $S = \{1\}$ 或者 $S = \{0,1\}$.

证明 $u \in S$ 是 S 中任意的元素, λ 如上定义, 由假设 S/λ 是正则的, 故 S/λ 必为投射的. 显然 $1\lambda u$. 因为投射系必是强平坦的, 由命题 2.2.1, 存在 $v \in S$, 使得 $v = uv, 1\lambda v$. 由 $1\lambda v$ 以及 λ 的定义, 存在非负整数 k,l, 使得 $u^k = vu^l$. 那么 $vu^l = uvu^l$, 或者 $u^k = u^{k+1}$. 换句话说, S 是周期的且组合的. 从而对任意的 $u \in S$, 存在正整数 m, 使得 u^m 是幂等元. 设 $1 \neq e \in S$ 是任意幂等元, 显然 Se 是 S 的真左理想. 由假设, S/Se 是正则的, 从而是投射的. 由命题 7.2.4 可知 $|Se|$ =1, 说明 e 是 S 的右零元. 假设 I 是 S 的全部右零元的集合. 若 $|I| \neq \varnothing$, 那么 I 是由幂等元构成的真左理想. 由假设 S/I 是正则的, 从而是投射的, 再次由命题 7.2.4 可知 $|I|$=1, 说明 I 中含有的唯一的元素, 即是 S 的零元. 故前面的幂等元 $u^m = 1$ 或者 $u^m = 0$. 如果对 S 中任意的元素, 只有前一种情形成立, 那么 S 是群. 特别地, 一元左 S-系 $\Theta = S/S1$ 是正则的, 因此 Θ 是投射的, 由引理 6.2.4 可得此时 S 含有右零元, 故 $S = \{1\}$. 对另一种情形, 可以假设 $S = G \cup N$, 其中 G 是由 S 中可逆元构成的群, N 是 nil 子半群, 对任意的 $x \in N$, 存在正整数 n, 使得 $x^n = 0$. 令 $g \in G$, $g \neq 1$, 令 ϱ 是 S 上如下定义的左同余

$$s \,\varrho\, t \Longleftrightarrow \text{存在非负整数 } k,l, \text{ 使得 } sg^k = tg^l.$$

由假设可知 S/ϱ 是正则的, 由假设 S/ϱ 是投射的. 显然 $1\varrho g$. 由命题 2.2.1, 存在 $v \in S$, 使得 $v = gv, 1\lambda v$. 由 $1\lambda v$ 可知存在非负整数 k,l, 使得 $g^k = vg^l$. 由等式 $g^k = vg^l$ 可得 $v \in G$, 从而由 $v = gv$ 得出 $g = 1$, 矛盾. 因此, $S = N^1$. 任取 $t \in N$, 若 $t \neq 0$. 因为 S 是左 PP 幺半群, 由定理 8.1.1 可知 S 是正则系, 由引理 1.2.10 可得 St 正则. 由正则系的定义, 存在同态 $f: St \to S$, 使得 $f(t)t = t$. 由于 $t \neq 0$, 故 $f(t) \neq 0$ 且显然是非零幂等元. 因此 $f(t) = 1$. 因为 $t \in N$, 存在正整数 $m \geqslant 2$, 使得 $t^m = 0$, 但 $t^{m-1} \neq 0$. 然而

$$0 \neq t^{m-1} = t^{m-1}1 = t^{m-1}f(t) = f(t^m) = f(0) = 0,$$

推出矛盾. 因此 $S = \{0,1\}$. ■

定理 8.1.3 设 S 是左可逆的幺半群. 所有平坦左 S-系是正则系当且仅当 $S=\{1\}$ 或者 $S=\{0,1\}$.

证明 充分性. 若 $S=\{1\}$, 按照正则系的定义, 设 A 是任意的左 S-系, 任取 $a\in A$, 只需要令存在的同态 $f: Sa\to S$ 为 $f(ua)=1, u\in S$. 若 $S=\{0,1\}$, 由引理 1.2.9, 假设 λ 是 S 上任意的左同余, 仅需证 S/λ 是投射的. 如果 $(0,1)\in\lambda$, 那么 $S/\lambda\simeq\Theta$, 那么由 S 中含有零元, 利用引理 6.2.4 的 (5) 可得 S/λ 是投射的. 如果 $(0,1)\notin\lambda$, 那么 $S/\lambda\simeq S$, 显然是投射的.

必要性. 所有平坦左 S-系是正则的, 则所有自由左 S-系是正则的, 说明 S 是左 PP 幺半群. 由文献 [4] 中命题 1.9, 按照定理 8.1.2 中方式定义的同余是平坦的, 故由假设这样的同余定义的循环系是正则的. 若 I 是 S 的左理想, 其中 e 是 S 的幂等元或者 I 仅仅由幂等元构成. 那么由文献 [5] 中的命题 6 可知, 这样的循环系均是平坦的. 故由假设可知这样循环系是正则的, 故由定理 8.1.2 可知 $S=\{1\}$ 或者 $S=\{0,1\}$. ■

将 8.1 节部分解决问题的方法, 与 8.2 节的研究方法比较, 还是有较大的区别的, 从中可以看出方法选择的不同, 对解决问题截然不同的难度和结果.

8.2 问题的研究进展

引理 8.2.1 设 $S=N^1$, 其中 N 是左零半群, A 是弱平坦左 S-系. 如果 $a\in A, s,t\in N$, 使得 $sa=ta$, 则 $s=t$.

证明 因为 $sa=ta$, 所以在 $S\otimes A$ 中有 $s\otimes a=t\otimes a$. 由于 A 是弱平坦的, 所以在 $(sS\cup tS)\otimes A$ 中有 $s\otimes a=t\otimes a$. 因此存在 $u_1,v_1,\cdots,u_n,v_n\in S, s_1,\cdots,s_n\in sS\cup tS, a_2,\cdots,a_n\in A$, 使得

$$
\begin{aligned}
&s=s_1u_1,\\
&s_1v_1=s_2u_2, && u_1a=v_1a_2,\\
&s_2v_2=s_3u_3, && u_2a_2=v_2a_3,\\
&\cdots\cdots && \cdots\cdots\\
&s_nv_n=t, && u_na_n=v_na.
\end{aligned}
$$

记 $s_0=s, s_{n+1}=t, s_i=w_it_i, t_i\in S, w_i\in\{s,t\}, i=1,\cdots,n$. 显然存在 i, 使得 $s_i=st_i, s_{i+1}=tt_{i+1}$. 所以有 $s=st_iv_i=s_iv_i=s_{i+1}u_{i+1}=tt_{i+1}u_{i+1}=t$. ■

定理 8.2.2 给出了本章公开问题的完整回答.

定理 8.2.2 对于幺半群 S, 以下几条等价:

(1) 所有平坦左 S-系是正则的;

(2) 所有弱平坦左 S-系是正则的;

(3) 任意平坦左 S-系的循环子系是强平坦的;

(4) 任意弱平坦左 S-系的循环子系是强平坦的;

(5) $S = N^1$, 其中 $N = \varnothing$, 或者 N 是左零半群.

证明　因为 S-系 A 是正则的当且仅当其循环子系是投射的, 所以 (1)⇒(3), (2)⇒(4)⇒(3) 是显然的. 只需证明 (5)⇒(2) 和 (3)⇒(5).

(5)⇒(2)　设 $S = \{1\}$, 则结论自然成立. 设 $S = N^1$, 其中 N 是左零半群. 设 A 是弱平坦 S-系, $a \in A$. 要证明 Sa 是投射 S-系.

设对任意 $s \in N$ 都有 $sa \neq a$. 规定映射 $f : Sa \to S$ 如下:

$$f(ta) = t, \quad \forall\, t \in S.$$

设 $ta = t'a, t, t' \in S$. 如果 $t, t' \in N$, 则由引理 8.2.1 知 $t = t'$. 如果 $t \in N, t' = 1$, 则 $ta = a$, 矛盾. 如果 $t' \in N, t = 1$, 也可得到矛盾. 因此 f 是有定义的. 显然 f 还是 S-同构, 所以 $Sa \simeq S$ 是投射的.

设存在 $s \in N$, 使得 $sa = a$. 作映射 $f : Sa \to Ss$ 如下:

$$f(a) = s,$$
$$f(ta) = t, \qquad t \in N.$$

利用引理 8.2.1 容易验证 f 是有定义的. 显然 f 还是 S-同构. 所以 $Sa \simeq Ss$ 是投射的.

(3)⇒(5)　设任意平坦 S-系的循环子系是强平坦的, 则任意平坦的循环 S-系是强平坦的. 由定理 3.2.13 知 S 是左谐零的, 即对任意 $1 \neq x \in S$, 存在 n, 使得 x^n 是 S 的左零元. 因为 S 是平坦系, 所以 S 的任意主左理想是强平坦的, 即 S 是左 PSF 幺半群. 由定理 1.3.18 知 S 中的任意元都是右半可消元.

设 $x \neq 1, x \in S$. 假定 n 是使得 x^n 为左零元的最小正整数. 如果 $n = 1$, 则 x 即为左零元. 设 $n > 1$. 因为

$$x^n x = x^n = x^{n-1} x,$$

而 x 是右半可消元, 所以存在 $u \in S$, 使得

$$x^n u = x^{n-1} u, \quad ux = x.$$

如果 $u = 1$, 则 $x^n = x^{n-1}$, 和 n 的最小性矛盾. 所以 $u \neq 1$. 因为 S 是左谐零的, 所以存在 m, 使得 u^m 是 S 的左零元. 因为

$$x = ux = u^2 x = \cdots = u^m x = u^m,$$

所以 x 是 S 的左零元. 这和 $n>1$ 矛盾. 所以 x 是 S 的左零元, 即 $S=N^1$, 其中 $N=\varnothing$, 或 N 是左零半群. ■

由定理 8.2.2 及其证明过程可以得到如下结论.

推论 8.2.3 对于幺半群 S, 以下几条等价:

(1) 所有循环平坦 S-系是正则的;

(2) 所有循环弱平坦 S-系是正则的;

(3) 任意循环平坦 S-系的循环子系是强平坦的;

(4) 任意循环弱平坦 S-系的循环子系是强平坦的;

(5) $S=N^1$, 其中 $N=\varnothing$, 或 N 是左零半群.

推论 8.2.4 对于幺半群 S, 以下几条等价:

(1) S 是右 PP 幺半群, 并且所有循环平坦左 S-系是强平坦的;

(2) $S=N^1$, 其中 $N=\varnothing$ 或 N 是左零半群.

推论 8.2.5 设 S 的任意两个主右理想的交非空, 则所有平坦 S-系是正则的当且仅当 $S=\{1\}$ 或者 $S=\{1,0\}$.

证明 由定理 8.2.2 立得. ■

定理 8.2.6 对于幺半群 S, 以下几条等价:

(1) 所有主弱平坦 S-系是正则的;

(2) 所有挠自由 S-系是正则的;

(3) 所有余自由 S-系是正则的;

(4) 所有内射 S-系是正则的;

(5) 所有弱内射 S-系是正则的;

(6) 所有主弱内射 S-系是正则的;

(7) 所有可除 S-系是正则的;

(8) 所有忠实 S-系是正则的;

(9) 所有 S-系是正则的;

(10) $S=\{1\}$ 或 $S=\{0,1\}$.

证明 (1)⇒(10) 设所有主弱平坦 S-系是正则的, 则所有平坦 S-系是正则的. 由定理 8.2.2 即知 $S=N^1$, 其中 $N=\varnothing$ 或 N 是左零半群. 设 $S\neq\{1\}$, 则 $N\neq\varnothing$. 显然 N 是 S 的真左理想. 因为 N 中的元皆为幂等元, 所以由命题 6.2.2 知 S/λ_N 是主弱平坦的, 因此由条件知 S/λ_N 是正则的, 从而 S/λ_N 是投射的, 所以满足条件 (P). 设 $x,y\in N$, 则 $x\lambda_N y$. 所以由命题 2.2.1 知存在 $u,v\in S$, 使得 $xu=yv$, 并且 $u\lambda_N 1\lambda_N v$. 由于 $1\notin N$, 所以 $u=1=v$, 故 $x=y$. 这说明 $|N|=1$. 所以 $S=\{1,0\}$.

(9)⇒(2)⇒(1) 及 (9)⇒(8), (9)⇒(7) ⇒(6) ⇒(5) ⇒(4)⇒(3) 都是显然的.

(8)⇒(9) 设 A 是任意 S-系, 令 $B=A\dot{\cup}S$, 则 B 是忠实的, 所以由条件知 B 是正则系, 从而由引理 1.2.10 知 A 是正则系. 故所有 S-系是正则的.

(3)⇒(9)　设 A 是任意 S-系, 由推论 6.1.3 知 A 可以嵌入 S-系 A^S 中, 而 A^S 是余自由的, 从而是正则的, 所以 A 是正则系. 这即证明了所有 S-系是正则的.

(10)⇒(9)　设 $S=\{1\}$, 则显然所有 S-系是正则的, 下设 $S=\{1,0\}$.

设 A 是任意 S-系, $a\in A$, 则 Sa 中最多只有两个元素: $a, 0a$. 设 $a=0a$, 则 $Sa\simeq S0$, 所以 Sa 是投射的. 设 $a\neq 0a$, 则容易证明 $Sa\simeq S1$, 因此 Sa 仍是投射的. 所以 A 是正则系. ■

8.3　总结与启发

本章的公开问题解决的关键在于, 首先猜测半群是左零半群, 然后利用张量积相等的条件: 设 A 是右 S-系, B 是左 S-系, $a,a'\in A, b,b'\in B$. 则在 $A\otimes B$ 中 $a\otimes b=a'\otimes b'$ 的充要条件是: 存在 $a_1,\cdots,a_n\in A, b_2,\cdots,b_n\in B$, $s_1,t_1,\cdots,s_n,t_n\in S$, 使得

$$
\begin{aligned}
&a=a_1s_1, & &\\
&a_1t_1=a_2s_2, & &s_1b=t_1b_2,\\
&a_2t_2=a_3s_3, & &s_2b_2=t_2b_3,\\
&\quad\cdots\cdots & &\quad\cdots\cdots\\
&a_nt_n=a', & &s_nb_n=t_nb'.
\end{aligned}
\tag{8.3.1}
$$

在具体研究弱平坦系的时候, 能够将等式组加以具体运用. 在证明了 S 是左零半群并上 1 构成的幺半群的时候, 再去证明正则性就不是很难. 所以, 首先猜测幺半群的可能的特征, 再大胆尝试, 是解决本章公开问题的重要一步. 另一方面, 如果借用平坦系是投射系的特征刻画, 即定理 3.2.13 来刻画这类幺半群, 会更简单一些, 而验证正则性, 则可以结合引理 1.2.9 来证明. 随着研究结果的推进, 新的成果的获得, 原来比较复杂的一些刻画结果, 例如 8.1 节的结论, 会变得更为简单. 无论是关于平坦系满足条件 (E) 的幺半群的将来的刻画, 还是平坦系推出条件 (P) 的问题的解决, 很重要的一个方面, 都与自然数有关, 要么是等式组的长度, 要么是左谐零元素的幂. 将来, 这两类问题的最终回答, 也许都要从这个角度着手, 可以作为未来努力的方向.

本章所用方法的启发是: 猜测新特征, 验证见真伪.

参 考 文 献

[1] Tran L H. Characterization of monoids by regular acts. Periodica Mathematica Hungarica, 1985, 16: 273-279.

[2] Kilp M, Knauer U. Characterization of monoids by properties of regular acts. Journal of Pure and Applied Algebra, 1987, 46: 217-231.

[3] Liu Z K. Monoids over which all flat left acts are regular. Journal of Pure and Applied Algebra, 1996, 111: 199-203.

[4] Kilp M, Knauer U. On free, projective and strongly flat acts. Archiv der Mathematik, 1986, 47: 17-23.

[5] Kilp M. Characterization of monoids by properties of their left Rees factors. Uch. Zap. Tartu Un-ta, 1983, 640: 29-37.

第 9 章　正则系是平坦系的幺半群的刻画

9.1　问题的历史渊源

本章要研究的是:

公开问题　如何刻画所有正则 S-系是平坦 (弱平坦、主弱平坦) 系的幺半群?

文献 [1, 2] 中遗留了很多重要的公开问题, 主要是关于平坦性和正则性的, 其中一个很重要的公开问题就是如何刻画所有正则 S-系是平坦系 (主弱平坦系) 的幺半群. 该问题将 S-系理论中很重要的两类性质联系在一起, 其研究具有重要的理论意义.

1995 年, 在文献 [3] 中彻底回答了这个公开问题, 即给出了所有正则 S-系是平坦系 (主弱平坦系) 的幺半群的特征, 其研究方法和思路部分来自文献 [2], 但比文献 [2] 有进一步的发展和创新, 可以通过比较两篇文章的证明过程, 感受其区别与联系. 9.1 节主要介绍文献 [2] 中给出的结果.

例 9.1.1　设 Se 是 S 的正则左理想, $u \in S$, $I \subseteq S$ 是 S 的左理想使得 $I \subseteq Sue$, $I \neq Sue$. 设 $x, y, z \notin S$,

$$\begin{aligned} M =& \{(x, sue) | s \in S, sue \notin I\} \cup \{(y, sue) | s \in S, sue \notin I\} \\ & \cup \{(z, sue) | s \in S, sue \in I\}. \end{aligned}$$

定义 M 上的左乘运算如下: $t \in S$, 定义

$$t(w, sue) = \begin{cases} (w, tsue), & tsue \notin I, w \in \{x, y\}, \\ (z, tsue), & tsue \in I, \end{cases}$$

$$t(z, sue) = (z, tsue), \quad t \in S.$$

易证 M 有两个生成元 (x, ue) 和 (y, ue) 的左 S-系. M 的子系 $\{(x, sue)\} \cup \{(y, sue)\}$ 和 $\{(y, sue)\} \cup \{(z, sue)\}$ 同构于 $Sue \subset Se$, 且显然 M 是正则的.

定理 9.1.2　设所有正则左 S-系是主弱平坦的, 则 se 是 S 的正则元, 其中 $e \in T, s \in S$.

证明　设 $s \in S$, $e^2 = e \in T$. 设存在 $t \in S$, 使得 $tse = e$, 则 $se = setse$, 即 se 是正则元. 另一方面有 $Sse \subset Se$. 现在设 M 是例 9.1.1 中的正则 S-系, 其中 $u = 1$. 由假设 M 是主弱平坦的.

因为 $se(e,x)=(se,z)=se(e,y)$, 所以由 M 的主弱平坦性知在 $seS\otimes M$ 中有 $se\otimes(e,x)=se\otimes(e,y)$, 因此由定理 1.3.3 可得, 存在 $s_1,t_1,\cdots,s_n,t_n\in S, a_1,\cdots,a_n\in M, u_2,\cdots,u_n\in seS$, 使得

$$
\begin{aligned}
& & (e,x)&=s_1a_1,\\
ses_1&=u_2t_1, & t_1a_1&=s_2a_2,\\
&\cdots\cdots & &\cdots\cdots\\
u_ns_n&=set_n, & t_na_n&=(e,y).
\end{aligned}
$$

设 $a_i=(p_i,w_i)$, 其中 $p_i\in S, w_i\in\{x,y,z\}$. 由上述等式组可知存在某个 i, 使得 $w_i=z$, 因此 $t_ip_i\in Sse$. 所以有 $se=se(s_1p_1)=(ses_1)p_1=u_2t_1p_1=u_2s_2p_2=\cdots=u_is_ip_i=u_{i+1}t_ip_i\in u_{i+1}Sse$. 又因为 $u_{i+1}\in seS$, 所以 $se\in seSse$, 即 se 是正则元. ■

定理 9.1.3 设 S 的所有幂等元是中心的. 如果 se 是正则元, 其中 $s\in S, e^2=e\in T$, 则所有正则左 S-系是主弱平坦的.

证明 要证所有正则左 S-系是主弱平坦的, 只要说明所有正则左 S-系有两个生成元是主弱平坦的. 设 $A=Sm\cup Sn$ 是正则左 S-系, 任取 $a\in S$, 设 $a\otimes m=a\otimes n$ 在 $S\otimes A$ 中成立. 需证 $a\otimes m=a\otimes n$ 在 $aS\otimes A$ 中成立. 因为 $a\otimes m=a\otimes n$ 在 $S\otimes A$ 中成立, 所以 $am=an$. 由于 a 是正则元, 则由引理 1.2.9 可知存在同构 $g:Sm\to Se, h:Sn\to Sf$, 使得 $g(m)=e=e^2\in T$, $h(n)=f=f^2\in T$, 特别地, $em=m, fn=n$. 因为幂等元是中心的, 所以有

$$am=aem=aen=an=afn=afm.$$

通过假设存在 $u,v\in S$, 使得 $ae=aeuae, af=afvaf$, 因此 aeu, afv 是中心元. 则

$$
\begin{aligned}
a\otimes m&=a\otimes em=ae\otimes m=aeuae\otimes m=aeu\otimes aem=aeu\otimes afn\\
&=aeuaf\otimes n=aeu(afv)\otimes n=afvaeu\otimes afn=afvaeu\otimes aen\\
&=afv(aeuae)\otimes n=afvae\otimes n=afv\otimes aen=afv\otimes an=afva\otimes n\\
&=afva\otimes fn=agvaf\otimes n=af\otimes n=a\otimes fn=a\otimes n.
\end{aligned}
$$

故 A 是主弱平坦的. ■

8.2 节彻底给出了所有正则 S-系是平坦 (弱平坦、主弱平坦) 系的幺半群的特征, 没有用到幂等元是中心元的条件. 特别重要的方面在于数学归纳法的巧妙应用, 这一点和第 3 章有异曲同工之妙.

9.2 问题的研究进展

引理 9.2.1　设存在正则 S-系, 则 S 中有一个最大的正则左理想.

证明　设 A 是正则 S-系, $a \in A$, 由引理 1.2.9 知有 S-同构 $Sa \to Se$, $e \in E(S)$. 由引理 1.2.10 知 Sa 是正则 S-系, 所以 Se 也是正则 S-系, 这说明 S 中有正则左理想.

令 T 为 S 的所有正则左理想的并, 则由引理 1.2.10 知 T 是正则的. 显然 T 还是最大的正则左理想. ■

定理 9.2.2　对于幺半群 S, 以下几条等价:

(1) 所有正则 S-系是平坦的;

(2) 所有正则 S-系是弱平坦的;

(3) 所有正则 S-系是主弱平坦的;

(4) 对任意 $s \in S$, 任意 $e^2 = e \in T(S), se$ 是 S 的 von Neumann 正则元.

证明　(1)⇒(2)⇒(3) 显然.

(3)⇒(4)　由引理 9.1.2 可得结论成立.

(4)⇒(1)　设 B 是正则 S-系, A 是任意右 S-系, $a, a' \in A$, $b, b' \in B$, 在 $A \otimes B$ 中有 $a \otimes b = a' \otimes b'$, 所以存在 $a_1, \cdots, a_n \in A, b_2, \cdots, b_n \in B$, $s_1, t_1, \cdots, s_n, t_n \in S$, 使得

$$\begin{array}{ll} a = a_1 s_1, & \\ a_1 t_1 = a_2 s_2, & s_1 b = t_1 b_2, \\ \cdots\cdots & \cdots\cdots \\ a_n t_n = a', & s_n b_n = t_n b'. \end{array}$$

记 $b_1 = b, b_{n+1} = b'$. 因为 $b_1, \cdots, b_{n+1}$ 是 B 中的正则元, 所以存在 $e_1, \cdots, e_{n+1} \in E(S)$, 使得 $\{b_1, e_1\}, \{b_2, e_2\}, \cdots, \{b_{n+1}, e_{n+1}\}$ 是 B 的正则对. 因此有如下的等式组

$$\begin{array}{ll} ae_1 = a_1 s_1 e_1, & \\ a_1 t_1 e_2 = a_2 s_2 e_2, & s_1 e_1 b = t_1 e_2 b_2, \\ a_2 t_2 e_3 = a_3 s_3 e_3, & s_2 e_2 b_2 = t_2 e_3 b_3, \\ \cdots\cdots & \cdots\cdots \\ a_n t_n e_{n+1} = a' e_{n+1}, & s_n e_n b_n = t_n e_{n+1} b'. \end{array}$$

下面对 n 用数学归纳法证明在 $(aS \cup a'S) \otimes B$ 中有 $a \otimes b = a' \otimes b'$.

设 $n=1$, 则有

$$ae_1 = a_1 s_1 e_1,$$
$$a_1 t_1 e_2 = a' e_2, \qquad s_1 e_1 b = t_1 e_2 b'.$$

由引理 9.2.1 的证明知 Se_1 是正则左理想, 所以 $e_1 \in T(S)$. 由条件可知 $s_1 e_1$ 是正则元, 故存在 $u \in S$, 使得 $s_1 e_1 = s_1 e_1 u s_1 e_1$. 所以

$$t_1 b' = s_1 b = s_1 e_1 b = s_1 e_1 u s_1 e_1 b = s_1 e_1 u s_1 b = s_1 e_1 u t_1 b'.$$

因为 $\{b', e_2\}$ 是正则对, 所以有 $t_1 e_2 = s_1 e_1 u t_1 e_2$. 因此在 $(aS \cup a'S) \otimes B$ 中有

$$\begin{aligned} a \otimes b &= a \otimes e_1 b = ae_1 \otimes b = a_1 s_1 e_1 \otimes b \\ &= a_1 s_1 e_1 u s_1 e_1 \otimes b = a_1 s_1 e_1 u \otimes s_1 e_1 b \\ &= a_1 s_1 e_1 u \otimes t_1 e_2 b' = a_1 s_1 e_1 u t_1 e_2 \otimes b' \\ &= a_1 t_1 e_2 \otimes b' = a' e_2 \otimes b' = a' \otimes e_2 b' \\ &= a' \otimes b'. \end{aligned}$$

设 $n \geqslant 2$. 因为 $Se_1 \simeq Sb_1$ 是正则系, 所以 $e_1 \in T(S)$. 因此存在 $s_1' \in S$, 使得 $s_1 e_1 = s_1 e_1 s_1' s_1 e_1$. 从 $s_1 b = t_1 b_2$ 可得

$$t_1 b_2 = s_1 b = s_1 e_1 b = s_1 e_1 s_1' s_1 e_1 b = s_1 e_1 s_1' t_1 b_2.$$

由于 $\{b_2, e_2\}$ 是正则对, 所以有 $t_1 e_2 = s_1 e_1 s_1' t_1 e_2$. 由归纳假定知在 $(a_1 t_1 e_2 S \cup a' e_{n+1} S) \otimes B$ 中有 $a_1 t_1 e_2 \otimes b_2 = a' e_{n+1} b'$ (利用框线内的等式组). 因为

$$a_1 t_1 e_2 = a_1 s_1 e_1 s_1' t_1 e_2 = a e_1 s_1' t_1 e_2 \in aS,$$

所以在 $(aS \cup a'S) \otimes B$ 中有

$$a' \otimes b' = a' \otimes e_{n+1} b' = a' e_{n+1} \otimes b' = a_1 t_1 e_2 \otimes b_2.$$

对于前两行的等式组, 利用归纳假定可知在 $(aS \cup a_2 s_2 e_2 S) \otimes B$ 中有 $ae_1 \otimes b = a_2 s_2 e_2 \otimes b_2$. 由于 $a_2 s_2 e_2 = a_1 t_1 e_2 \in aS$, 所以在 $(aS \cup a'S)$ 中有 $a \otimes b = a \otimes e_1 b = ae_1 \otimes b = a_2 s_2 e_2 \otimes b_2$.

综上, 结合前面的结果即可知在 $(aS \cup a'S) \otimes B$ 中有 $a \otimes b = a' \otimes b'$. 因此 B 是平坦的. ■

推论 9.2.3 对于幺半群 S, 以下两条等价:

(1) S 是正则幺半群;

(2) S 是左 PP 幺半群, 并且所有正则 S-系是平坦 (弱平坦、主弱平坦) 的.

证明 S 是左 PP 幺半群当且仅当 ${}_S S$ 是正则 S-系, 当且仅当 $T(S) = S$. 所以由定理 9.2.2 即得本推论. ■

9.3 总结与启发

该公开问题的解决, 有两个方面可圈可点, 从思想方法的角度值得格外重视, 并且与其余问题的研究具有某种内在联系.

一方面, 就是例 9.1.1 中给出的结构. 在 9.5 节专门讨论了融合余积 $A(I)$, 该结构在同调分类问题的研究中起到了重要作用, 从前面的讨论可以看出, 例 9.1.1 中给出的结构, 对得到所有正则系是平坦系的幺半群的必要条件起到了关键作用. 更一般地, 如果结构中的 Se, Sue, I 取成一般的理想, 根据问题研究的需要, 可以构造出类似的新结构, 可以令人惊叹地解决问题. 可以认为, 融合余积 $A(I)$, 第 6 章讲到的可除扩张, 以及例 9.1.1, 值得格外重视和深入研究, 在将来解决公开问题的过程中, 会起到关键作用.

另一方面, 就是证明正则系是平坦系的幺半群的充分性的时候, 构造特殊的等式组巧妙采用数学归纳法. 这种技巧和方法, 在第 3 章就出现过, 而且可以看成解决该公开问题的关键方法, 特别值得进一步深入研究, 如果能一般化, 也许对很多问题的解决起到举足轻重的作用. 当然, 也用到了两边同乘元素等技巧, 该技巧在第 2 章也反复用到. 由此可得启示, 问题解决的方法, 往往具有某种内在联系, 如何发现这种联系, 是值得格外重视的.

本章所用方法的启发是: 构造巧结构, 数学归纳法.

参 考 文 献

[1] Tran L H. Characterization of monoids by regular acts. Periodica Mathematica Hungarica, 1985, 16: 273-279.

[2] Kilp M, Knauer U. Characterization of monoids by properties of regular acts. Journal of Pure and Applied Algebra, 1987, 46: 217-231.

[3] Liu Z K. Monoids over which all regular left acts are flat. Semigroup Forum, 1995, 50: 135-139.

第 10 章　强平坦系的正则性

10.1　问题的历史渊源

本章要研究的是:

公开问题　如何刻画所有强平坦 S-系是正则系的幺半群?

强平坦系的正则性研究, 也就是如何刻画所有强平坦系是正则系的幺半群, 这是文献 [1] 中遗留的公开问题. 文献 [1] 只是部分地回答了这个公开问题, 在 10.1 节先介绍这个结果.

称幺半群是半完全的, 如果所有强平坦的循环右 S-系是投射的. 下面的引理 10.1.1 是由文献 [2] 中给出的, 这里按照最新的概念, 以左系的方式给出这个结论, 原文中的 "弱平坦" 就是后来被广泛研究的强平坦的概念.

引理 10.1.1　任意有限生成的强平坦左 S-系是循环左 S-系的不交并.

证明　假设 A 是有限生成的强平坦左 S-系, $x_1, x_2, \cdots, x_n$ 是 A 的生成元集合中个数最少的生成集. 则 $A = \coprod_{i\in I} Sx_i$. 因为如果存在 $i, j \in \{1, 2, \cdots, n\}$, $i \neq j$, 以及 $s, t \in S$, 使得 $sx_i = tx_j$. 那么因为 A 是有限生成的强平坦左 S-系, 必满足条件 (P), 故存在 $u, v \in S$, $a' \in A$, 使得 $x_i = ua', x_j = va'$, $su = tv$. 这说明 $x_1, x_2, \cdots, x_n$ 的个数还可以减少, 与其个数最少矛盾. ■

显然, 引理 10.1.1 中的强平坦性质改为条件 (P), 结论也是成立的, 即命题 1.5.1.

文献 [1] 中证明了如下部分的结论, 即定理 10.1.2.

定理 10.1.2　如果所有强平坦的左 S-系是正则的, 那么 S 是半完全的 PP 幺半群. 如果 S 是半完全的 PP 幺半群, 则所有有限生成的强平坦的左 S-系是正则的.

证明　若所有的强平坦左 S-系是正则的, 则所有循环强平坦左 S-系是正则的, 故由引理 1.2.10 可知所有循环强平坦左 S-系是投射的. 说明 S 是半完全的. 如果所有强平坦的右 S-系是正则的, 则自由左 S-系是正则的, 故由定理 8.1.1 可得 S 是左 PP 幺半群.

另一方面, 假设 A 是有限生成的强平坦的左 S-系, 由引理 9.1.1 可得 A 是循环左 S-系的不交并, 这些循环左 S-系显然是强平坦的. 不妨记 $A = \coprod_{i\in I} A_i$. 由于 S 是半完全的幺半群, 则每一个 $A_i (i \in I)$ 是投射的. 又因为 S 是 PP 幺半群, 由定理 8.1.1 可得每一个 A_i 是正则的, 故由引理 1.2.10 可得 A 是正则的. ■

10.2 问题的研究进展

本节的主要结论, 选自文献 [3—5]. 本节的公开问题, 首先在文献 [4] 中给予了完整的回答, 后来在文献 [5] 中进一步给出了新的刻画.

引理 10.2.1 对于幺半群 S, 以下几条等价:

(1) 所有循环的强平坦 S-系是投射的.

(2) S 满足以下条件:

(FP_1) 对任意的 $q_0, q_1, \cdots \in S$, 若 $q_{i-1}q_i = q_i, i = 1, \cdots$, 则存在 m, 使得对所有的 $i = 0, 1, \cdots$, 有 $q_i q_m = q_m$;

(FP_2) 设 M 是 $E(S)$ 的子集合, 如果对于任意 $e_1, \cdots, e_n, f_1, \cdots, f_m \in M$, 存在 $f \in M$, 满足 $e_1 \cdots e_n f = f_1 \cdots f_m f$, 那么 S 的子半群 $\langle M \rangle$ 中含有右零元.

证明 (2)⇒(1) 设 Sx 是强平坦的循环 S-系. 若 $s, t \in S$, 使得 $sx = tx$, 则由命题 1.3.17 知存在 $q_0 \in S$, 使得 $sq_0 = tq_0$, 并且 $x = q_0 x$. 对于 $x = q_0 x$, 再由命题 1.3.17 知存在 $q_1 \in S$, 使得 $q_1 = q_0 q_1$, 并且 $q_1 x = x$. 继续上述过程可知存在 $q_0, q_1, \cdots \in S$, 使得 $q_i x = x (i = 0, 1, \cdots)$, 并且 $q_{i-1} q_i = q_i (i = 1, \cdots)$. 由条件 ($\mathrm{FP}_1$) 知存在 q_m, 使得 $q_i q_m = q_m, i = 0, 1, \cdots$. 显然 $q_m \in E(S)$, 并且 $q_m x = x$. 令

$$M(s,t) = \{q_m \in S \mid \text{存在 } q_0, q_1, \cdots \in S, \text{使得 } q_i q_{i+1} = q_{i+1}, \\ q_i x = x,\ sq_i = tq_i,\ q_i q_m = q_m,\ i = 0, 1, \cdots\},$$

则 $M(s,t) \neq \varnothing$. 令

$$M = \bigcup_{s,t \in S} M(s,t),$$

则 $M \subseteq E(S)$.

设 $e_1, \cdots, e_n, f_1, \cdots, f_m \in M$, 则 $e_1 \cdots e_n x = e_1 \cdots e_{n-1} x = \cdots = e_1 x = x$, 同理 $f_1 \cdots f_m x = x$, 所以 $(e_1 \cdots e_n)x = (f_1 \cdots f_m)x$. 由 M 的构造可知存在 $f \in M(e_1 \cdots e_n, f_1 \cdots f_m) \subseteq M$, 使得 $e_1 \cdots e_n f = f_1 \cdots f_m f$. 所以由条件 ($\mathrm{FP}_2$) 知 $\langle M \rangle$ 中存在右零元 e. 下面证明 $Sx \simeq Se$.

作映射 $\alpha : Sx \to Se$ 如下: 对任意的 $s \in S$, 有

$$\alpha(sx) = se.$$

设 $sx = tx$, 则由前面的讨论知存在 $q_m \in M$, 使得 $sq_m = tq_m$, 所以 $se = sq_m e = tq_m e = te$. 因此 α 是映射. 显然 α 还是 S-满同态. 设 $se = te$. 因为 $e \in \langle M \rangle$, 所以 $ex = x$, 因此 $sx = sex = tex = tx$. 这说明 α 还是单同态. 所以有 S-同构 $Sx \simeq Se$, 从而 Sx 是投射的.

(1)⇒(2) 设 $q_0, q_1, \cdots \in S$, 满足 $q_{i-1}q_i = q_i, i = 1, 2, \cdots$. 令 Q 是由 $1, q_0, q_1, \cdots$ 生成的 S 的子半群. 如下定义 S 上的关系 σ:

$$s\ \sigma\ t \Longleftrightarrow \text{存在 } p, q \in Q, r \in S, \text{使得 } s = rp, t = rq.$$

记 λ 为 σ 的传递闭包即 $\lambda = \bigcup_{n=0}^{\infty} \sigma^n$. 容易证明 λ 是 S 上的左同余. 下面先证明 S/λ 是强平坦 S-系.

设 $u\lambda v$, 则存在 n', 使得 $u\sigma^{n'}v$. 所以存在 $u_1, \cdots, u_{n'-1}$, 使得 $u\sigma u_1 \sigma u_2 \cdots \sigma u_{n'-1}\sigma v$. 因此存在 $r_1, \cdots, r_{n'} \in S$, 使得

$$\begin{aligned} &u = r_1 q_{j_1} \cdots q_{j_{n_1}}, && u_1 = r_1 q_{i_1} \cdots q_{i_{m_1}}, \\ &u_1 = r_2 q_{k_1} \cdots q_{k_{n_2}}, && u_2 = r_2 q_{l_1} \cdots q_{l_{m_2}}, \\ &\cdots\cdots && \cdots\cdots \\ &u_{n'-1} = r_{n'} q_{s_1} \cdots q_{s_{n_{n'}}}, && v = r_{n'} q_{t_1} \cdots q_{t_{m_n}}, \end{aligned}$$

这里带下标的 $q \in \{q_0, q_1, \cdots\}$, 因为有 $q_{i-1}q_i = q_i, i = 1, 2, \cdots$, 所以还可以假定上述每个等式中 q 的下标是递减的 (可以相等). 设在上述等式组中出现的 q 的最大下标为 k, 用 q_{k+1} 右乘以上各式, 可得

$$uq_{k+1} = r_1 q_{k+1} = u_1 q_{k+1} = r_2 q_{k+1} = \cdots = r_{n'} q_{k+1} = v q_{k+1}.$$

显然有 $1\sigma q_{k+1}$, 所以 $q_{k+1}\lambda 1$. 因此由命题 2.2.2 知 S/λ 是强平坦的.

由条件知 S/λ 是投射的, 所以存在 $e \in E(S)$, 使得 $Se \simeq S/\lambda$. 设 $\beta: Se \to S/\lambda$ 是同构, $\beta(e) = \overline{r}, \beta(r'e) = \overline{1}, r, r' \in S$, 则 $rr'e = r\beta^{-1}(\overline{1}) = \beta^{-1}(\overline{r}) = e$, 所以 $r'err'er = r'er \in E(S)$. 令 $f = r'er$, 作映射 $\varphi: S/\lambda \to Sf$ 为: $\varphi(\overline{s}) = sf$. 若 $\overline{s} = \overline{t}$, 则 $sr'er = s\beta^{-1}(\overline{1})r = \beta^{-1}(\overline{s})r = t\beta^{-1}(\overline{1})r = tr'er$, 所以 φ 是映射. 若 $sf = tf$, 则 $\overline{s} = s\overline{1} = s\beta(r'e) = sr'e\beta(e) = sr'e\overline{r} = \overline{sr'er} = \overline{sf} = \overline{tf} = tr'e\overline{r} = tr'e\beta(e) = t\beta(r'e) = t\overline{1} = \overline{t}$. 所以 φ 是单同态, 从而 $\varphi: S/\lambda \to Sf$ 是同构, 并且 $\varphi(\overline{1}) = f$.

对任意 $i = 0, 1, \cdots, q_i\lambda 1$, 所以 $\overline{q_i} = \overline{1}$, 因此

$$f = \varphi(\overline{1}) = \varphi(\overline{q_i}) = q_i f.$$

又因为 $\varphi(\overline{f}) = \varphi(f\overline{1}) = f\varphi(\overline{1}) = ff = f = \varphi(\overline{1})$, 所以 $\overline{f} = \overline{1}$. 从而 $f\lambda 1$. 同前面的证明类似地可知存在 q_m, 使得 $fq_m = 1 \cdot q_m = q_m$. 所以对于 $i = 0, 1, \cdots$,

$$q_i q_m = q_i(fq_m) = (q_i f)q_m = fq_m = q_m,$$

即 S 满足条件 (FP_1).

设 $E(S)$ 的子集合 M 具有以下性质: 对任意 $e_1,\cdots,e_n,f_1,\cdots,f_m\in M$, 存在 $f\in M$ 满足 $e_1\cdots e_nf=f_1\cdots f_mf$. 记 Q 为由 $M\cup\{1\}$ 生成的 S 的子半群. 在 S 上定义关系 σ 如下:

$$s\sigma t\Leftrightarrow \text{存在 } p,q\in Q,r\in S,\ \text{使得 } s=rp,t=rq.$$

记 λ 为 σ 的传递闭包, 则 λ 是 S 上的左同余. 下面证明 S/λ 是强平坦系.

设 $u,v\in S$ 满足 $u\lambda v$, 则存在 $u_1,\cdots,u_{n-1}\in S$, 使得 $u=u_0\sigma u_1\sigma\cdots\sigma u_{n-1}\sigma u_n=v$. 对于 $u_0\sigma u_1$, 存在 $p,q\in Q,r\in S$, 使得 $u_0=rp,u_1=rq$. 所以 $u_0=re_1\cdots e_l$, $u_1=rf_1\cdots f_m$, 这里 $e_1,\cdots,e_l,f_1,\cdots,f_m\in M,m,l\geqslant 0$. 由 M 的性质可知存在 $g_1\in M$, 使得 $e_1\cdots e_lg_1=f_1\cdots f_mg_1$. 所以

$$u_0g_1=re_1\cdots e_lg_1=rf_1\cdots f_mg_1=u_1g_1,$$

$$\sigma u_2g_1\sigma\cdots\sigma u_{n-1}g_1\sigma u_ng_1,$$

这里利用了事实: $s\sigma t,g\in Q\Rightarrow sg\sigma tg$.

对于 $u_1g_1\sigma u_2g_1$, 类似于上面的讨论可知存在 $g_2\in M$, 使得

$$u_0g_1g_2=u_1g_1g_2=u_2g_1g_2\sigma u_3g_1g_2\sigma\cdots\sigma u_ng_1g_2.$$

继续上述过程可知存在 $g_1,g_2,\cdots,g_n\in M$, 使得

$$u_0g_1g_2\cdots g_n=u_ng_1g_2\cdots g_n,$$

即 $ug_1\cdots g_n=vg_1\cdots g_n$. 又由 λ 的定义容易证明 $g_1\cdots g_n\lambda 1$, 所以由命题 2.2.2 知 S/λ 是强平坦的.

由条件知 S/λ 是投射的, 所以类似于前面的证明可知存在 $e\in E(S)$, 使得 $\alpha:S/\lambda\to Se$ 是 S-同构并且 $\alpha(\overline{1})=e$. 因为 $\alpha(\overline{e})=e\alpha(\overline{1})=ee=e=\alpha(\overline{1})$, 所以 $\overline{e}=\overline{1}$. 因此对任意 $f\in M$, 有

$$e=\alpha(\overline{1})=\alpha(\overline{f})=f\alpha(\overline{1})=fe.$$

由 $e\lambda 1$ 可知存在 $u_1,\cdots,u_{n-1}\in S$, 使得 $e=u_0\sigma u_1\sigma\cdots\sigma u_{n-1}\sigma u_n=1$. 类似于前面的证明可知存在 $g_1,\cdots,g_n\in M$, 使得 $eg_1\cdots g_n=g_1\cdots g_n$. 所以对任意 $f\in M$,

$$\begin{aligned}fg_1\cdots g_n&=f(eg_1\cdots g_n)=(fe)g_1\cdots g_n\\&=eg_1\cdots g_n=g_1\cdots g_n.\end{aligned}$$

这说明 $g_1\cdots g_n\in\langle M\rangle$ 是 $\langle M\rangle$ 中的右零元. 所以 S 满足条件 (FP_2). ■

定理 10.2.2 对于幺半群 S, 以下几条等价:

(1) 所有强平坦 S-系是正则的;

(2) S 是左 PP 幺半群并且满足条件:

(FP_2) 设 M 是 $E(S)$ 的子集合, 如果对于任意 $e_1,\cdots,e_n,f_1,\cdots,f_m\in M$, 存在 $f\in M$, 满足 $e_1\cdots e_nf=f_1\cdots f_mf$, 那么 S 的子半群 $\langle M\rangle$ 中含有右零元.

证明 (1)⇒(2) 由定理 8.1.1 即知 S 是左 PP 幺半群. 因为所有强平坦 S-系是正则的, 所以所有循环的强平坦 S-系是投射的, 因此由定理 10.2.1 知 S 满足条件 (FP_2).

(2)⇒(1) 设 A 是强平坦 S-系, $a\in A$. 证明 a 是 A 的正则元即可. 令

$$\mathrm{ann}(a)=\{(s,t)|s,t\in S,sa=ta\}.$$

考虑两种情形:

(i) $\mathrm{ann}(a)=1_S$. 此时 $Sa\simeq S$, 所以 $\{a,1\}$ 是 A 的正则对.

(ii) $\mathrm{ann}(a)\neq 1_S$. 此时存在 $s\neq t$, 但 $sa=ta$. 因为 A 是强平坦系, 所以 A 满足条件 (E), 从而存在 $a'\in A,u\in S$, 使得

$$su=tu,\quad a=ua'.$$

又因为 S 是左 PP 幺半群, 所以存在 $e\in E(S)$, 使得 $se=te,u=eu$. 因此 $ea=eua'=ua'=a$. 令

$$M=\{e\in E(S)\mid ea=a\},$$

则 $M\neq\varnothing$. 设 $e_1,\cdots,e_n,f_1,\cdots,f_m\in M$, 则显然有

$$e_1\cdots e_na=a=f_1\cdots f_ma,$$

所以 $(e_1\cdots e_n,f_1\cdots f_m)\in\mathrm{ann}(a)$. 类似于前面的证明可知存在 $f^2=f\in S$, 使得 $e_1\cdots e_nf=f_1\cdots f_mf$ 并且 $fa=a$. 所以 $f\in M$. 因此由条件 (FP_2) 知 $\langle M\rangle$ 中含有右零元, 设其为 θ. 显然 $\theta=f_1\cdots f_k$, 其中 $f_1,\cdots,f_k\in M$. 所以 $\theta a=a$. 设 $sa=ta$, 则由前面的证明知存在 $e^2=e\in S$, 使得 $se=te$, 并且 $ea=a$, 所以 $e\in M$. 因此 $s\theta=s(e\theta)=se\theta=te\theta=t(e\theta)=t\theta$. 这说明 $\{a,\theta\}$ 是 A 的正则对.

因此 a 是 A 的正则元, 从而 A 是正则 S-系. ■

引理 10.2.3 设 S 是左 PSF 幺半群, 则每一个满足条件 (E) 的左 S-系的循环子系是强平坦的.

证明 设 A 是满足条件 (E) 的左 S-系. 对任意的 $a\in A$, 定义左 S-同态 $\varphi:S\mapsto Sa$ 为 $\varphi(s)=sa$. 显然循环子系 Sa 同构于循环 S-系 S/ρ, 其中 $\rho=\mathrm{Ker}\varphi=\{(s,t)\in S\times S|sa=ta\}$. 对任意的 $u,v\in S$, 若 $u\rho v$, 则 $ua=va$. 由于 A 满足条件

(E), 存在 $a' \in A, t \in S$, 使得 $a = ta', ut = vt$. 因为 S 是左 PSF 幺半群, 对 $ut = vt$, 存在 $s \in S$, 使得 $t = st, us = vs$, 所以 $a = ta' = sta' = sa$, 即 $s\rho 1$, 故 S/ρ 是强平坦的. 说明循环子系 Sa 也是强平坦的. ■

文献 [5] 中对该公开问题进行新的回答, 主要结果即下面的定理 10.2.4 和定理 10.2.8.

定理 10.2.4　对于幺半群 S, 以下几条等价:

(1) 所有强平坦 S-系是正则的;

(2) 所有有限生成的强平坦 S-系是正则的;

(3) 所有循环的强平坦 S-系是正则的;

(4) 所有满足条件 (E) 的 S-系是正则的;

(5) 所有满足条件 (E) 的有限生成 S-系是正则的;

(6) 所有满足条件 (E) 的循环 S-系是正则的;

(7) S 是左半完全和左 PSF 幺半群.

证明　(4) $\Rightarrow$ (1) $\Rightarrow$ (2) $\Rightarrow$ (3) 以及 (4) $\Rightarrow$ (5) $\Rightarrow$ (6) $\Rightarrow$ (3) 是显然的.

(3) $\Rightarrow$ (7)　由 (3) 可知显然 S 是左半完全的幺半群. 假设所有循环的强平坦左 S-系是正则的, 则所有循环的强平坦左 S-系的循环子系是投射的, 显然 S 是左 PP 幺半群, 必是左 PSF 幺半群.

(7) $\Rightarrow$ (4)　设 A 是满足条件 (E) 的左 S-系. 对任意的 $a \in A$, 因为 S 是左 PSF 幺半群, 由引理 10.2.3 知循环子系 Sa 是强平坦的. 因为 S 是左半完全的, 故 Sa 是投射的, 即 A 是正则的. ■

下述推论 10.2.5 是显然的.

推论 10.2.5　对于幺半群 S, 以下几条等价:

(1) 所有强平坦 S-系是正则的;

(2) 所有有限生成的强平坦 S-系是正则的;

(3) 所有循环的强平坦 S-系是正则的;

(4) 所有满足条件 (E) 的 S-系是正则的;

(5) 所有满足条件 (E) 的有限生成 S-系是正则的;

(6) 所有满足条件 (E) 的循环 S-系是正则的;

(7) S 是左半完全和左 PP 幺半群.

推论 10.2.6　对于幺半群 S, 以下几条等价:

(1) 所有强平坦 S-系是正则的;

(2) 所有有限生成的强平坦 S-系是正则的;

(3) 所有循环的强平坦 S-系是正则的;

(4) 所有满足条件 (E) 的 S-系是正则的;

(5) 所有满足条件 (E) 的有限生成 S-系是正则的;

(6) 所有满足条件 (E) 的循环 S-系是正则的;

(7) S 是左 PSF 幺半群并且满足条件 (FP_1) 和条件 (FP_2).

引理 10.2.7 对于幺半群 S, 以下几条等价:

(1) 所有强平坦的循环左 S-系是投射的;

(2) 如果 $P \subseteq S$ 是右可折叠的子幺半群, 则 P 包含一个右零元.

证明 (1) $\Rightarrow$ (2) 设 $P \subseteq S$ 是右可折叠的子幺半群, 由引理 4.2.5, 存在 S 上的左同余 ρ, 对任意的 $s,t \in S$, $s\rho t$ 当且仅当存在 $p,q \in P$, 使得 $sp = tq$, 且 S/ρ 是强平坦的, 由假设 S/ρ 是投射的, 由引理 1.2.10, 存在幂等元 $e \in S$, 使得 $1\rho e$, 且 $s\rho t$ 推出 $se = te$, 其中 $s,t \in S$, 因为 $1\rho e$, 所以存在 $p,q \in P$, 使得 $p = eq$, 因为对任意的 $x \in P$, $1\rho x$, 所以有 $e = xe$, 对任意的 $r \in P$, 有

$$rp = r(eq) = (re)q = eq = p.$$

因此 p 是 P 的右零元.

(2) $\Rightarrow$ (1) 设 ρ 是 S 上的左同余, 使得 S/ρ 是强平坦的, 设 $P = [1]_\rho$, 则由引理 4.2.7 知 P 是 S 的右可折叠的子幺半群, 由假设, 存在右零元, 记为 $e \in P$, 当然 e 也是幂等元且 $1\rho e$.

设 $s\rho t$, $s,t \in S$, 由命题 2.2.2 可知, 存在 $u \in S$, 使得 $1\rho u, su = tu$, 因为 $1\rho u$, 所以 $u \in P$ 且

$$se = s(ue) = (su)e = (tu)e = t(ue) = te,$$

因此由引理 1.2.10 得 S/ρ 是投射的. ■

定理 10.2.8 对于幺半群 S, 以下几条等价:

(1) 所有强平坦左 S-系是正则的;

(2) 所有满足条件 (E) 的左 S-系是正则的;

(3) S 是左 PSF 幺半群, 且 S 的任何右可折叠的子幺半群包含右零元.

证明 (2) $\Rightarrow$ (1) 是显然的.

(1) $\Rightarrow$ (3) 设所有强平坦左 S-系是正则的, 则所有投射的左 S-系是正则的. 由定理 8.1.1 知 S 是左 PP 幺半群. 显然 S 是左 PSF 幺半群, 由条件得到所有循环强平坦左 S-系是投射的, 由引理 10.2.7, 如果 $P \subseteq S$ 是右可折叠的子幺半群, 则 P 包含一个右零元.

(3) $\Rightarrow$ (2) 设 A 是满足条件 (E) 的左 S-系, 任意的 $a \in A$, 因为 $1a = a$, 所以 $P_a=\{s \in S \mid a = sa\}$ 是非空集, 易证 P_a 是 S 的子幺半群.

首先, 来证 P_a 包含一个右零元. 对任意的 $x,y \in P_a$, 有 $a = xa = ya$. 因为 A 满足条件 (E), 所以存在 $a_1 \in A$, $u \in S$, 使得 $a = ua_1$, $xu = yu$. 因为 S 是左 PSF

幺半群, S 中的每个元素是右半可消的. 由定理 1.3.18, 对于 $xu = yu$, 则存在 $r \in S$, 使得 $u = ru$, $xr = yr$. 则 $ra = rua_1 = ua_1 = a$. 显然 $r \in P_a$. 因此 P_a 是 S 的右可折叠的子幺半群, 由假设, P_a 存在右零元 e, 显然 $ea = a$.

设 $sa = ta$, $a \in A$, $s, t \in S$. 因为 A 满足条件 (E), 所以存在 $a' \in A$, $x \in S$, 使得 $a = xa'$ 且 $sx = tx$. 因为 S 是左 PSF 幺半群, 所以存在 $p \in S$, 使得 $x = px$ 且 $sp = tp$. 因此 $pa = pxa' = xa' = a$, 这意味着 $p \in P_a$. 但是 e 是 P_a 的右零元, 得到 $pe = e$. 因此由 $sp = tp$ 推出 $se = s(pe) = (sp)e = (tp)e = t(pe) = te$. 由引理 1.2.9 可知 A 是正则的.

由 [6], 称左 S-系 A 是 CSF-系, 如果 A 所有循环子系是强平坦的. 设 A 是左 S-系, $a \in A$. Sa 的所有循环子系是强平坦的当且仅当如果对任意的 $s, t \in S$, 若 $sa = ta$, 则存在 $r \in S$, 使得 $ra = a$, $sr = tr$. ■

推论 10.2.9　对于幺半群 S, 以下几条等价:

(1) 所有强平坦左 S-系是正则的;

(2) 所有满足条件 (E) 的左 S-系是正则的;

(3) S 是左 PP 幺半群, 且 S 的任何右可折叠的子幺半群包含右零元.

10.3　总结与启发

不同的思路, 或者基于不同角度的研究方法, 往往具有截然不同的研究难度和结果.

考虑所有强平坦系是正则系的幺半群, 文献 [1] 中的研究方法, 主要基于引理 10.1.1, 即任意有限生成的强平坦左 S-系是循环左 S-系的不交并. 也就是说, 将强平坦系直接分解为循环系的不交并, 从而直接引用半完全幺半群的条件. 分解的目的, 可能主要基于强平坦的循环右 S-系是投射的这一必要条件, 由于要得到分解, 必须用到有限生成系的条件, 所以只是部分地回答了本章研究的公开问题.

而本章对公开问题的完整回答, 主要基于如何结合强平坦性, 证明强平坦系的每一个元素如何是正则的, 用的是正则系的定义, 所以不需要有限生成的条件, 从而为完整回答该问题奠定了坚实的基础. 至于依据后来给出的所有强平坦的循环系是投射系的其余新刻画, 来给出该公开问题的新回答, 是比较自然的, 主要还是基于证明强平坦系的每一个元素是正则元. 而问题的关键又归结于如何证明强平坦系的循环子系是强平坦的. 从这个角度来看, 所有满足条件 (P) 的 S-系是正则的幺半群的刻画, 之所以没有完全解决, 关键的问题还是在于没有找到满足条件 (P) 的右 S-系的循环子系何时满足条件 (P).

本章所用方法的启发是: 整体与局部, 转换新角度.

参考文献

[1] Kilp M, Knauer U. Characterization of monoids by properties of regular acts. Journal of Pure and Applied Algebra, 1987, 46: 217-231.

[2] Stenström B. Flatness and localization over monoids. Mathematische Nachrichten, 1970, 48: 315-334.

[3] 刘仲奎, 乔虎生. 半群的 S-系理论. 2 版. 北京: 科学出版社, 2008.

[4] Wang N, Liu Z K. Monoids over which all strongly flat left acts are regular. Communications in Algebra, 1996, 26: 1863-1866.

[5] Qiao H S. On monoids over which all strongly flat right S-acts are regular. Journal of Mathematical Research and Exposition, 2006, 26(4): 720-724.

[6] Liu Z K, Ahsan J. A generalization of regular left S-acts. North Eastern Mathematical Journal, 1997, 13(2): 169-176.

第11章 序 S-系的主弱平坦性与正则序幺半群的刻画

11.1 问题的历史渊源

本章用到的基本定义和相关性质, 参见 1.4 节内容.

设 S 是序幺半群, 称 S 是正则的, 如果对任意的 $s \in S$, 存在 $x \in S$, 使得 $s = sxs$.

利用 S-系的主弱平坦性质, 给出正则幺半群的特征刻画, 属于利用重要工具 $A(I)$ 研究同调分类问题的范例, 见 1.5 节. 本章介绍的主要内容, 是关于如何利用序主弱平坦性质研究序正则的序幺半群.

在文献 [1] 中, 作者研究了序 S-系的若干平坦性质, 提出了若干公开问题. 特别地, 作者证明了如下的命题 11.1.1.

命题 11.1.1 设 S 是正则的序幺半群, 则任意的序右 S-系是序主弱平坦的.

证明 考虑任意的序右 S-系 A, 假设 $a, a' \in A, v \in S$, 使得 $av \leqslant a'v$. 由于 S 是正则的, 存在 $v' \in S$, 使得 $v = vv'v$. 那么

$$a \otimes v = a \otimes vv'v = av \otimes v'v \leqslant a'v \otimes v'v = a' \otimes vv'v = a' \otimes v.$$

故 A 是序主弱平坦的. ■

由命题 11.1.1, 结合 S-系的主弱平坦性质的研究, 作者自然地提出了如下的

公开问题 如果所有的序 S-系是主弱平坦的, S 是否一定是正则序幺半群?

在文献 [2] 中, 完整回答了这个公开问题, 本章来介绍这个结果. 研究序 S-系的若干公开问题, 自然的思路是借用 S-系的研究方法. 那么利用序 S-系的主弱平坦性, 自然地会想到利用 1.5 节介绍的工具. 文献 [1] 的作者对融合余积 $A(I)$ 的研究和使用是很多的, 之所以提出该公开问题, 说明无法直接运用 S-系研究的方法. 11.2 节解决该公开问题的主要思想就是将 S-系和序 S-系相结合, 特别是利用了融合余积 $A(I)$ 在序 S-系范畴中的序结构. 证明在序 S-系范畴中该融合余积 $A(I)$ 成为序 S-系.

11.2 问题的研究进展

引理 11.2.1 设 I 是序幺半群 S 的真右理想. 以下几条等价:

(1) $A(I)$ 是平坦的;

(2) $A(I)$ 是弱平坦的;

(3) $A(I)$ 是主弱平坦的;

(4) 对任意的 $i \in I$, 存在 $j \in I$, 使得 $i = ji$.

证明 (1)⇒(2)⇒(3) 是显然的.

(3)⇒(4) 设 $A(I)$ 是主弱平坦的. 因为 $(x,1)i = (y,1)i$, $i \in I$, 所以在 $A(I) \otimes Si$ 中有 $(x,1) \otimes i = (y,1) \otimes i$ 成立, 由定理 1.4.8, 则存在 $s_1, \cdots, s_n, u_1, v_1, \cdots, u_n, v_n \in S$, $b_2, b_3, \cdots, b_n \in Si$ 且 $w_1, \cdots, w_n \in \{x, y, z\}$, 得

$$
\begin{aligned}
&(x,1) \leqslant (w_1, s_1)u_1, && \\
&(w_1, s_1)v_1 \leqslant (w_2, s_2)u_2, && u_1 i \leqslant v_1 b_2, \\
&(w_2, s_2)v_2 \leqslant (w_3, s_3)u_3, && u_2 b_2 \leqslant v_2 b_3, \\
&\cdots\cdots && \cdots\cdots \\
&(w_n, s_n)v_n \leqslant (y,1), && u_n b_n \leqslant v_n i.
\end{aligned}
$$

记 $1 = s_0 u_0 = s_{n+1} v_{n+1}$. 由 $A(I)$ 的定义, 存在 $k \in \{0, 1, \cdots, n, n+1\}$, $j \in I$, 使得 $s_k v_k \leqslant j \leqslant s_{k+1} u_{k+1}$. 因此有

$$
\begin{aligned}
i &\leqslant s_1 u_1 i \leqslant s_1 v_1 b_2 \leqslant \cdots \leqslant s_k v_k b_{k+1} \leqslant j b_{k+1} \\
&\leqslant s_{k+1} u_{k+1} b_{k+1} \leqslant \cdots \leqslant s_n u_n b_n \leqslant s_n v_n i \leqslant i.
\end{aligned}
$$

但是序关系满足反对称性, 所以有

$$
j b_{k+1} = i.
$$

$b_{k+1} \in Si$. 结论成立.

(4)⇒(1) 设 B 是序左 S-系, $a, a' \in A(I), b, b' \in B$, 在 $A(I) \otimes B$ 中有 $a \otimes b = a' \otimes b'$. 因为 $(x,1)S \cong S \cong (y,1)S$, 若 $a, a' \in (x,1)S$ 或者 $a, a' \in (y,1)S$, 易知 $A(I)$ 是平坦的, 因为它是自由的. 不失一般性, 只考虑下面的情形, 设 $a = (x,s), a' = (y,t)$, $s, t \in S \backslash I$. 由定理 1.4.8, 存在 $s_1, \cdots, s_n, u_1, v_1, \cdots, u_n, v_n, s'_1, \cdots, s'_m, u'_1, v'_1, \cdots, u'_m, v'_m \in S$, $w_1, \cdots, w_n, w'_1, \cdots, w'_m \in \{x, y, z\}$, $b_2, \cdots, b_n, b'_2, \cdots, b'_m \in B$, 使得

$$
\begin{aligned}
&(x,s) \leqslant (w_1, s_1)u_1, && \\
&(w_1, s_1)v_1 \leqslant (w_2, s_2)u_2, && u_1 b \leqslant v_1 b_2, \\
&(w_2, s_2)v_2 \leqslant (w_3, s_3)u_3, && u_2 b_2 \leqslant v_2 b_3, \\
&\cdots\cdots && \cdots\cdots \\
&(w_n, s_n)v_n \leqslant (y,t), && u_n b_n \leqslant v_n b';
\end{aligned}
\tag{11.2.1}
$$

$$
\begin{aligned}
&(y,t) \leqslant (w_1',s_1')u_1', \\
&(w_1',s_1')v_1' \leqslant (w_2',s_2')u_2', \qquad u_1'b' \leqslant v_1'b_2', \\
&(w_2',s_2')v_2' \leqslant (w_3',s_3')u_3', \qquad u_2'b_2' \leqslant v_2'b_3', \\
&\qquad \cdots\cdots \qquad\qquad\qquad \cdots\cdots \\
&(w_m',s_m')v_m' \leqslant (x,s), \qquad u_m'b_m' \leqslant v_m'b.
\end{aligned}
\tag{11.2.2}
$$

由不等式组 (11.2.1) 有

$$sb \leqslant s_1u_1b \leqslant s_1v_1b_2 \leqslant \cdots \leqslant s_nu_nb_n \leqslant s_nv_nb' \leqslant tb'.$$

由不等式组 (11.2.2) 有

$$tb' \leqslant s_1'u_1'b' \leqslant s_1'v_1'b_2' \leqslant \cdots \leqslant s_m'u_m'b_m' \leqslant s_m'v_m'b \leqslant sb.$$

但是 B 上的序关系满足反对称性, 因此有 $sb = tb'$. 记 $s{=}s_0u_0$ 且 $t{=}s_{n+1}v_{n+1}$. 由 $A(I)$ 的定义和不等式 (11.2.1), 存在 $k \in \{0,1,\cdots,n,n+1\}$, $i \in I$, 使得 $s_kv_k \leqslant i \leqslant s_{k+1}u_{k+1}$. 对于 $i \in I$, 由 (4) 存在 $j \in I$, 使得 $ji = i$, 因此由 (11.2.2) 和 $sb = tb'$, 有

$$sb \leqslant s_1u_1b \leqslant \cdots s_kv_kb_{k+1} \leqslant ib_{k+1} \leqslant s_{k+1}u_{k+1}b_{k+1} \leqslant \cdots \leqslant s_nv_nb' \leqslant tb' = sb.$$

此时

$$sb = ib_{k+1} = tb', \quad jsb = jib_{k+1} = jtb' \quad \text{以及} \quad ji = i.$$

因此

$$sb = jsb = jtb' = tb'.$$

因此在 $A(I) \otimes Sb$ 中有 $(x,s) \otimes b = (x,1) \otimes sb = (x,1) \otimes jsb = (z,j) \otimes sb$ 成立. 类似地, 在 $A(I) \otimes Sb'$ 中有 $(y,t) \otimes b = (y,1) \otimes tb' = (y,1) \otimes jtb' = (z,j) \otimes tb'$ 中成立. 因为 $sb = tb'$, 这表明在 $A(I) \otimes (Sb \cup Sb')$ 中有 $(x,s) \otimes b = (y,t) \otimes b'$ 成立. ■

定理 11.2.2 对任意的序幺半群 S, 下面几条等价:

(1) 所有的序右 S-系是序主弱平坦的;

(2) 所有的序右 S-系是主弱平坦的;

(3) S 是正则的序幺半群.

证明 (1)⇒(2) 是显然的.

(2)⇒(3) 对任意 $a \in S$, 若 $aS = S$, 则 a 是正则元. 若 $aS \neq S$, 则 $I = aS$ 是 S 的真右理想, 且 $A(I)$ 是主弱平坦的. 由引理 11.2.1, 对任意 $i \in aS$, 存在 $j \in aS$, 使得 $i = ji$. 特别地, 设 $i = a$, 则存在 $u \in S$, 使得 $a = aua$. 因此 S 是正则序幺半群.

(3)⇒(1) 由引理 11.1.1, 这是显然的. ■

11.3 总结与启发

任意 S-系的偏序, 一般指的就是序 S-系中偏序为离散序, 即只有等式关系这一种序关系, 而对任意序 S-系而言, 偏序是任意的偏序, 除了序幺半群的偏序, 还联系序 S-系的偏序集, 两方面的偏序结合, 问题就变得异常复杂. 例如, 在序 S-系中, S-系理论中的条件 (P) 就演变为序 S-系范畴中条件 (P) 和条件 (Pw), 平坦性质更为丰富和复杂. 所以, 在很多情况下, S-系范畴中的结构和方法不一定在序 S-系范畴中适用. 本章解决的公开问题, 最重要的是利用了偏序的反对称性, 它的前提是主弱平坦性刻画中的单个元素, 而不是弱平坦中的两个元素, 这就是为利用反对称性奠定了基础. 具体来说, 就是: 对 S 的任意的右理想 I, 如果 $(x,1)i = (y,1)i$, 则在 $A(I) \otimes Si$ 中有 $(x,1) \otimes i = (y,1) \otimes i$ 成立, 由定理 1.4.8, 则存在 $s_1, \cdots, s_n, u_1, v_1, \cdots, u_n, v_n \in S$, $b_2, b_3, \cdots b_n \in Si$ 且 $w_1, \cdots, w_n \in \{x, y, z\}$, 得

$$
\begin{aligned}
&(x,1) \leqslant (w_1, s_1)u_1, & & \\
&(w_1, s_1)v_1 \leqslant (w_2, s_2)u_2, & & u_1 i \leqslant v_1 b_2, \\
&(w_2, s_2)v_2 \leqslant (w_3, s_3)u_3, & & u_2 b_2 \leqslant v_2 b_3, \\
&\cdots\cdots & & \cdots\cdots \\
&(w_n, s_n)v_n \leqslant (y,1), & & u_n b_n \leqslant v_n i.
\end{aligned}
$$

记 $1 = s_0 u_0 = s_{n+1} v_{n+1}$. 由 $A(I)$ 的定义, 存在 $k \in \{0, 1, \cdots, n, n+1\}$, $j \in I$, 使得 $s_k v_k \leqslant j \leqslant s_{k+1} u_{k+1}$. 因此有

$$
\begin{aligned}
i &\leqslant s_1 u_1 i \leqslant s_1 v_1 b_2 \leqslant \cdots \leqslant s_k v_k b_{k+1} \leqslant j b_{k+1} \leqslant s_{k+1} u_{k+1} b_{k+1} \\
&\leqslant \cdots \leqslant s_n u_n b_n \leqslant s_n v_n i \leqslant i.
\end{aligned} \tag{11.3.1}
$$

但是序关系满足反对称性, 所以有

$$
j b_{k+1} = i, \quad b_{k+1} \in Si. \tag{11.3.2}
$$

由不等式 (11.3.1) 以及反对称性得到等式 (11.3.2), 是解决本章公开问题的关键.

本章所用方法的启发是: 利用反对称, 引用原结论.

参 考 文 献

[1] Bulman-Fleming S, Gutermuth D, Gilmour A, Kilp M. Flatness properties of S-posets. Communications in Algebra, 2006, 34: 1291-1317.

[2] Qiao H S, Li F. When all S-posets are principally weakly flat. Semigroup Forum, 2007, 75: 536-542.

第 12 章 Rees 商序 S-系满足条件 (Pw) 的充要条件

12.1 问题的历史渊源

文献 [1] 是介绍序 S-系理论的重要文献, 作者研究了 Rees 商序 S-系具有某种平坦性质的刻画, 但仍然有一些平坦性质, Rees 商序 S-系具有这种性质的等价刻画没有解决. 作者提出了若干公开问题, 本章研究的是第一个公开问题.

公开问题 设 S 是序幺半群, K 是 S 的凸真右理想, 则什么条件可以保证 Rees 商序 S-系 S/K 具有平坦性、序-平坦性, 或者满足条件 (Pw)?

在文献 [2] 中, 部分回答了这个公开问题, 即给出了 Rees 商序 S-系 S/K 满足条件 (Pw) 的充要条件. 本章来介绍这个结果. 为此, 在 12.1 节, 先介绍文献 [1] 中给出的基础性工作成果. 从而为公开问题的解决奠定基础, 且从中可以充分感受到序 S-系的复杂性.

定理 12.1.1 对任意序幺半群 S, 以下结论成立:

(1) $_S\Theta$ 是自由的当且仅当 $S=\{1\}$.

(2) $_S\Theta$ 是投射的当且仅当 S 包含右零元.

(3) $_S\Theta$ 满足条件 (E) 当且仅当对任意 $s,t\in S$, 存在 $u\in S$, 使得 $su=tu$.

(4) 下述条件等价:

(a) $_S\Theta$ 满足条件 (P);

(b) $_S\Theta$ 满足条件 (Pw);

(c) $_S\Theta$ 是序平坦的;

(d) $_S\Theta$ 是平坦的;

(e) $_S\Theta$ 是序弱平坦的;

(f) $_S\Theta$ 是弱平坦的;

(g) 对任意的 $s,t\in S$, 存在 $u,v\in S$, 使得 $su\leqslant tv$.

证明 仅证明结论 (3) 以及 (4)(f)$\Rightarrow$(4)(g)$\Rightarrow$(4)(a). 其余证明和 S-系的证明类似.

(3) 显然 $_S\Theta$ 满足条件 (E) 当且仅当对任意 $s,t\in S$, 存在 $w\in S$, 使得 $sw\leqslant tw$. 对 s,t,w, 再次利用条件 (E), 可知存在 $v\in S$, 使得 $twv\leqslant swv$. 由 $sw\leqslant tw$ 以及序幺半群的相容性可得 $swv\leqslant twv$. 令 $u=wv$, 那么显然有 $su=tu$.

(4)(f)⇒(4)(g) 设 ${}_S\Theta=\{\theta\}$ 是弱平坦的, 任取 $s,t\in S$. 因为 $s\theta=t\theta=\theta$, 故 $s\otimes\theta=t\otimes\theta$ 在 $S\otimes\theta$ 中成立, 也在 $(sS\cup tS)\otimes\theta$ 中成立, 这说明以下一组式子成立

$$\begin{aligned}
&s\leqslant s_1u_1,\\
&s_1v_1\leqslant s_2u_2, \qquad u_1\theta\leqslant v_1\theta,\\
&\cdots\cdots \qquad\qquad \cdots\cdots\\
&s_nu_n\leqslant t, \qquad u_n\theta\leqslant v_n\theta,
\end{aligned}$$

其中 $u_i,v_i\in S$, $s_i\in\{s,t\},i=1,2,\cdots,n$. 记 $v_0=u_{n+1}=1$, 显然存在某个 $k\in\{0,1,\cdots,n+1\}$, 使得 $sv_k\leqslant tu_{k+1}$.

(4)(g)⇒(4)(a) 由条件 (P) 的定义易知显然.

设 S 是序幺半群, K 是 S 的左理想 ($SK\subseteq K$). 由序 S-系上同余的构造容易证明, 左 Rees 商序 S-系 $S/\nu(K\times K)$ 也是左 Rees 商 S-系 (即 K 是其仅有的非平凡的同余类) 当且仅当左理想 K 是 S 的凸子集 (对任意的 $k,l\in K,s\in S$, 由 $k\leqslant s\leqslant l$ 可以推出 $s\in K$). 将 $S/\nu(K\times K)$ 简记为 S/K, 对任意的 $s\in S$, s 所在的同余类记作 $[s]$. ■

下面的引理 12.1.2 给出了左 Rees 商序 S-系 S/K 上序的刻画.

引理 12.1.2 设 K 是序幺半群 S 的凸的真左理想, 则对任意的 $x,y\in S$, 在 S/K 中

$$[x]\leqslant[y]\Longleftrightarrow x\leqslant y \text{ 或者存在 } k,k'\in K,\text{ 使得 } x\leqslant k,k'\leqslant y.$$

证明 由序同余以及 K 是 S 的凸真左理想的定义, 显然成立. ■

引理 12.1.3 设 K 是序幺半群 S 的凸的真左理想, M 是任意的序右 S-系, $m,m'\in M$. 那么在 $M\otimes S/K$ 中 $m\otimes[1]\leqslant m'\otimes[1]$ 当且仅当 $m\leqslant m'$ 或者

$$\begin{aligned}
&m\leqslant m_1k_1,\\
&m_1k_1'\leqslant m_2k_2,\\
&\cdots\cdots\\
&m_nk_n'\leqslant m',
\end{aligned}$$

其中 $k_i,k_i'\in K$, $m_i\in M,i=1,2,\cdots,n$.

证明 充分性. 若 $m\leqslant m'$, 那么由注记 1.4.9 可知 $m\otimes[1]\leqslant m'\otimes[1]$. 另一方面, 若引理中的一组式子成立, 则在 $M\otimes S/K$ 中

$$\begin{aligned}
m\otimes[1]&\leqslant m_1k_1\otimes[1]=m_1\otimes[k_1]=m_1\otimes[k_1']=m_1k_1'\otimes[1]\\
&\leqslant m_2k_2\otimes[1]=\cdots
\end{aligned}$$

$$\leqslant m_nk_n \otimes [1] = m_n \otimes [k_n] = m_n \otimes [k_n'] = m_nk_n' \otimes [1]$$
$$\leqslant m' \otimes [1].$$

必要性. 假设在 $M \otimes S/K$ 中 $m \otimes [1] \leqslant m' \otimes [1]$, 故由注记 1.4.9 可知有如下一组式子成立

$$\begin{aligned}
&m \leqslant m_1k_1, \\
&m_1k_1' \leqslant m_2k_2, \qquad k_1[1] \leqslant k_1'[1], \\
&\quad\cdots\cdots \qquad\qquad \cdots\cdots \\
&m_nk_n' \leqslant m', \qquad k_n[1] \leqslant k_n'[1].
\end{aligned}$$

在上式中, 若存在 i, 使得 $k_i \leqslant k_i'$, 则上一组式子显然可以缩短. 如果任意的 i 都有 $k_i \leqslant k_i'$, 那么显然易得 $m \leqslant m'$. 否则, 有 $k_i \leqslant k_i'$ 的部分缩短, 由缩短后的式子显然得所需结果. ■

命题 12.1.4　设 K 是序幺半群 S 的凸的真左理想. 那么 S/K 是挠自由的当且仅当对任意的 $s \in S$, 任意的左可消元 $c \in S$, $cs \in K$ 推出 $s \in K$.

证明　类似于 S-系的证明. ■

命题 12.1.5　设 K 是序幺半群 S 的凸的真左理想. 那么 S/K 是序挠自由的当且仅当对任意的 $s, t \in S$, 任意的序左可消元 $c \in S$ 以及 $k, l \in K$, 由 $cs \leqslant k$, $l \leqslant ct$ 推出存在 $k', l' \in K$, 使得 $s \leqslant k'$, $l' \leqslant t$.

证明　必要性. 设 c 是序左可消元, $k \in K$, $s \in S$ 并且 $cs \leqslant k$. 那么在 S/K 中 $c[s] \leqslant c[k]$, 故 $[s] \leqslant [k]$. 由引理 12.1.2 知存在 $k' \in K$, 使得 $s \leqslant k'$. 对 $l \leqslant ct$ 的讨论与之类似.

充分性. 任取 $s, t \in S$, 序左可消元 $c \in S$, 使得 $c[s] \leqslant c[t]$. 若 $cs \leqslant ct$, 结论显然. 否则存在 $k', l' \in K$, 使得 $s \leqslant k'$, $l' \leqslant t$, 此即 $[s] \leqslant [t]$. ■

命题 12.1.6　设 K 是序幺半群 S 的凸的真左理想. 那么 S/K 是主弱平坦的当且仅当对任意的 $k \in K$, 存在 $k', k'' \in K$, 使得 $kk' \leqslant k \leqslant kk''$.

证明　必要性. 设 $k \in K$. 因为在 $kS \otimes S/K$ 中 $k \otimes [1] = k^2 \otimes [1]$, 由引理 12.1.3 知下面一组式子成立

$$\begin{aligned}
&k \leqslant kk_2, \\
&kk_2' \leqslant kk_3, \\
&\quad\cdots\cdots \\
&kk_n' \leqslant k^2;
\end{aligned}$$

$$k^2 \leqslant kl_2,$$
$$kl_2' \leqslant kl_3,$$
$$\cdots\cdots$$
$$kl_m' \leqslant k.$$

上式中出现的所有元素均在 K 中, 由第一个和最后一个式子可得结论成立. 对 $k \leqslant k^2$ 或者 $k^2 \leqslant k$ 的情形证明显然.

充分性. 任取 $u, v, s \in S$, 使得在 S/K 中 $[su] = [sv]$. 如果 $su = sv$, 则在 $sS \otimes S/K$ 中 $su \otimes [1] = sv \otimes [1]$. 否则 $su, sv \in K$, 必存在 $k, k', k_1, k_1' \in K$, 使得

$$suk \leqslant su \leqslant suk',$$
$$svk_1 \leqslant sv \leqslant svk_1'.$$

在 $sS \otimes S/K$ 中有

$$\begin{aligned} su \otimes [1] &\leqslant suk' \otimes [1] = s \otimes [uk'] \\ &= s \otimes [vk_1] = svk_1 \otimes [1] \leqslant sv \otimes [1], \\ sv \otimes [1] &\leqslant svk_1' \otimes [1] = s \otimes [vk_1'] \\ &= s \otimes [uk] = suk \otimes [1] \leqslant su \otimes [1], \end{aligned}$$

即 S/K 是主弱平坦的. ■

命题 12.1.7 设 K 是序幺半群 S 的凸的真左理想. 那么 S/K 是序主弱平坦的当且仅当对任意的 $k \in K$, $s \in S$, 有

$$k \leqslant s \Rightarrow (\exists\, k' \in K)(sk' \leqslant s) \quad 并且 \quad s \leqslant k \Rightarrow (\exists\, k' \in K)(s \leqslant sk').$$

证明 必要性. 设 $k \in K, s \in S$, 使得 $k \leqslant s$, 则在 $kS \otimes S/K$ 中 $[sk] \leqslant [s]$, 故在 $sS \otimes S/K$ 中

$$sk \otimes [1] \leqslant s \otimes [1].$$

由引理 12.1.3 知要么 $sk \leqslant s$, 要么下面一组式子成立

$$sk \leqslant sk_1,$$
$$sk_1' \leqslant sk_2,$$
$$\cdots\cdots$$
$$sk_n' \leqslant s,$$

其中 $k_i, k_i' \in K$, 由最后一个式子可得结论成立. 对 $s \leqslant k$ 的情形证明类似.

充分性. 任取 $u, v, s \in S$, 使得在 S/K 中 $[su] \leqslant [sv]$. 如果 $su \leqslant sv$, 则在 $sS \otimes S/K$ 中 $su \otimes [1] \leqslant sv \otimes [1]$. 否则必存在 $k, l \in K$, 使得 $su \leqslant k$, $l \leqslant sv$. 由假设的条件, 存在 $k', l' \in K$, 使得 $su \leqslant suk'$, $svl' \leqslant sv$, 故在 $sS \otimes S/K$ 中有

$$su \otimes [1] \leqslant suk' \otimes [1] = s \otimes [uk'] = s \otimes [vl'] = svl' \otimes [1] \leqslant sv \otimes [1],$$

即 S/K 是序主弱平坦的. ■

命题 12.1.8 设 K 是序幺半群 S 的凸的真左理想. 那么 S/K 是序弱平坦的当且仅当 S/K 是序主弱平坦的, 并且对任意的 $s, t \in S$, 存在 $u, v \in S$, 使得 $su \leqslant tv$.

证明 必要性. 显然 S/K 是序主弱平坦的. 对任意的 $s, t \in S$, 任取 $k \in K$. 显然 $s[k] = t[k]$. 由 S/K 的序弱平坦性, 在 $(sS \cup tS) \otimes S/K$ 中有 $sk \otimes [1] \leqslant tk \otimes [1]$. 由引理 12.1.3 易得结论.

充分性. 任取 $s, t \in S$, 使得在 S/K 中 $[s] \leqslant [t]$. 若 $s \leqslant t$, 结论已证. 否则, 存在 $k, l \in K$, 使得 $s \leqslant k, l \leqslant t$. 由 S/K 是序弱平坦的知存在 $k', l' \in K$, 使得 $s \leqslant sk', tl' \leqslant t$. 并且存在 $p, p' \in S$, 使得 $sp \leqslant tp'$. 所以有

$$\begin{aligned} s \otimes [1] &\leqslant sk' \otimes [1] = s \otimes [k'] = s \otimes [pk'] = sp \otimes [k'] \leqslant tp' \otimes [k'] \\ &= t \otimes [p'k'] = t \otimes [l'] \leqslant tl' \otimes [1] \leqslant t \otimes [1], \end{aligned}$$

即 S/K 是序弱平坦的. ■

命题 12.1.9 设 K 是序幺半群 S 的凸的真左理想. 那么 S/K 是弱平坦的当且仅当 S/K 是主弱平坦的, 并且对任意的 $s, t \in S$, 存在 $u, v \in S$, 使得 $su \leqslant tv$.

证明 必要性. 类似于命题 12.1.8 的证明.

充分性. 任取 $s, t, u, v \in S$, 使得在 S/K 中 $[su] = [tv]$, 则在 $(sS \cup tS) \otimes S/K$ 中 $su \otimes [1] = tv \otimes [1]$. 若 $su = tv$, 结论已证. 否则, $su, tv \in K$, 由假设及命题 12.1.1 可知存在 $k, k', k_1, k_1' \in K$, 使得

$$\begin{aligned} suk &\leqslant su \leqslant suk', \\ svk_1 &\leqslant sv \leqslant svk_1'. \end{aligned}$$

并且由假设易得 $p, p', q, q' \in S$, 使得 $sp \leqslant tp'$, $tq \leqslant sq'$, 故在 $(sS \cup tS) \otimes S/K$ 中有

$$\begin{aligned} su \otimes [1] &\leqslant suk' \otimes [1] = s \otimes [uk'] = s \otimes [puk'] \\ &= sp \otimes [uk'] \leqslant tp' \otimes [uk'] \\ &= t \otimes [p'uk'] = t \otimes [vk_1] \leqslant tvk_1 \otimes [1] \\ &\leqslant tv \otimes [1]. \end{aligned}$$

类似地有

$$
\begin{aligned}
tv \otimes [1] &\leqslant tvk_1' \otimes [1] = t \otimes [vk_1'] = t \otimes [qvk_1'] \\
&= tq \otimes [vk_1'] \leqslant sq' \otimes [vk_1'] \\
&= s \otimes [q'vk_1'] = s \otimes [uk] \leqslant suk \otimes [1] \\
&\leqslant su \otimes [1],
\end{aligned}
$$

即 S/K 是弱平坦的. ■

12.2 问题的研究进展

下面的命题 12.2.1 和命题 12.2.2 分别以不同的形式回答了公开问题, 即给出了 S/K 满足条件 (Pw) 的充分必要条件. 命题 12.2.1 选自文献 [2], 命题 12.2.2 选自文献 [3].

命题 12.2.1 设 K 是序幺半群 S 的凸的真右理想, 则 S/K 满足条件 (Pw) 当且仅当对任意的 $u, v \in S, k, k' \in K$, 若 $u \leqslant k, k' \leqslant v$, 则存在 $p, q \in S$, 使得 $pu \leqslant qv$, 并且满足下面条件中的一条:

(a) $p, q \notin K$ 且 $q \leqslant 1 \leqslant p$.

(b) $q \notin K$, 且存在 $l \in K$, 使得 $q \leqslant 1, l \leqslant p$.

(c) $p \notin K$, 且存在 $l \in K$, 使得 $1 \leqslant p, q \leqslant l$.

证明 必要性. 设 $u \leqslant k, k' \leqslant v, u, v \in S, k, k' \in K$, 则由引理 12.1.2 有 $[1]u \leqslant [1]v$, 由条件 (Pw), 存在 $w, p', q' \in S$, 使得

$$
[1] \leqslant [w]p', \qquad [w]q' \leqslant [1], \qquad p'u \leqslant q'v,
$$

再由引理 12.1.2, 有下面四种情形:

(i) $1 \leqslant wp', wq' \leqslant 1$;

(ii) $1 \leqslant wp'$, 存在 $l, l' \in K$, 使得 $wq' \leqslant l, l' \leqslant 1$;

(iii) 存在 $k, k' \in K$, 使得 $1 \leqslant k, k' \leqslant wp', wq' \leqslant 1$;

(iv) 存在 $k, k', l, l' \in K$, 使得 $1 \leqslant k, k' \leqslant wp', wq' \leqslant l, l' \leqslant 1$.

设 $wp' = p, wq' = q$, 用 w 左乘 $p'u \leqslant q'v$, 因为 K 是 S 的凸的真右理想, 可知在情形 (i) 中, 要么 $wp' \notin K$, 要么 $wq' \notin K$, 或者两者都成立, 如果两者都成立, 则条件 (a) 成立; 如果 $wp' \notin K, wq' \in K$, 取 $l = wq'$, 则条件 (c) 成立; 如果 $wq' \notin K$, $wp' \in K$, 取 $l = wp'$, 则条件 (b) 成立. 在情形 (ii) 中, $wp' \notin K$, 因此条件 (c) 成立, 在情形 (iii) 中, $wq' \notin K$, 因此条件 (b) 成立, 情形 (iv) 不会发生.

充分性. 设 $u,v,s,t\in S$, 使得 $[u]s\leqslant[v]t$, 如果 $us\leqslant vt$, 因为 $[u]\leqslant[1]u$, $[1]v\leqslant[v]$, 所以结果显然. 否则存在 $k,k'\in K$, 使得 $us\leqslant k,k'\leqslant vt$, 由假设, 则存在 $p,q\in S$, 使得 $p(us)\leqslant q(vt)$, 并且下面条件中的某一条成立:

(a) $p,q\notin K,q\leqslant 1\leqslant p$;

(b) $q\notin K$, 且存在 $l\in K$, 使得 $q\leqslant 1,l\leqslant p$;

(c) $p\notin K$, 且存在 $l\in K$, 使得 $1\leqslant p,q\leqslant l$.

对于情形 (a), 用 u 右乘 $1\leqslant p$, 用 v 右乘 $q\leqslant 1$, 可得 $[u]\leqslant[1]pu,[1]qu\leqslant[v]$. 情形 (b) 和 (c) 的证明类似于 (a). ■

命题 12.2.2　设 S 是序幺半群, K 是 S 的凸的真右理想, 则 S/K 满足条件 (Pw) 当且仅当对任意 $k,l\in K$, 存在 $a,u,v\in S$, $p,q,m,n\in K$, 使得下面条件中的某一条成立:

(a) $1\leqslant au,av\leqslant 1,uk\leqslant vl$;

(b) $1\leqslant au,av\leqslant p,q<1,uk\leqslant vl$;

(c) $1<m,n\leqslant au,av\leqslant 1,uk\leqslant vl$.

证明　必要性. 设 S/K 满足条件 (Pw), $k,l\in K$, 则 $[k]=[l]$, 因此 $[1]k\leqslant[1]l$, 因为 S/K 满足条件 (Pw), 所以存在 $a,u,v\in S$, 使得 $[1]\leqslant[a]u,[a]v\leqslant[1],uk\leqslant vl$, 由引理 12.1.2, $[1]\leqslant[a]u$ 可推出 $1\leqslant au$, 或者 $1<m,n\leqslant au$, $m,n\in K$, 类似地, $[a]v\leqslant[1]$ 可推出 $av\leqslant 1$, 或者 $av\leqslant p,q<1$, $p,q\in K$, 因此可能有下面几种情形:

(1) $1\leqslant au,av\leqslant 1,uk\leqslant vl$;

(2) $1\leqslant au,av\leqslant p,q<1,uk\leqslant vl$;

(3) $1<m,n\leqslant au,av\leqslant 1,uk\leqslant vl$;

(4) $1<m,n\leqslant au,av\leqslant p,q<1,uk\leqslant vl$.

最后一种情形不会发生, 如果发生, 有 $q<1<m$, 由 K 的凸性知 $1\in K$, 因此 $K=S$, 矛盾.

充分性. 设 $[x]s\leqslant[y]t,x,y,s,t\in S$, 则 $[xs]\leqslant[yt]$, 由引理 12.1.2, 要么 $xs\leqslant yt$, 或者存在 $k,l\in K$, 使得 $xs\leqslant k,l\leqslant yt$.

如果 $xs\leqslant yt$, 则取 $a=1$, $u=x,v=y$, 有 $[x]\leqslant[a]u,[a]v\leqslant[y],us\leqslant vt$.

如果存在 $k,l\in K$, 使得 $xs\leqslant k,l\leqslant yt$, 由假设, 存在 $a,u',v'\in S,p,q,m,n\in K$, 使得条件 (a) 到 (c) 中的一条被满足, 下面考虑如下情形:

(a) $1\leqslant au',av'\leqslant 1,u'k\leqslant v'l$. 则 $x\leqslant au'x,av'y\leqslant y$, 设 $u=u'x,v=v'y$. 则有 $[x]\leqslant[a](u'x)=[a]u,[a]v=[a](v'y)\leqslant[y]$. 特别地, $us=(u'x)s=u'(xs)\leqslant u'k\leqslant v'l\leqslant v'(yt)=(v'y)t=vt$.

(b) $1\leqslant au',av'\leqslant p,q<1,u'k\leqslant v'l$. 则 $x\leqslant au'x,av'y\leqslant py,qy\leqslant y$, 设 $u=u'x,v=v'y$, 则有 $[x]\leqslant[a](u'x)=[a]u,[a]v=[a](v'y)\leqslant[py]=[qy]\leqslant[y]$. 如情形 (a), $us\leqslant vt$.

(c) $1 < m, n \leqslant au', av' \leqslant 1, u'k \leqslant v'l$. 则 $x \leqslant mx, nx \leqslant au'x, av'y \leqslant y$. 设 $u = u'x, v = v'y$, 则有 $[x] \leqslant [mx] = [nx] \leqslant [a](u'x) = [a]u, [a]v = [a](v'y) \leqslant [y]$, 如以上情形, $us \leqslant vt$.

因此, 在所有情形中, 可以得到 $[x]s \leqslant [y]t$, 则存在 $a, u, v \in S$, 使得 $[x] \leqslant [a]u, [a]v \leqslant [y]$, $us \leqslant vt$. 因此 S/K 满足条件 (Pw). ■

12.3 总结与启发

本章研究的公开问题, 采用的是常规的思路, 就是首先按照 Rees 商系满足条件 (Pw), 看看能得到什么条件, 另一方面, 从得到的条件看看能否满足条件 (Pw), 两个方向往一起 "靠", 这个也是思考这类问题的常用思想方法, 重要的突破点在于得到两个方向推出的结果的恰当的结合. 所以说, 整体上采用 "对接" 的这种办法.

当然, 为了实现证明的最后目标, 有两个很重要的基础结论, 其一就是: 设 K 是序幺半群 S 的凸的真左理想, 则对任意的 $x, y \in S$, 在 S/K 中

$$[x] \leqslant [y] \Longleftrightarrow x \leqslant y \text{ 或者存在 } k, k' \in K, \text{ 使得 } x \leqslant k, k' \leqslant y.$$

另外一个基础结论, 就是: 设 K 是序幺半群 S 的凸的真左理想, M 是任意的序右 S-系, $m, m' \in M$. 那么在 $M \otimes S/K$ 中 $m \otimes [1] \leqslant m' \otimes [1]$ 当且仅当 $m \leqslant m'$ 或者

$$\begin{aligned}
&m \leqslant m_1 k_1,\\
&m_1 k_1' \leqslant m_2 k_2,\\
&\cdots\cdots\\
&m_n k_n' \leqslant m',
\end{aligned}$$

其中 $k_i, k_i' \in K$, $m_i \in M, i = 1, 2, \cdots, n$. 从序 S-系的同调分类问题研究是过程来看, 这两个结论都是格外重要的基础结论, 应该在后续的研究中引起足够的重视.

本章所用方法的启发是: 紧扣原性质, 必要联充分.

参考文献

[1] Bulman-Fleming S, Gutermuth D, Gilmour A, Kilp M. Flatness properties of S-posets. Communications in Algebra, 2006, 34: 1291-1317.

[2] Qiao H S, Li F. The flatness properties of S-poset $A(I)$ and Rees factor S-posets. Semigroup Forum, 2008, 77(2): 306-315.

[3] Kilp M. On the homological classification of pomonoids by properties of cyclic S-posets. Semigroup Forum, 2013, 86(3): 592-602.

第13章　所有弱平坦 S-系是平坦系的幺半群的刻画

13.1　问题的历史渊源

S-系理论的研究思路, 与同调代数具有密切联系, 但也有很多区别, 本节就是体现其区别的一个重要方面. 为了更清楚地比较内射 S-系和内射模的概念, 尽量使用同样的记号.

由本书 6.1 节, 设 S 是幺半群, E 是 S-系. 称 E 是内射系, 如果对任意 S-单同态 $l: A \to B$ 和任意 S-同态 $g: A \to E$, 存在 S-同态 $h: B \to E$, 使得下图可换

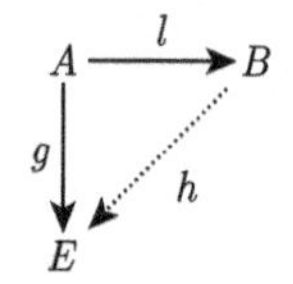

如果该定义中 B 是幺半群 S, A 是其左理想, 那么 E 就称为弱内射 S-系. 由文献 [1] 中第 3 章第 8 节可知, 内射必为弱内射的, 反之未必.

设 R 是环, M 是一个加法群, 由 M 到 M 的全部加法群同态可以构成一个环, 可记为 $\mathbf{End}(M)$. 如果存在从 R 到 $\mathbf{End}(M)$ 的环同态, 就称 M 是左 R-模.

称左 R-模 M 是内射模, 如果对任意左 R-模 A, B, 对任意 R-单同态 $l: A \to B$ 以及任意 R-同态 $g: A \to M$, 都存在 $h: B \to M$, 使得下图可换:

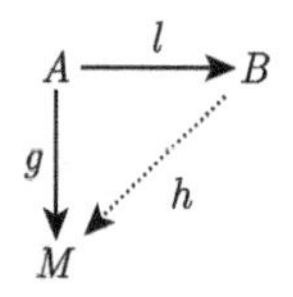

虽然有弱内射 S-系的定义, 但却没有类似的 "弱内射模" 的概念, 因为有如下著名的 Bear 判别准则 (参见文献 [2] 中定理 5.7.1).

Bear 判别准则　左 R-模 M 是内射模当且仅当对 R 的任意左理想, 若 $l: I \to R$ 是包含同态, 则对任意的 R-同态 $g: I \to M$, 都存在同态 $h: R \to M$, 使得下图可换

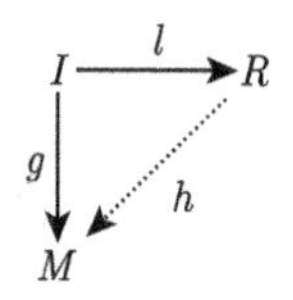

从这个侧面可以看出利用模这个外部工具来研究环的性质, 环中理想与环本身关系更"密切". 事实上, 利用同调代数的思想去研究 S-系, 比较好的思路应该是"借鉴其思想, 保持本特色".

另一方面, 环的模理论中也有平坦模的概念. 左 R-模 M 称为平坦模, 若对模的任意单同态 $\alpha: A_R \to B_R$, $\alpha \otimes 1_M$ 也是单的. 从定义的形式可以看出, 平坦模和平坦 S-系定义非常像. 而由文献 [1] 中第 4 章第 5 节可知弱平坦和平坦 S-系是不一致的. 虽然有弱平坦 S-系, 但却没有类似的"弱平坦模"的概念, 因为有如下的结论 (文献 [2] 中定理 10.4.8), 这里只选取原定理的部分等价内容.

定理 13.1.1 对左 R-模 ${}_RM$, 下述条件等价:

(1) ${}_RM$ 是平坦的;

(2) 对于每个有限生成右理想 A, 由嵌入

$$l_A : A \to R$$

诱导的 $l_A \otimes 1_M$ 是单同态.

同时, 也有如下的结论 (文献 [2] 中定理 10.4.9), 这里只选取需要的内容.

定理 13.1.2 设 R 是环, 下述条件等价:

(1) 每个 ${}_RM$ 是平坦的;

(2) 对于任意的 $r \in R$, 存在 $r' \in R$, 使得 $rr'r = r$.

该定理的 (2) 事实上刻画的是环的正则性. 而在 S-系理论中, 所有左 S-系是主弱平坦的当且仅当 S 是正则幺半群.

从以上几个方面, 可以初步看出 S-系的平坦性和模的平坦性的区别. 考虑 S-系的平坦性和弱平坦的深入联系, 就成为很重要的问题. 本节考虑的是如下:

公开问题 幺半群 S 在什么条件下, S-系的弱平坦和平坦性是一致的?

13.2 问题的研究进展

平坦系一定是弱平坦系, 但弱平坦系不一定是平坦系. 本节讨论几类使得所有弱平坦系是平坦系的特殊幺半群, 其主要内容取自文献 [1, 3].

引理 13.2.1 设 A 是任意右 S-系, B 是弱平坦左 S-系. 若 $a, a' \in A, b, b' \in B$, 满足

$$\begin{aligned} &a = a_1 s_1, \\ &a_1 t_1 = a', \qquad s_1 b = t_1 b', \end{aligned}$$

其中 $s_1, t_1 \in S, a_1 \in A$, 则在 $(aS \cup a'S) \otimes B$ 中有 $a \otimes b = a' \otimes b'$.

证明　因为 B 是弱平坦的, 所以由定理 1.3.16 知存在 $p, q \in S, b'' \in B$, 使得 $s_1 p = t_1 q$ 并且 $s_1 b = t_1 b' = s_1 p b'' = t_1 q b''$. 由引理 5.2.9 知在 $aS \otimes B$ 中有 $a \otimes b = a \otimes pb'' = ap \otimes b''$. 同理在 $a'S \otimes B$ 中有 $a' \otimes b' = a'q \otimes b''$. 而 $ap = a_1 s_1 p = a_1 t_1 q = a'q$, 所以在 $(aS \cup a'S) \otimes B$ 中有 $a \otimes b = a' \otimes b'$. ■

设 $x, y \in S$. 记 $\rho(x, y)$ 为 S 上的由 (x, y) 生成的最小右同余.

定理 13.2.2　设 S 是右 PSF 幺半群, 并且对于任意 $u, v \in S$, 存在 $z \in Su \cap Sv$, 使得 $(z, u) \in \rho(u, v)$, 则所有弱平坦 S-系是平坦的.

证明　设 B 是弱平坦 S-系, A 是任意右 S-系, $a, a' \in A, b, b' \in B$, 在 $A \otimes B$ 中有 $a \otimes b = a' \otimes b'$. 要证明在 $(aS \cup a'S) \otimes B$ 中有 $a \otimes b = a' \otimes b'$. 由定理 1.3.2 知存在 $a_1, \cdots, a_n \in A, b_2, \cdots, b_n \in B$, $s_1, t_1, \cdots, s_n, t_n \in S$,

$$
\begin{aligned}
&a = a_1 s_1, \\
&a_1 t_1 = a_2 s_2, \qquad s_1 b = t_1 b_2, \\
&\qquad \cdots\cdots \qquad\qquad \cdots\cdots \\
&a_n t_n = a', \qquad s_n b_n = t_n b'.
\end{aligned}
$$

对 n 使用数学归纳法证明结论.

设 $n = 1$. 此时有

$$
\begin{aligned}
&a = a_1 s_1, \\
&a_1 t_1 = a', \qquad s_1 b = t_1 b'.
\end{aligned}
$$

所以由引理 13.2.1 即知在 $A \otimes B$ 中有 $a \otimes b = a' \otimes b'$.

设 $n \geqslant 2$. 令 $b_1 = b, b_{n+1} = b'$. 对于 $s_i b_i = t_i b_{i+1}$, 考察定理 1.3.19 的证明过程可知存在 $u_i, v_i, x_i, y_i \in S, b_i'' \in B$, 使得

$$
\begin{aligned}
&s_i u_i = s_i, \quad t_i v_i = t_i, \quad s_i x_i = t_i y_i, \\
&u_i b_i = u_i x_i b_i'', \quad v_i b_{i+1} = v_i y_i b_i''.
\end{aligned}
$$

对于 u_{i+1} 和 v_i, 由条件知存在 $p_i, q_i \in S$, 使得

$$
p_i v_i = q_i u_{i+1},
$$

并且 $(q_i u_{i+1}, u_{i+1}) \in \rho(u_{i+1}, v_i)$. 定义

$$
\rho_i = \{(s, t) \in S \times S | a_{i+1} s_{i+1} s = a_{i+1} s_{i+1} t\},
$$

则 ρ_i 是 S 上的右同余. 因为 $a_{i+1}s_{i+1}u_{i+1} = a_{i+1}s_{i+1} = a_it_i = a_it_iv_i = a_{i+1}s_{i+1}v_i$, 所以 $(u_{i+1}, v_i) \in \rho_i$. 因此由条件知 $(q_iu_{i+1}, u_{i+1}) \in \rho_i$, 故有

$$a_{i+1}s_{i+1}q_iu_{i+1} = a_{i+1}s_{i+1}u_{i+1} = a_{i+1}s_{i+1}.$$

因此

$$\begin{aligned}
(a_is_i)q_{i-1}u_ix_i = a_is_ix_i = a_it_iy_i &= a_{i+1}s_{i+1}y_i \\
&= a_{i+1}s_{i+1}q_iu_{i+1}y_i = a_{i+1}s_{i+1}p_iv_iy_i, \\
p_{i-1}v_{i-1}y_{i-1}b''_{i-1} = p_{i-1}(v_{i-1}b_i) &= q_{i-1}u_ib_i = q_{i-1}u_ix_ib''_i.
\end{aligned}$$

又因为

$$\begin{aligned}
au_1x_1 = a_1s_1u_1x_1 &= a_1s_1x_1 = a_1t_1y_1 = a_2s_2y_1 \\
&= a_2s_2q_1u_2y_1 = (a_2s_2)p_1v_1y_1, \\
(a_ns_n)q_{n-1}u_nx_n &= a_ns_nx_n = a_nt_ny_n = a_nt_nv_ny_n = a'v_ny_n,
\end{aligned}$$

所以有如下的等式组:

$$\begin{array}{ll}
a = au_1, & \\
au_1x_1 = (a_2s_2)p_1v_1y_1, & u_1b = u_1x_1b''_1, \\
(a_2s_2)q_1u_2x_2 = (a_3s_3)p_2v_2y_2, & p_1v_1y_1b''_1 = q_1u_2x_2b''_2, \\
\qquad \cdots\cdots & \qquad \cdots\cdots \\
(a_is_i)q_{i-1}u_ix_i = (a_{i+1}s_{i+1})p_iv_iy_i, & p_{i-1}v_{i-1}y_{i-1}b'_{i-1} = q_{i-1}u_ix_ib''_i, \\
\qquad \cdots\cdots & \qquad \cdots\cdots \\
(a_ns_n)q_{n-1}u_nx_n = a'v_ny_n, & p_{n-1}v_{n-1}y_{n-1}b''_{n-1} = q_{n-1}u_nx_nb''_n. \\
a'v_n = a', & v_ny_nb''_n = v_nb'.
\end{array}$$

对上述等式组中的中间 $2n-1$ 个等式应用归纳假定可知在 $(au_1x_1S) \cup (a'v_ny_nS) \otimes B$ 中有

$$au_1x_1 \otimes b''_1 = a'v_ny_n \otimes b''_n.$$

利用最前面的两行等式可知在 $aS \otimes B$ 中有

$$a \otimes b = a_2s_2p_1v_1y_1 \otimes b''_1.$$

同理可知在 $a'S \otimes B$ 中有

$$a' \otimes b' = a_ns_nq_{n-1}u_nx_n \otimes b''_n.$$

于是在 $(aS \cup a'S) \otimes B$ 中有

$$
\begin{aligned}
a \otimes b &= a_2 s_2 p_1 v_1 y_1 \otimes b_1'' = a u_1 x_1 \otimes b_1'' \\
&= a' v_n y_n \otimes b_n'' = a_n s_n q_{n-1} u_n x_n \otimes b_n'' = a' \otimes b'.
\end{aligned}
$$

这就证明了 B 是平坦左 S-系. ■

定理 13.2.3　设 S 是右 PP 幺半群, 并且对于任意 $u, v \in E(S)$, 存在 $z \in Su \cap Sv$, 使得 $(z, u) \in \rho(u, v)$, 则所有弱平坦 S-系是平坦的.

证明　考察定理 13.2.2 的证明过程. 由推论 1.3.22 知当 S 是右 PP 幺半群时, 上述证明过程中的 u_i, v_i 都是幂等元. 所以类似于定理 13.2.2 的证明即可完成本定理的证明. ■

推论 13.2.4　设所有右 S-系都是弱平坦的, 则所有弱平坦左 S-系是平坦的.

证明　由定理 1.3.25 和定理 13.2.2 即得结论. ■

推论 13.2.5　若所有左、右 S-系都是弱平坦的, 则所有左、右 S-系都是平坦的.

证明　由推论 13.2.4 即得本结论. ■

设 S 是幺半群, B 是弱平坦 S-系, A 是任意右 S-系, $a, a' \in A, b, b' \in B$, 在 $A \otimes B$ 中有 $a \otimes b = a' \otimes b'$. 对于特殊的幺半群 S, 为证明 B 是平坦的, 只需证明在 $(aS \cup a'S) \otimes B$ 中有 $a \otimes b = a' \otimes b'$ 即可. 由定理 1.3.2 知存在 $a_1, \cdots, a_n \in A, b_2, \cdots, b_n \in B$, $s_1, t_1, \cdots, s_n, t_n \in S$, 使得

$$
\begin{aligned}
&a = a_1 s_1, \\
&a_1 t_1 = a_2 s_2, &\quad& s_1 b = t_1 b_2, \\
&\quad\cdots\cdots &&\quad\cdots\cdots \\
&a_i t_i = a_{i+1} s_{i+1}, && s_i b_i = t_i b_{i+1}, \\
&\quad\cdots\cdots &&\quad\cdots\cdots \\
&a_n t_n = a', && s_n b_n = t_n b'.
\end{aligned}
$$

由引理 13.2.1 知当 $n = 1$ 时结论成立. 因此可以利用数学归纳法来完成证明. 如果 $a_i t_i = a_{i+1} s_{i+1} \in aS \cup a'S, i \in \{1, \cdots, n-1\}$, 那么使用两次归纳假定即知在 $(aS \cup a'S) \otimes B$ 中有 $a \otimes b = a_i t_i \otimes b_{i+1} = a' \otimes b'$. 特别地, 如果 $t_1 \in s_1 S$ 或者 $s_n \in t_n S$, 则在 $(aS \cup a'S) \otimes B$ 中有 $a \otimes b = a' \otimes b'$. 如果某个 $s_i = 1$, $i \in \{2, \cdots, n\}$, 则有如下的等式组:

$$
\begin{aligned}
&a = a_1 s_1, \\
&a_1 t_1 = a_2 s_2, &\quad& s_1 b = t_1 b_2,
\end{aligned}
$$

$$\begin{aligned}
&\cdots\cdots && \cdots\cdots\\
&a_{i-1}(t_{i-1}t_i)=a_{i+1}s_{i+1}, && s_{i-1}b_{i-1}=(t_{i-1}t_i)b_{i+1},\\
&\cdots\cdots && \cdots\cdots\\
&a_nt_n=a', && s_nb_n=t_nb'.
\end{aligned}$$

所以由归纳假定即知结论成立. 如果某个 $t_i=1, i\in\{1,\cdots,n-1\}$, 同上类似的证明即知结论成立.

下面利用上述讨论给出几个定理.

定理 13.2.6 设 S 是 (带零) 半群, 并且是其极小 (带零) 右理想的并, 则任意弱平坦 S^1-系是平坦的.

证明 设 B 是弱平坦 S^1-系, A 是任意右 S^1-系, $a,a'\in A, b,b'\in B$, 在 $A\otimes B$ 中有 $a\otimes b=a'\otimes b'$. 所以存在 $a_1,\cdots,a_n\in A, b_2,\cdots,b_n\in B$, $s_1,t_1,\cdots,s_n,t_n\in S$, 使得

$$\begin{aligned}
&a=a_1s_1, && \\
&a_1t_1=a_2s_2, && s_1b=t_1b_2,\\
&\cdots\cdots && \cdots\cdots\\
&a_nt_n=a', && s_nb_n=t_nb'.
\end{aligned}$$

要用数学归纳法证明在 $(aS^1\cup a'S^1)\otimes B$ 中有 $a\otimes b=a'\otimes b'$.

由上述讨论可知, 可假定 $n\geqslant 2$, 并且 s_1,t_1,s_n,t_n 都不是 1.

首先假定 S 不含零元. 此时对任意 $x\in S$ 有 $xS=xS^1$. 对于等式 $s_1b=t_1b_2$, 利用定理 1.3.16 知存在 $z\in s_1S^1\cap t_1S^1=s_1S\cap t_1S, b''\in B$, 使得 $s_1b=t_1b_2=zb''$. 所以 $s_1S\cap t_1S\neq\varnothing$. 由条件即知 $s_1S=t_1S$, 从而 $t_1\in s_1S^1$, 由前面的讨论即知结论成立.

下设 S 带有零元. 如果 $s_1S^1\cap t_1S^1\neq\{0\}$, 那么 $t_1\in s_1S^1$, 因此结论成立. 如果 $s_nS^1\cap t_nS^1\neq\{0\}$, 则类似的讨论即可完成证明. 下设 $s_1S^1\cap t_1S^1=s_nS^1\cap t_nS^1=\{0\}$. 由定理 1.3.16 知存在 $\alpha_1,\beta_1,\alpha_n,\beta_n\in S^1, c_1,c_n\in B$, 使得 $s_1\alpha_1=t_1\beta_1=0=s_n\alpha_n=t_n\beta_n$, $s_1b=t_1b_2=0c, s_nb_n=t_nb'=0c_n$. 因为 $a=a_1s_1, s_1b=s_1\alpha_1c$, 所以由引理 5.2.9 知在 $aS^1\otimes B$ 中有 $a\otimes b=a\otimes\alpha_1c$. 同理在 $a'S^1\otimes B$ 中有 $a'\otimes b'=a'\otimes\beta_nc_n$. 从上述等式组容易得知 $0b=0b'$, 因此 $0c=0s_1b=0b=0b'=0t_nb'=0c_n$. 又 $a\alpha_1=a_1s_1\alpha_1=a_10=a0=a'0=a_n0=a_nt_n\beta_n=a'\beta_n$, 所以在 $(aS^1\cup a'S^1)\otimes B$ 中有

$$\begin{aligned}
a\otimes b&=a\otimes\alpha_1c=a\alpha_1\otimes c=a0\otimes c=a\otimes 0c\\
&=a\otimes 0c_n=a0\otimes c_n=a'\beta_n\otimes c_n
\end{aligned}$$

$$= a' \otimes \beta_n c_n = a' \otimes b'.$$ ■

推论 13.2.7　设 S 是完全 (0-) 单半群, 则任意弱平坦 S^1-系是平坦的.

定理 13.2.8　设 S 是交换幺半群, 并且其所有主理想形成链, 则任意弱平坦 S-系是平坦的.

证明　设 B 是弱平坦 S-系, A 是任意右 S-系, $a, a' \in A, b, b' \in B$, 在 $A \otimes B$ 中有 $a \otimes b = a' \otimes b'$, 则存在 $a_1, \cdots, a_n \in A, b_2, \cdots, b_n \in B, s_1, t_1, \cdots, s_n, t_n \in S$, 使得

$$\begin{array}{ll}
a = a_1 s_1, & \\
a_1 t_1 = a_2 s_2, & s_1 b = t_1 b_2, \\
\cdots\cdots & \cdots\cdots \\
a_{i-1} t_{i-1} = a_i s_i, & s_{i-1} b_{i-1} = t_{i-1} b_i, \\
a_i t_i = a_{i+1} s_{i+1}, & s_i b_i = t_i b_{i+1}, \\
a_{i+1} t_{i+1} = a_{i+2} t_{i+2}, & s_{i+1} b_{i+1} = t_{i+1} b_{i+2}, \\
\cdots\cdots & \cdots\cdots \\
a_n t_n = a', & s_n b_n = t_n b'.
\end{array}$$

对 n 用数学归纳法证明在 $(aS \cup a'S) \otimes B$ 中有 $a \otimes b = a' \otimes b'$.

设 $n = 1$. 则由引理 13.2.1 知结论成立.

设 $n \geqslant 2$. 为了方便, 令 $a_0 = a, a_{n+1} = a', b_1 = b, b_{n+1} = b'$, $t_0 = 1, s_{n+1} = 1$. 设 $s_i \in t_i S$, 这里 $i \in \{1, \cdots, n-1\}$. 如果还有 $s_{i+1} \in t_i S$, 则存在 $x, y \in S$, 使得 $s_i = t_i x, s_{i+1} = t_i y$. 所以 $a_{i-1} t_{i-1} = a_i s_i = a_i t_i x = a_{i+1} s_{i+1} x$, $s_{i+1} x b_i = t_i y x b_i = y x t_i b_i = y t_i x b_i = y s_i b_i = y t_i b_{i+1} = s_{i+1} b_{i+1} = t_{i+1} b_{i+2}$. 因此上述框线以内的等式组可用下面的等式组来代替:

$$\begin{array}{ll}
a_{i-1} t_{i-1} = a_{i+1} s_{i+1} x, & \\
a_{i+1} t_{i+1} = a_{i+2} s_{i+2}, & s_{i+1} x b_i = t_{i+1} b_{i+2},
\end{array}$$

所以由归纳假定即知结论成立.

因此, 当 $s_i \in t_i S$ 时, 还可以假定 $t_i \in s_{i+1} S$. 同理, 当 $t_i \in s_{i+1} S$ 时, 还可假定 $s_{i+1} \in t_{i+1} S$.

设 $t_1 \in s_1 S$, 则由前面讨论知结论成立. 设 $s_1 \in t_1 S$, 则由上述讨论可知可以假定 $t_1 \in s_2 S$, 进而可以假定 $s_2 \in t_2 S, \cdots$, 最后可以假定 $s_n \in t_n S$, 所以由前面的讨论知结论成立. ■

13.3　总结与启发

对于所有弱平坦系是平坦系的幺半群的刻画问题, 本章只给出了部分结果, 该

公开问题远没有解决. 因为没有完全解决, 可以考虑的问题还很多. 在这个问题的研究上, 环的模理论的相关结果和方法并不能直接用, 必须采用适应于 S-系理论的新方法.

从这个公开问题的研究, 进一步体现了数学归纳法这一经典方法的魅力. 由定理 1.3.2, 设 A 是右 S-系, B 是左 S-系, $a, a' \in A, b, b' \in B$. 则在 $A \otimes B$ 中 $a \otimes b = a' \otimes b'$ 的充要条件是: 存在 $a_1, \cdots, a_n \in A, b_2, \cdots, b_n \in B$, $s_1, t_1, \cdots, s_n, t_n \in S$, 使得

$$\begin{aligned}
&a = a_1 s_1, && \\
&a_1 t_1 = a_2 s_2, && s_1 b = t_1 b_2, \\
&a_2 t_2 = a_3 s_3, && s_2 b_2 = t_2 b_3, \\
&\quad \cdots\cdots && \quad \cdots\cdots \\
&a_n t_n = a', && s_n b_n = t_n b'.
\end{aligned}$$

结合前面的研究发现, 凡是涉及如上等式组的公开问题, 大多都采用数学归纳法, 对等式组中的等式个数进行归纳. 只是在涉及具体性质, 例如弱平坦性质、主弱平坦等性质的时候, 这里的右 S-系 A 做相应的改变.

尽管有环的模理论的优美结论, 就目前研究而言, 完整地回答 S-系的平坦性、弱平坦性何时等价的问题, 还有很长的路要走. 有一种不同于数学归纳法的方法也许可以尝试, 就是借助半群的内部刻画方法, 考虑理想对幺半群结构的影响相对较大的半群类, 对问题的研究是很有好处的. 或者在某些幺半群类的限制条件下, 考虑何时平坦性、弱平坦性等价也是很有意义的, 例如定理 13.2.8.

本章所用方法的启发是: 结合等式组, 数学归纳法.

参 考 文 献

[1] 刘仲奎, 乔虎生. 半群的 S-系理论. 2 版. 北京: 科学出版社, 2008.

[2] 卡施 F. 环与模. 陈家鼐译. 北京: 科学出版社, 1994.

[3] Bulman-Fleming S, McDowell K. Monoids over which all weakly flat acts are flat. Proceedings of the Edinburgh Mathematical Society, 1990, 33: 287-298.

第 14 章　所有 S-系是平坦系的幺半群的刻画

14.1　问题的历史渊源

如同 13.1 节所阐述, S-系的平坦性和模的平坦性有较大的区别. 设 R 是环, 那么任意左 R-模是平坦的当且仅当环 R 是正则环. 而在 S-系理论中, 任意左 S-系是主弱平坦的当且仅当幺半群 S 是正则幺半群, 而 S-系的主弱平坦性和平坦性具有很大区别. 本节考虑的是:

公开问题　如何刻画所有 S-系是平坦系的幺半群?

定义 14.1.1　称幺半群 S 是左 (右) 绝对平坦的, 如果所有左 (右) S-系是平坦的. 称幺半群 S 是绝对平坦的, 如果它既是左绝对平坦的, 又是右绝对平坦的.

迄今为止, 如何用元素、理想等给出左绝对平坦幺半群的特征刻画, 仍是一个没有解决的问题. 本章主要结果选自文献 [1—4].

14.2　问题的研究进展

设 S 是群, 则由定理 1.5.2 知所有 S-系满足条件 (P), 从而所有 S-系是平坦的, 所以任意的群是左绝对平坦的. 更一般地有如下的定理 14.2.1.

定理 14.2.1　逆幺半群是左 (右) 绝对平坦的.

证明　设 B 是任意 S-系, 要证明 B 是平坦的.

设 A 是右 S-系, 任意的 $a, a' \in A$, $b, b' \in B$, 在 $A \otimes B$ 中有 $a \otimes b = a' \otimes b'$, 则存在 $a_1, \cdots, a_n \in A$, $b_2, \cdots, b_n \in B$, $s_1, t_1, \cdots, s_n, t_n \in S$,

$$
\begin{aligned}
&a = a_1 s_1, \\
&a_1 t_1 = a_2 s_2, \qquad && s_1 b = t_1 b_2, \\
&\quad \cdots\cdots && \quad \cdots\cdots \\
&a_n t_n = a', && s_n b_n = t_n b'.
\end{aligned}
$$

可以假定 n 是偶数 (必要时再增加两个等式 $a' \cdot 1 = a', 1 \cdot b' = 1 \cdot b'$), 令

$$
\begin{aligned}
&x_0 = 1,\ x_i = s_1^{-1} t_1 s_2^{-1} t_2 \cdots s_i^{-1} t_i, && 1 \leqslant i \leqslant n, \\
&y_0 = 1,\ y_i = t_n^{-1} s_1 t_{n-1}^{-1} s_{n-1} \cdots t_{n-i+1}^{-1} s_{n-i+1}, && 1 \leqslant i \leqslant n,
\end{aligned}
$$

这里 x^{-1} 表示 x 的逆元 (S 是逆幺半群). 通过简单的计算可知

$$x_{n-i}x_{n-i}^{-1} = x_n, \quad 0 \leqslant i \leqslant n, \tag{14.2.1}$$

$$y_i x_{n-i}^{-1} = y_n, \quad 0 \leqslant i \leqslant n. \tag{14.2.2}$$

下面用数学归纳法证明对任意 $i \in \{1, \cdots, n\}$, 有

$$ax_i = a_i t_i x_i^{-1} x_i. \tag{14.2.3}$$

当 $i = 1$ 时, 有

$$\begin{aligned} a_1 t_1 x_1^{-1} x_1 &= a_1 t_1 t_1^{-1} s_1 s_1^{-1} t_1 = a_1 s_1 s_1^{-1} t_1 t_1^{-1} t_1 \\ &= a_1 s_1 s_1^{-1} t_1 = ax_1. \end{aligned}$$

设 $1 \leqslant k < n$, 如下计算

$$\begin{aligned} & a_{k+1} t_{k+1} x_{k+1}^{-1} x_{k+1} \\ =& a_{k+1} t_{k+1} t_{k+1}^{-1} s_{k+1} x_k^{-1} x_k s_{k+1}^{-1} t_{k+1} \\ =& a_{k+1} s_{k+1} x_k^{-1} x_k s_{k+1}^{-1} t_{k+1} t_{k+1}^{-1} t_{k+1} \\ =& a_{k+1} s_{k+1} x_k^{-1} x_k s_{k+1}^{-1} t_{k+1} \\ =& a_k t_k x_k^{-1} x_k s_{k+1}^{-1} t_{k+1} \\ =& ax_k s_{k+1}^{-1} t_{k+1} \qquad \text{(归纳假定)} \\ =& ax_{k+1}. \end{aligned}$$

所以对任意的 $i \in \{1, \cdots, n\}$, 等式 (14.2.3) 成立. 用类似的方法可以证明对任意的 $i \in \{1, \cdots, n\}$, 有

$$a' y_i = a_{n-i+1} s_{n-i+1} y_i^{-1} y_i.$$

记 $e_i = s_i^{-1} s_i$, $f_i = t_{n-i+1}^{-1} t_{n-i+1}$, $i = 1, 2, \cdots, n$. 下面证明如下的等式组成立

$$\begin{aligned} & ax_0 = ax_0 e_1, & & \\ & ax_1 = ax_1 e_2, & & s_1 b = t_1 b_2, \\ & ax_2 = ax_2 e_3, & & s_2 b_2 = t_2 b_3, \\ & \cdots\cdots & & \cdots\cdots \\ & ax_{n-1} = ax_{n-1} e_n, & & s_{n-1} b_{n-1} = t_{n-1} b_n, \end{aligned}$$

$$\begin{array}{ll}
ax_ny_0 = ax_ny_0f_1, & s_nb_n = t_nb', \\
ax_ny_1 = ax_ny_1f_2, & t_nb' = s_nb_n, \\
ax_ny_2 = ax_ny_2f_3, & t_{n-1}b_n = s_{n-1}b_{n-1}, \\
\cdots\cdots & \cdots\cdots \\
ax_ny_{\frac{n}{2}-1} = ax_ny_{\frac{n}{2}-1}f_{\frac{n}{2}}, & t_{\frac{n}{2}+2}b_{\frac{n}{2}+3} = s_{\frac{n}{2}+2}b_{\frac{n}{2}+2}, \\
ax_ny_{\frac{n}{2}} = a'y_nx_{\frac{n}{2}}, & t_{\frac{n}{2}+1}b_{\frac{n}{2}+2} = s_{\frac{n}{2}+1}b_{\frac{n}{2}+1}, \\
a'y_nx_{\frac{n}{2}-1}e_{\frac{n}{2}} = a'y_nx_{\frac{n}{2}-1}, & t_{\frac{n}{2}}b_{\frac{n}{2}+1} = s_{\frac{n}{2}}b_{\frac{n}{2}}, \\
\cdots\cdots & \cdots\cdots \\
a'y_nx_2e_3 = a'y_nx_2, & t_3b_4 = s_3b_3, \\
a'y_nx_1e_2 = a'y_nx_1, & t_2b_3 = s_2b_2, \\
a'y_nx_0e_1 = a'y_nx_0, & t_1b_2 = s_1b, \\
a'y_{n-1}f_n = a'y_{n-1}, & s_1b = t_1b_2, \\
\cdots\cdots & \cdots\cdots \\
a'y_2f_3 = a'y_2, & s_{n-2}b_{n-2} = t_{n-2}b_{n-1}, \\
a'y_1f_2 = a'y_1, & s_{n-1}b_{n-1} = t_{n-1}b_n, \\
a'y_0f_1 = a'y_0, & s_nb_n = t_nb'.
\end{array}$$

右边等式组的成立是显然的. 下面只考虑左边的等式组.

当 $i=0$ 时, $ax_0e_1 = ae_1 = a_1s_1s_1^{-1}s_1 = a_1s_1 = a = ax_0$.

设 $0 < i < n-1$, 则

$$\begin{aligned}
ax_ie_{i+1} &= a_it_ix_i^{-1}x_ie_{i+1} && \text{(由等式 (14.2.3))} \\
&= a_{i+1}s_{i+1}x_i^{-1}x_ie_{i+1} \\
&= a_{i+1}s_{i+1}e_{i+1}x_i^{-1}x_i \\
&= a_{i+1}s_{i+1}x_i^{-1}x_i = a_it_ix_i^{-1}x_i \\
&= ax_i. && \text{(由等式 (14.2.3))}
\end{aligned}$$

对于 $i \in \left\{0, \cdots, \dfrac{n}{2}-1\right\}$, 如下计算:

$$\begin{aligned}
ax_ny_i &= ax_{n-i}y_i^{-1}y_i && \text{(由等式 (14.2.1))} \\
&= ax_{n-i}f_{i+1}y_i^{-1}y_i \\
&= ax_{n-i}y_i^{-1}y_if_{i+1} \\
&= ax_ny_if_{i+1}. && \text{(由等式 (14.2.1))}
\end{aligned}$$

$$
\begin{aligned}
ax_n y_{\frac{n}{2}} &= ax_{\frac{n}{2}} y_{\frac{n}{2}}^{-1} y_{\frac{n}{2}} && (\text{由等式 } (14.2.1))\\
&= a_{\frac{n}{2}} t_{\frac{n}{2}} x_{\frac{n}{2}}^{-1} x_{\frac{n}{2}} y_{\frac{n}{2}}^{-1} y_{\frac{n}{2}} && (\text{由等式 } (14.2.3))\\
&= a_{\frac{n}{2}+1} s_{\frac{n}{2}+1} y_{\frac{n}{2}}^{-1} y_{\frac{n}{2}} x_{\frac{n}{2}}^{-1} x_{\frac{n}{2}} \\
&= a' y_{\frac{n}{2}} x_{\frac{n}{2}}^{-1} x_{\frac{n}{2}} && (\text{由等式 } (14.2.2))\\
&= a' y_n x_{\frac{n}{2}}. && (\text{由等式 } (14.2.2))
\end{aligned}
$$

其余的等式可以用类似的方法证明.

下面要说明前述等式组是 “左、右连接” 的. 这只要把左边的等式组重新改写一下即可. 例如前一段等式组可以改写为

$$
\begin{aligned}
& a = (as_1^{-1})s_1, \\
& (as_1^{-1})t_1 = (ax_1 s_2^{-1})s_2, && s_1 b = t_1 b_2, \\
& (ax_1 s_2^{-1})t_2 = (ax_2 s_3^{-1})s_3, && s_2 b = t_2 b_3, \\
& \quad \cdots\cdots && \quad \cdots\cdots \\
& (ax_{n-2} s_{n-1}^{-1})t_{n-1} = (ax_{n-1} s_n^{-1})s_n, && s_{n-1} b_{n-1} = t_{n-1} b_n.
\end{aligned}
$$

其他的等式可类似地改写. 因此在 $(aS \cup a'S) \otimes B$ 中有 $a \otimes b = a' \otimes b'$. 所以 B 是平坦 S-系.

同理可以证明任意右 S-系也是平坦的. ■

引理 14.2.2 左绝对平坦幺半群的同态像仍是左绝对平坦的.

证明 设 $f: S \to T$ 是从 S 到 T 上的幺半群同态. 对于任意 T-系 B, 规定 S 在 B 上的左作用为: 对任意的 $s \in S$, $b \in B$,

$$
s \cdot b = f(s)b,
$$

则 B 就是 S-系. 同理任意右 T-系可以看成右 S-系. 显然 $A \underset{S}{\otimes} B = A \underset{T}{\otimes} B$. 所以若 S 是左绝对平坦的, 则 T 也是左绝对平坦的. ■

定义 14.2.3 设 S 是幺半群, F 是 S 的子幺半群. 称 F 是 S 的滤子, 如果对任意 $x, y \in S$, 由 $xy \in F$ 能推出 $x, y \in F$.

引理 14.2.4 左绝对平坦幺半群的滤子仍是左绝对平坦的.

证明 设 F 是左绝对平坦幺半群 S 的滤子, 且 $F \neq S$, 容易证明 $S - F$ 是 S 的理想. 令 $P = S - F$. 则由引理 14.2.2 知 Rees 商 S/P 是左绝对平坦的. 显然 $S/P \simeq F \dot{\cup} \{0\} = F^0$. 设 A 是 F-系, 令 $A^0 = A \dot{\cup} \{\theta\}$, 规定 F^0 在 A^0 上的左作用为: $F \cdot \theta = \{\theta\}, 0 \cdot \theta = \theta, 0 \cdot A = \{\theta\}$. 则 A^0 是 F^0-系. 同理对于任意右 F-系 B, 可以构造右 F^0-系 B^0.

设 X 是右 S-系, Y 是左 S-系, $x, x' \in X$, $y, y' \in Y$, 在 $X \underset{S}{\otimes} Y$ 中有 $x \otimes y = x' \otimes y'$, 则存在 $x_1, \cdots, x_n \in X, y_2, \cdots, y_n \in Y$, $s_1, t_1, \cdots, s_n, t_n \in F$, 使得

$$\begin{aligned} x &= x_1 s_1, & & \\ x_1 t_1 &= x_2 s_2, & s_1 y &= t_1 y_2, \\ x_2 t_2 &= x_3 s_3, & s_2 y_2 &= t_2 y_3, \\ &\cdots\cdots & &\cdots\cdots \\ x_n t_n &= x', & s_n y_n &= t_n y'. \end{aligned}$$

显然 $x_1, \cdots, x_n \in X^0, y_2, \cdots, y_n \in Y^0, s_1, t_1, \cdots, s_n, t_n \in F^0$. 所以在 $X^0 \underset{F^0}{\otimes} Y^0$ 中有 $x \otimes y = x' \otimes y'$. 因为 F^0 是左绝对平坦的, 所以在 $(xF^0 \cup x'F^0) \underset{F^0}{\otimes} Y^0$ 中有 $x \otimes y = x' \otimes y'$. 因此设上述等式组中的 $x_1, \cdots, x_n \in xF^0 \cup x'F^0, s_1, t_1, \cdots, s_n, t_n \in F^0, y_2, \cdots, y_n \in Y^0$. 由 $x = x_1 s_1$ 知 $x_1 \neq \theta$, $s_1 \neq 0$. 由 $s_1 y = t_1 y_2$ 知 $t_1 \neq 0$, $y_2 \neq \theta$, 再由 $x_1 t_1 = x_2 s_2$ 知 $x_2 \neq \theta$, $s_2 \neq 0$. 如此继续下去, 可知 $x_1, \cdots, x_n \in xF \cup x'F$, $y_2, \cdots, y_n \in Y, s_1, t_1, \cdots, s_n, t_n \in F$, 所以在 $(xF \cup x'F) \underset{F}{\otimes} Y$ 中有 $x \otimes y = x' \otimes y'$. 因此 Y 是平坦 F-系, 即 F 是左绝对平坦的. ∎

设 Γ 是幂等元构成的交换半群, 即半格. 假设有半群 $S_\alpha (\alpha \in \Gamma)$ 的集合, 令

$$S = \bigcup_{\alpha \in \Gamma} S_\alpha,$$

若对任意的 $\alpha, \beta \in Y$, 有

$$S_\alpha S_\beta \subseteq S_{\alpha\beta},$$

就称 S 是半群 $S_\alpha (\alpha \in \Gamma)$ 的半格, 也称之为半格分解.

定理 14.2.5　设幺半群 S 是群并, 则 S 是左、右绝对平坦的当且仅当 S 是群的半格.

证明　若 S 是群的半格, 则 S 是逆幺半群, 所以由定理 14.2.1 知 S 是左、右绝对平坦的.

反之, 设 S 是左、右绝对平坦的. 因为 S 是群并, 所以 S 是完全单半群的半格. 设 $S = \dot{\bigcup\limits_{\alpha \in \Gamma}} S_\alpha$, Γ 是半格, S_α 是完全单半群. 对于任意 $\beta \in \Gamma$, 令

$$S_{[\beta)} = \dot{\bigcup} \{S_\alpha \mid \alpha \in \Gamma, \alpha \geqslant \beta\},$$

则 $S_{[\beta)}$ 是 S 的滤子. 所以由引理 14.2.4 易知 $S_{[\beta)}$ 是左、右绝对平坦的. 由引理 6.2.3 知 $S_{[\beta)}$, 从而 S_β 的任意两个左 (右) 理想有非空的交. 由于 S_β 是完全单半群, 所以 S_β 是群, 因此 S 是群的半格. ∎

设 S 是半群. 称 S 是左 (右) 绝对平坦的, 如果幺半群 S^1 是左 (右) 绝对平坦的.

下面考虑左绝对平坦带, 主要结果选自文献 [1, 2]. 为此先做一些准备.

设 B 是带, 称 B 是右正则带, 如果对于任意 $x, y \in S$, 有 $xyx = yx$.

定理 14.2.6 设 B 是带. 若 B^1 是左绝对平坦的, 则 B 是右正则带.

证明 因为任意带都是矩形带的半格, 所以可设 $B = \dot{\bigcup\limits_{\alpha\in\Gamma}} B_\alpha$, 其中 Γ 是半格, B_α 是矩形带. 对于任意 $\beta \in \Gamma$, 令

$$B_{[\beta)} = \dot{\bigcup}\{S_\alpha \mid \alpha \in \Gamma, \alpha \geqslant \beta\}.$$

则 $B_{[\beta)}$ 是 S 的滤子, 所以由引理 14.2.4 知 $B_{[\beta)}^1$ 是左绝对平坦的. 再由引理 6.2.3 即知 $B_{[\beta)}$, 从而 B_β 的任意两个右理想有非空的交. 设 $(i,\lambda),(i',\lambda') \in B_\beta$, 则 $(i,\lambda)B_\beta \cap (i',\lambda')B_\beta \neq \varnothing$. 所以存在 $(j,\mu),(j',\mu') \in B_\beta$, 使得 $(i,\lambda)(j,\mu) = (i',\lambda')(j',\mu')$. 由此即得 $i = i'$. 所以 B_β 为右零带. 因此 B 是右零带的半格, 故 B 是右正则带. ■

所以在考虑左绝对平坦带 S 时, 假定 S 是右正则的.

设 S 是右正则带, 则 $S = \dot{\bigcup\limits_{\alpha\in\Gamma}} S_\alpha$, 其中 Γ 是半格, 每个 S_α 是右零带, 且 $S_\alpha S_\beta \subseteq S_{\alpha\beta}$, 即 S 是右零带的半格.

命题 14.2.7 设 $S = \bigcup\limits_{\alpha\in\Gamma} S_\alpha$ 是右正则带, 则以下两条是等价的:

(1) 对任意 $\alpha, \beta \in \Gamma, \alpha < \beta$, 任意 $u_1, v_1, \cdots, u_m, v_m \in S_\beta$, 任意右 S-系 A, 任意 $a_1, \cdots, a_{m+1} \in A$, 如果 $a_i u_i = a_{i+1} v_i (1 \leqslant i \leqslant m)$, 那么存在 $w \in S_\alpha$, 使得 $a_i w u_i = a_{i+1} w v_i (1 \leqslant i \leqslant m)$;

(2) 对任意 $\alpha, \beta \in \Gamma, \alpha < \beta$, 任意 $u_1, v_1, \cdots, u_m, v_m \in S_\beta$, 记

$$\theta_R = \theta_R((u_1, v_1), \cdots, (u_m, v_m))$$

为 S 的包含 $(u_1, v_1), \cdots, (u_m, v_m)$ 的最小右同余, 则存在 $w \in S_\alpha$, 使得 $(wu_i, wv_i) \in \theta_R (1 \leqslant i \leqslant m)$.

证明 (1)⇒(2) 令 $A = S/\theta_R$, 记 u_1 所在的类为 $\overline{u_1}$. 因为 S_β 是右零带, 所以, $\overline{u_1} u_i = \overline{u_1 u_i} = \overline{u_i} = \overline{v_i} = \overline{u_1 v_i} = \overline{u_1} v_i, 1 \leqslant i \leqslant m$. 因此由 (1) 知存在 $w \in S_\alpha$, 使得 $\overline{u_1} w u_i = \overline{u_1} w v_i (1 \leqslant i \leqslant m)$. 而 S_α 是右零带, 所以 $u_1 w = u_1 w w = w$, 故 $w u_i \theta_R w v_i (1 \leqslant i \leqslant m)$.

(2)⇒(1) 设 A 是任意右 S-系, $a_1, \cdots, a_{m+1} \in A$, 且 $a_i u_i = a_{i+1} v_i (1 \leqslant i \leqslant m)$. 由于 S_β 是右零带, 所以 $a_i u_i = a_i v_i = a_{i+1} u_i = a_{i+1} v_i (1 \leqslant i \leqslant m)$. 对任意 $s \in S_\beta$, 显然有 $a_i s = a_{i+1} s$, 所以 $a_i s = a_j s (1 \leqslant i, j \leqslant m+1)$. 对任意 $s \in S_\alpha, \alpha < \beta, a_i s = a_i u_i s s = a_i u_i s = a_{i+1} v_i s = a_{i+1} s$, 所以 $a_i s = a_j s (1 \leqslant i, j \leqslant m+1)$.

记 $\theta_R = \theta_R((u_1, v_1), (v_1, u_1), \cdots, (u_m, v_m), (v_m, u_m))$. 由 (2) 知存在 $w \in S_\alpha$, 使得 $(wu_i, wv_i) \in \theta_R (1 \leqslant i \leqslant m)$. 对任意 $k \in \{1, \cdots, m\}$, 要证明 $a_k wu_k = a_{k+1} wv_k$.

设 $wu_k = wv_k$, 则 $a_k wu_k = a_k u_k wu_k = a_{k+1} v_k wu_k = a_{k+1} v_k wv_k = a_{k+1} wv_k$. 结论成立.

设 $wu_k \neq wv_k$, 则存在 $s_1, \cdots, s_n \in S^1, y_1, z_1, \cdots, y_n, z_n \in S_\beta$, 使得 $(y_i, z_i) \in \{(u_1, v_1), (v_1, u_1), \cdots, (u_m, v_m), (v_m, u_m)\}$, 且

$$
\begin{aligned}
wu_k &= y_1 s_1, \\
z_1 s_1 &= y_2 s_2, \\
&\cdots\cdots \\
z_n s_n &= wv_k.
\end{aligned}
$$

对任意 $i \in \{1, \cdots, n\}$, 存在 $j_i \in \{1, \cdots, m\}$, 使得 $(y_i, z_i) \in \{(u_{j_i}, v_{j_i}), (v_{j_i}, u_{j_i})\}$. 所以有

$$
\begin{aligned}
a_k wu_k &= a_k y_1 s_1 = a_{j_1} y_1 s_1 = a_{j_1} z_1 s_1 = a_{j_1} y_2 s_2 = a_{j_2} y_2 s_2 \\
&= a_{j_2} z_2 s_2 = \cdots = a_{j_n} z_n s_n = a_{j_n} wv_k \\
&= a_{k+1} wv_k.
\end{aligned}
$$

■

下面是本节的主要结论.

定理 14.2.8 设 S 是带. 若 S^1 是左绝对平坦的, 则对任意 $\alpha, \beta \in \Gamma, \alpha < \beta$, 任意 $u_1, v_1, \cdots, u_m, v_m \in S_\beta$, 存在 $w \in S_\alpha$, 使得 $(wu_i, wv_i) \in \theta_R = \theta_R\ ((u_1, v_1), \cdots, (u_m, v_m))\ (1 \leqslant i \leqslant m)$.

证明 S 是右正则带, 所以 S 是右零带的半格, 即 $S = \bigcup\limits_{\alpha \in \Gamma} S_\alpha$, 每个 S_α 是右零带. 记 $F = \{(u_1, v_1), \cdots, (u_m, v_m)\}$.

首先设 $\theta_R(F) \cap (S_\alpha \times S_\alpha) \subseteq \Delta$ (Δ 为 S_α 上的单位同余). 因为 $\alpha < \beta$, 所以要证明存在 $w \in S_\alpha$, 使得 $wu_i = wv_i, 1 \leqslant i \leqslant m$. 类似于定理 14.2.6 的证明过程, 可以假定 α 是 Γ 中的最小元. 由 $\theta_R(F) \cap (S_\alpha \times S_\alpha) \subseteq \Delta$ 容易得到自然的包含同态 $S_\alpha \hookrightarrow S/\theta_R(F)$(因为 α 在 Γ 中最小, 所以 S_α 是右 S-系). 任取 $l \in S_\alpha$. 令

$$
Y = S^1 y \,\dot{\cup}\, S^1 y_1 \,\dot{\cup} \cdots \dot{\cup}\, S^1 y_m \,\dot{\cup}\, S^1 y'
$$

是自由左 S^1-系, $y, y_1, \cdots, y_m, y'$ 是其自由生成子. 记

$$
G = \{(ly, u_1 y_1), (v_1 y_1, u_2 y_2), \cdots, (v_{m-1} y_{m-1}, u_m y_m), (v_m y_m, ly')\},
$$

$\lambda=\lambda(G)$ 是由 G 生成的 Y 上的同余. 在张量积 $S/\theta_R(F)\otimes S/\lambda$ 中有

$$\begin{aligned}\bar{l}\otimes\bar{y}&=\overline{u_1l}\otimes\bar{y}=\overline{u_1}\otimes\overline{ly}=\overline{u_1}\otimes\overline{u_1y_1}=\overline{u_1}\otimes\overline{y_1}\\&=\overline{v_1}\otimes\overline{y_1}=\overline{v_1}\otimes\overline{v_1y_1}=\overline{v_1}\otimes\overline{u_2y_2}=\overline{v_1u_2}\otimes\overline{y_2}\\&=\overline{u_2}\otimes\overline{y_2}=\overline{v_2}\otimes\overline{y_2}=\cdots=\overline{v_m}\otimes\overline{y_m}\\&=\overline{v_m}\otimes\overline{v_my_m}=\overline{v_m}\otimes\overline{ly'}=\overline{v_ml}\otimes\overline{y'}=\bar{l}\otimes\overline{y'}.\end{aligned}$$

因为 S/λ 是平坦的, 所以在 $S_\alpha\otimes S/\lambda$ 中有 $l\otimes\bar{y}=l\otimes\overline{y'}$, 因此在 $S^1\otimes S/\lambda\simeq S/\lambda$ 中亦有 $l\otimes\bar{y}=l\otimes\overline{y'}$. 故 $(ly,ly')\in\lambda$. 所以存在 $s_1,\cdots,s_n\in S^1,(x_1,z_1),\cdots,(x_n,z_n)\in G\cup G^{-1}$, 使得

$$\begin{aligned}&ly=s_1x_1,\\&s_1z_1=s_2x_2,\\&\quad\cdots\cdots\\&s_{n-1}z_{n-1}=s_nx_n,\\&s_nz_n=ly'.\end{aligned}$$

假设 n 是最小的连接 ly 和 ly' 的自然数. 下面证明 $(x_i,z_i)\in G(1\leqslant i\leqslant n)$. 因为 $ly=s_1x_1$, 所以 $x_1=ly$, 因此 $(x_1,z_1)\in G$. 假设存在 j, 使得 $(x_j,z_j)\in G^{-1}$, 再设 i 是这样的 j 中最小者. 因为 $s_{i-1}z_{i-1}=s_ix_i$, 而 $(x_{i-1},z_{i-1})\in G$, 所以 $x_i=z_{i-1}$. 考虑以下三种情形:

(i) $z_{i-1}=u_1y_1$. 此时 $s_iz_i=s_ily=ly$, 所以有

$$\begin{aligned}&ly=s_{i+1}x_{i+1},\\&s_{i+1}z_{i+1}=s_{i+2}x_{i+2},\\&\quad\cdots\cdots\\&s_nz_n=ly'.\end{aligned}$$

这与 n 的最小性矛盾.

(ii) $z_{i-1}=u_jy_j$, 其中 $2\leqslant j\leqslant m$. 由 $s_{i-1}z_{i-1}=s_ix_i$ 可得 $s_{i-1}u_jy_j=s_iu_jy_j$, 所以 $s_{i-1}u_j=s_iu_j$, 从而 $s_{i-1}v_{j-1}=s_iv_{j-1}$. 所以由 $x_{i-1}=v_{j-1}y_{j-1},z_i=v_{j-1}y_{j-1}$ 可得 $s_{i-1}x_{i-1}=s_iz_i$. 因此下面的三个等式

$$s_{i-2}z_{i-2}=s_{i-1}x_{i-1},\quad s_{i-1}z_{i-1}=s_ix_i,\quad s_iz_i=s_{i+1}x_{i+1}$$

可用一个等式 $s_{i-2}z_{i-2}=s_{i+1}x_{i+1}$ 来代替. 这和 n 的最小性矛盾.

(iii) $z_{i-1} = ly'$. 此时有 $s_ix_i = s_ily' = ly'$. 又可得到一个个数较小的等式组, 矛盾. 因此有如下的等式组:

$$\begin{aligned}
&ly = s_1ly,\\
&s_1u_1y_1 = s_2v_1y_1,\\
&s_2u_2y_2 = s_3v_2y_2,\\
&\qquad\cdots\cdots\\
&s_mu_my_m = s_{m+1}v_my_m,\\
&s_{m+1}ly' = ly'.
\end{aligned}$$

因为 $y, y_1, \cdots, y_m, y'$ 是自由生成子, 所以有

$$\begin{aligned}
&l = s_1l,\\
&s_1u_1 = s_2v_1,\\
&s_2u_2 = s_3v_2,\\
&\qquad\cdots\cdots\\
&s_mu_m = s_{m+1}v_m,\\
&s_{m+1}l = l.
\end{aligned}$$

令 $w = ls_1$, 则对任意 $1 \leqslant i \leqslant m, wu_i = ls_1u_i = ls_1u_1u_i = ls_2v_1u_i = ls_2u_2u_i = \cdots = ls_iu_iu_i = ls_iu_i = ls_{i+1}v_i = (ls_{i+1}v_i)v_i = wu_iv_i = wv_i$. 此即完成了特殊情形下的证明.

最后考虑一般情形. 令

$$\begin{aligned}
&S_{[\alpha)} = \cup\{S_\delta | \delta \in \Gamma, \delta \geqslant \alpha\},\\
&\theta = (\theta_R(F) \cap (S_\alpha \times S_\alpha)) \cup \Delta,
\end{aligned}$$

$S^1_{[\alpha)}$ 是左绝对平坦的, θ 是 $S_{[\alpha)}$ 上的同余. 所以 $S^1_{[\alpha)}/\theta$ 也是左绝对平坦的. 由前面的证明知存在 $w \in S_\alpha$, 使得 $\overline{wu_i} = \overline{wv_i}(1 \leqslant i \leqslant m)$, 所以 $(wu_i, wv_i) \in \theta_R(F)$ 成立, 其中 $1 \leqslant i \leqslant m$. ■

本节要证明 S 是左绝对平坦的当且仅当任意有限生成 S-系是平坦的, 同时还要给出左绝对平坦幺半群的若干等价刻画.

设 n 是自然数, 以 S^{2n} 表示 $2n$ 个集合 S 的卡氏积, 即

$$S^{2n} = S \times S \times \cdots \times S = \{(s_1, \cdots, s_n, t_1, \cdots, t_n) | s_i, t_i \in S\}.$$

设 $\bigcup\limits_{i=1}^{n} x_iS$ 是 n 个生成元的自由右 S-系, $\bigcup\limits_{j=1}^{n+1} Sy_j$ 是 $n+1$ 个生成元的自由左 S-系. 对任意 $\alpha=(s_1,\cdots,s_n,t_1,\cdots,t_n)\in S^{2n}$, 令

$$\begin{aligned}
H_\alpha &= \{(x_1t_1,x_2s_2),\cdots,(x_{n-1}t_{n-1},x_ns_n)\},\\
K_\alpha &= \{(s_1y_1,t_1y_2),\cdots,(s_ny_n,t_ny_{n+1})\},\\
F_\alpha &= \left(\bigcup_{i=1}^{n} x_iS\right)/\rho(H_\alpha),\\
G_\alpha &= \left(\bigcup_{j=1}^{n+1} Sy_j\right)/\lambda(K_\alpha),
\end{aligned}$$

这里 $\rho(H_\alpha),\lambda(K_\alpha)$ 分别表示 $\bigcup\limits_{i=1}^{n} x_iS$ 和 $\bigcup\limits_{j=1}^{n+1} Sy_j$ 上的由 H_α,K_α 生成的最小同余.

一个显然的事实是: 在张量积 $F_\alpha\otimes G_\alpha$ 中有: $\overline{x_1}s_1\otimes\overline{y_1}=\overline{x_1}\otimes s_1\overline{y_1}=\overline{x_1}\otimes t_1\overline{y_2}=\overline{x_2}s_2\otimes\overline{y_2}=\cdots=\overline{x_n}s_n\otimes\overline{y_n}=\overline{x_n}\otimes s_n\overline{y_n}=\overline{x_n}\otimes t_n\overline{y_{n+1}}=\overline{x_n}t_n\otimes\overline{y_{n+1}}$, 这里 $\overline{x}$ 表示 x 所在的同余类.

定理 14.2.9 对于幺半群 S, 以下几条等价:

(1) S 是左绝对平坦的;

(2) 所有有限生成左 S-系是平坦的;

(3) 所有有限表示左 S-系是平坦的;

(4) 对任意自然数 n, 任意 $\alpha=(s_1,\cdots,s_n,t_1,\cdots,t_n)\in S^{2n}$, 在 $(\overline{x_1}s_1S\cup\overline{x_n}t_nS)\otimes G_\alpha$ 中有 $\overline{x_1}s_1\otimes\overline{y_1}=\overline{x_n}t_n\otimes\overline{y_{n+1}}$.

证明 (1)⇒(2)⇒(3)⇒(4) 是显然的, 只需证明 (4) ⇒ (1).

设 A 是右 S-系, B 是左 S-系, $a,a'\in A,b,b'\in B$, 在 $A\otimes B$ 中有 $a\otimes b=a'\otimes b'$. 由定理 1.3.2 知存在 $a_1,\cdots,a_n\in A,b_2,\cdots,b_n\in B,s_1,t_1,\cdots,s_n,t_n\in S$, 使得

$$\begin{aligned}
&a=a_1s_1, \\
&a_1t_1=a_2s_2, &\quad& s_1b=t_1b_2,\\
&\cdots\cdots & & \cdots\cdots\\
&a_nt_n=a', & & s_nb_n=t_nb'.
\end{aligned}$$

令 $\alpha=(s_1,\cdots,s_n,t_1,\cdots,t_n)\in S^{2n}$. 利用条件 (4) 知存在 $z_1,\cdots,z_m\in x_1s_1S\cup x_nt_nS,w_2,\cdots,w_m\in G_\alpha,u_1,v_1,\cdots,u_m,v_m\in S$, 使得

$$\begin{aligned}
&\overline{x_1}s_1=\overline{z_1}u_1,\\
&\overline{z_1}v_1=\overline{z_2}u_2, \quad u_1\overline{y_1}=v_1\overline{w_2},\\
&\cdots\cdots \qquad\quad \cdots\cdots
\end{aligned}\tag{14.2.4}$$

$$\overline{z_m}v_m = \overline{x_n}t_n, \quad u_m\overline{w_m} = v_m\overline{y_{n+1}}.$$

显然可以假定 $z_1, \cdots, z_m \in \{x_1s_1, x_nt_n\}$.

如下定义 S-同态 $\varphi_1 : \bigcup\limits_{i=1}^{n} x_iS \to A$ 和 $\varphi_2 : \bigcup\limits_{j=1}^{n+1} Sy_j \to B$ 为

$$\varphi_1(x_is) = a_is, \quad \forall i \in \{1, \cdots, n\}, \quad \forall s \in S;$$

$$\varphi_2(sy_j) = sb_i, \quad \forall j \in \{2, \cdots, n\}, \quad \forall s \in S;$$

$$\varphi_2(sy_1) = sb, \quad \varphi_2(sy_{n+1}) = sb', \quad \forall s \in S.$$

显然 $H_\alpha \subseteq \mathrm{Ker}\varphi_1, K_\alpha \subseteq \mathrm{Ker}\ \varphi_2$, 所以 $\rho(H_\alpha) \subseteq \mathrm{Ker}\ \varphi_1, \lambda(K_\alpha) \subseteq \mathrm{Ker}\varphi_2$. 因此 φ_1 和 φ_2 分别诱导出 S-同态 $\overline{\varphi_1} : F\alpha \to A$, $\overline{\varphi_2} : G_\alpha \to B$. 用 $\overline{\varphi_1}$ 和 $\overline{\varphi_2}$ 作用于等式组 (14.2.4) 即得

$$\begin{aligned} &a = a_1s_1 = \overline{\varphi_1}(\overline{z_1})u_1, \\ &\overline{\varphi_1}(\overline{z_1})v_1 = \overline{\varphi_1}(\overline{z_2})u_2, \qquad && u_1b = v_1\overline{\varphi_2}(\overline{w_2}), \\ &\qquad \cdots\cdots && \qquad \cdots\cdots \\ &\overline{\varphi_1}(\overline{z_m})v_m = a_nt_n = a', && u_m\overline{\varphi_2}(\overline{w_n}) = v_mb'. \end{aligned}$$

因为 $z_i \in \{x_1s_1, x_nt_n\}$, 所以 $\overline{\varphi_1}(\overline{z_i}) \in \{a, a'\}, i = 1, \cdots, m$. 因此在 $(aS \cup a'S) \otimes B$ 中有 $a \otimes b = a' \otimes b'$. 故 B 是平坦的. 从而 S 是左绝对平坦幺半群. ■

由于所有 S-系是 (主) 弱平坦的当且仅当所有循环 S-系是 (主) 弱平坦的. 但对于平坦性, 类似的结果不成立, 即当所有循环 S-系都是平坦系时, 可以有非平坦的 S-系存在. 为了说明这一点, 先证明下面的定理.

定理 14.2.10　设 $\bigcup\limits_{\alpha\in\Gamma} S_\alpha$, 其中 Γ 是链, 每个 S_α 是右零带, 则以下两条是等价的:

(1) 所有循环 S-系是平坦的;

(2) 设 $\alpha, \beta \in \Gamma, \alpha < \beta$, 则 S_β 中的任意两个元素在 S_α 中有下界.

证明　(1)⇒(2)　设 $\alpha, \beta \in \Gamma, \alpha < \beta, a, b \in S_\beta$. 对任意 $u, v \in S$, 以 $\rho(u, v)$ 和 $\lambda(u, v)$ 分别表示 S 上的由 (u, v) 生成的最小右、左同余. 设 $t \in S_\alpha$, 则在 $S/\rho(a, b) \otimes S/(\lambda(a, ta) \vee \lambda(b, tb))$ 中有 $\overline{ta} \otimes \overline{1} = \overline{1} \otimes \overline{ta} = \overline{1} \otimes \overline{a} = \overline{a} \otimes \overline{1} = \overline{b} \otimes \overline{1} = \overline{1} \otimes \overline{b} = \overline{1} \otimes \overline{tb} = \overline{tb} \otimes \overline{1}$, 这里 $\overline{u}$ 表示 u 所在的 $\rho(a, b)$ 类或 $\lambda(a, ta) \vee \lambda(b, tb)$-类. 记 $S_{(\alpha]} = \bigcup\limits_{\gamma\in\Gamma} S_\gamma (\gamma \leqslant \alpha)$, 则 $S_{(\alpha]}$ 是 S 的右理想. 作 S-同态 $\varphi : S_{(\alpha]} \to S/\rho(a, b)$ 为 $\varphi(s) = \overline{s}, s \in S_{(\alpha]}$. 设 $s, t \in S_{(\alpha]}$, 并且 $\varphi(s) = \varphi(t)$, 则 $s\rho(a, b)t$. 所以 $s = t$ 或存在 $t_1, \cdots, t_n \in S$, 使得

$$s = c_1t_1, d_1t_1 = c_2t_2, \cdots, d_nt_n = t,$$

其中 $\{c_i, d_i\} = \{a, b\}, i = 1, \cdots, n$. 设 $s \in S_\delta, \delta \leqslant \alpha$. 则容易得出 $t_1 \in S_\delta$. 由于 S_δ 是右零带, 所以 $s = c_1t_1 = (c_1t_1)t_1 = t_1$. 同理 $d_1t_1 = c_2t_2 \in S_\delta, t_2 \in S_\delta$, 所以 $t_1 = (d_1t_1)t_1 = d_1t_1 = c_2t_2 = (c_2t_2)t_2 = t_2$. 类似地可以证明 $t_2 = t_3 = \cdots = t_n = t$. 所以 $s = t$. 这说明 φ 是单同态. 因为 $S/(\lambda(a, ta) \vee \lambda(b, tb))$ 是平坦的, 所以在 $S_{(\alpha]} \otimes S/(\lambda(a, ta) \vee \lambda(b, tb))$ 中有 $ta \otimes \bar{1} = tb \otimes \bar{1}$. 利用定理 1.3.2 容易证明 $(ta, tb) \in \lambda(a, ta) \vee \lambda(b, tb)$. 所以 $ta = tb$, 或者存在 $s_1, \cdots, s_n \in S, (x_i, y_i) \in \{(a, ta), (b, tb), (ta, a), (tb, b)\}$, 使得

$$ta = s_1x_1,$$

$$s_1y_1 = s_2x_2,$$

$$\cdots\cdots$$

$$s_ny_n = tb.$$

记 ta 为 s_0y_0, 则存在 $i \in \{0, 1, \cdots, n\}$, 使得 $s_iy_i \in Sa \cap Sb$. 所以 $ts_iy_i \in S_\alpha$ 是 a 和 b 的下界.

(2)⇒(1) 设 Sb 是任意循环 S-系, A 是右 S-系, $a, a' \in A$, 在 $A \otimes Sb$ 中有 $a \otimes b = a' \otimes b$, 则存在 $a_1, \cdots, a_n \in A, b_2, \cdots, b_n \in B, s_1, t_1, \cdots, s_n, t_n \in S$, 使得

$$\begin{aligned} &a = a_1s_1, \\ &a_1t_1 = a_2s_2, \qquad && s_1b = t_1b_2, \\ &\cdots\cdots && \cdots\cdots \\ &a_nt_n = a', && s_nb_n = t_nb. \end{aligned}$$

下面对 n 利用数学归纳法证明在 $(aS \cup a'S) \otimes Sb$ 中有 $a \otimes b = a' \otimes b$.

当 $n = 1$ 时, 由等式组

$$\begin{aligned} &a = (as_1)s_1, \\ &(as_1)t_1 = (a's_1)t_1, \qquad && s_1b = t_1b, \\ &(a's_1)s_1 = a's_1, && s_1b = s_1b, \\ &a't_1 = a', && s_1b = t_1b, \end{aligned}$$

即知在 $(aS \cup a'S) \otimes Sb$ 中有 $a \otimes b = a' \otimes b$, 这里第二个等式是如下证明的 $(as_1)t_1 = a_1s_1t_1 = a_1t_1s_1t_1 = a's_1t_1$.

设 $n \geqslant 2$. 假定 $s_1 \in S_\alpha, t_1s_2 \cdots t_{n-1}s_n \in S_\beta, t_n \in S_\delta$. 如果 $\alpha \geqslant \beta$, 则 $s_1t_1s_2 \cdots t_{n-1}s_n \in S_\beta$. 又因为 Γ 是链, 所以存在 t_i 或 $s_{i+1} (i = 1, \cdots, n-1)$, 使

得 $t_i \in S_\beta$ 或 $s_{i+1} \in S_\beta$. 不妨设 $t_i \in S_\beta$. 因为 S_β 是右零带, 所以有

$$t_i = s_1 t_1 s_2 \cdots t_{n-1} s_n t_i,$$

因此, 若 $i = 1$, 则 $a_1 t_1 = a_1 s_1 t_1 s_2 \cdots t_{n-1} s_n t_1 = a t_1 s_2 \cdots t_{n-1} s_n t_1 \in aS \cup a'S$. 设 $i \geqslant 2$. 则

$$\begin{aligned} a_i t_i &= a_i s_1 t_1 s_2 \cdots t_{i-1} s_i \cdots t_{n-1} s_n t_i \\ &= a_i s_i (s_1 t_1 s_2 \cdots t_{i-1}) s_i \cdots t_{n-1} s_n t_i \\ &= a_{i-1} t_{i-1} s_1 t_1 s_2 \cdots s_{i-1} t_{i-1} s_i \cdots t_{n-1} s_n t_i \\ &= a_{i-1} s_{i-1} (t_{i-1} s_1 t_1 s_2 \cdots) s_{i-1} t_{i-1} \cdots t_{n-1} s_n t_i \\ &= \cdots = a_1 s_1 \cdots t_{n-1} s_n t_i \in aS \cup a'S. \end{aligned}$$

若 $s_{i+1} \in S_\beta$, 则同样有

$$\begin{aligned} a_i t_i &= a_{i+1} s_{i+1} = a_{i+1} s_1 t_1 s_2 \cdots t_{n-1} s_n s_{i+1} \\ &= a_{i+1} s_{i+1} s_1 t_1 s_2 \cdots s_{i+1} \cdots t_{n-1} s_n s_{i+1} \in aS \cup a'S. \end{aligned}$$

总之, 当 $\alpha \geqslant \beta$ 时, 存在 $i \in \{1, \cdots, n-1\}$, 使得 $a_i t_i \in aS \cup a'S$. 考虑如下的两个等式组

$$\begin{aligned} &a = a_1 s_1, \\ &a_1 t_1 = a_2 s_2, \qquad && s_1 b = t_1 b, \\ &\quad \cdots\cdots && \quad \cdots\cdots \\ &a_i t_i = a_{i+1} s_{i+1}, && s_i b = t_i b \end{aligned}$$

和

$$\begin{aligned} &a_i t_i = a_{i+1} s_{i+1}, \\ &a_{i+1} t_{i+1} = a_{i+2} s_{i+2}, \qquad && s_{i+1} b = t_{i+1} b, \\ &\quad \cdots\cdots && \quad \cdots\cdots \\ &a_n t_n = a', && s_n b = t_n b. \end{aligned}$$

由归纳假定可知在 $(aS \cup a'S) \otimes Sb$ 中有 $a \otimes b = a_{i+1} s_{i+1} \otimes b = a_i t_i \otimes b = a' \otimes b$.

同理, 若 $\delta \geqslant \beta$, 则结论亦成立. 因此假定 $\alpha < \beta$, $\delta < \beta$. 再不妨设 $\alpha \geqslant \delta$. 任取 $x \in S_\beta$, 则 $xt_1, xs_n \in S_\beta$. 所以由 (2) 知存在 $y \in S_\alpha$, 使得 $yxt_1 = y = yxs_n$. 显然 $yx \in S_\alpha$, 而 S_α 是右零带, 所以 $(yx)s_1 = s_1$. 又 S_δ 是右零带, 所以 $(yxt_n)t_n = t_n$.

因此有 $s_1b = yxs_1b = yxt_1b = yb = yxs_nb = yxt_nb = (yxt_n)t_nb = t_nb$. 故有如下的等式组

$$
\begin{aligned}
&a = as_1, \\
&at_n = a', \qquad s_1b = t_nb.
\end{aligned}
$$

所以由归纳假定知在 $(aS \cup a'S) \otimes Sb$ 中 $a \otimes b = a' \otimes b$. 因此 Sb 是平坦的. ■

设 S 是带, 在 S 上定义如下的偏序

$$e \leqslant f \Leftrightarrow ef = e = fe.$$

设 $S = \bigcup\limits_{\alpha \in \Gamma} S_\alpha$ 是右正则带. 称 S 满足下界条件, 如果对任意 $\alpha, \beta \in \Gamma, \alpha < \beta, S_\beta$ 的任意有限子集合在 S_α 中有下界.

定理 14.2.11 设 $S = \bigcup\limits_{\alpha \in \Gamma} S_\alpha$ 是右正则带, 且 Γ 是链. 则 S^1 是左绝对平坦的当且仅当 S 满足下界条件.

证明 设 $\alpha < \beta, u_1, u_2, \cdots, u_n \in S_\beta$. 由定理 14.2.8 知存在 $w \in S_\alpha$, 使得 $(wu_1, wu_2), (wu_1, wu_3), \cdots, (wu_1, wu_n) \in \theta_R = \theta_R((u_1, u_2), (u_1, u_3), \cdots, (u_1, u_n))$. 由 $(wu_1, wu_2) \in \theta_R$ 即知

$$
\begin{aligned}
wu_1 &= c_1s_1, \\
d_1s_1 &= c_2s_2, \\
&\cdots\cdots \\
d_ms_m &= wu_2,
\end{aligned}
$$

其中 $\{c_i, d_i\} \in \{\{u_1, u_i\} \mid 2 \leqslant i \leqslant n\}, s_1, \cdots, s_m \in S$. 因为 $wu_1 \in S_\alpha, c_1 \in S_\beta$, 而 Γ 是链, 所以 $s_1 \in S_\alpha$, 因此 $c_1s_1 = c_1s_1s_1 = s_1$. 同理, $s_1 = d_1s_1 = c_2s_2 = s_2, \cdots, s_{m-1} = s_m, s_m = wu_2$, 所以 $wu_1 = wu_2$. 同理可证 $wu_1 = wu_3, \cdots, wu_1 = wu_n$. 令 $v = wu_1$, 则 $v = vu_i = u_iv (1 \leqslant i \leqslant n)$, 所以 v 是 $u_1, \cdots, u_n$ 的下界.

反之设 S 满足下界条件. 设 A 是右 S^1-系, B 是左 S^1-系, 对任意的 $a, a' \in A$, $b, b' \in B$, 在 $A \otimes B$ 中有 $a \otimes b = a' \otimes b'$, 则存在 $a_1, \cdots, a_n \in A, b_2, \cdots, b_n \in B$, $s_1, t_1, \cdots, s_n, t_n \in S^1$, 使得

$$
\begin{aligned}
&a = a_1s_1, \\
&a_1t_1 = a_2s_2, \qquad s_1b = t_1b_2, \\
&\cdots\cdots \qquad\qquad \cdots\cdots \\
&a_nt_n = a', \qquad s_nb_n = t_nb'.
\end{aligned}
$$

下面对 n 利用数学归纳法证明在 $(aS \cup a'S) \otimes B$ 中有 $a \otimes b = a' \otimes b'$.

设 $n = 1$, 则有

$$
\begin{aligned}
&a = a_1 s_1, \\
&a_1 t_1 = a', \qquad s_1 b = t_1 b'.
\end{aligned}
$$

对于任意的 $x, y \in S$, 令 $z = xyx = yx \in xS \cap yS$, 则 $(x, z) \in \lambda(x, y)$. 所以由定理 1.3.25 知任意 S^1-系都是弱平坦的. 再由引理 13.2.1 知在 $(aS \cup a'S) \otimes B$ 中有 $a \otimes b = a' \otimes b'$.

设 $n > 1$. 假定 $s_1 \in S_\alpha, t_1 s_2 \cdots t_{n-1} s_n \in S_\beta, t_n \in S_\delta$. 若 $\alpha \geqslant \beta$ 或 $\delta \geqslant \beta$, 则类似于定理 14.2.10 的证明可知存在 $i \in \{1, \cdots, n-1\}$, 使得 $a_i t_i \in aS \cup a'S$. 所以由归纳假定容易得知结论成立. 因此假定 $\alpha, \delta < \beta$, 还不妨假定 $\alpha \geqslant \delta$. 由下界条件可知存在 $w \in S_\alpha$, 使得 $wt_1 = ws_2 = \cdots = wt_{n-1} = ws_n = w$(类似于定理 14.2.10 的证明). 所以有

$$
\begin{aligned}
&a = as_1, \\
&aw = aw, \qquad s_1 b = wb_n. \\
&at_n = a', \qquad wb_n = t_n b'.
\end{aligned}
$$

这里右边两式的证明为 $s_1 b = ws_1 b = wt_1 b_2 = ws_2 b_2 = \cdots = ws_n b_n = wb_n, wb_n = ws_n b_n = wt_n b' = (wt_n) t_n b' = t_n b'$. 所以在 $(aS \cup a'S) \otimes B$ 中有 $a \otimes b = a' \otimes b'$. ■

定理 14.2.12　设 $S = \bigcup_{\alpha \in \Gamma} S_\alpha$ 是右正则带, 且 Γ 中任意链的元素不超过两个, 则 S^1 是左绝对平坦的当且仅当 S 满足定理 14.2.8 中的条件.

证明　必要性. 由定理 14.2.8 即得.

充分性. 设 A 是右 S^1-系, B 是左 S^1-系, $a, a' \in A$, $b, b' \in B$, 在 $A \otimes B$ 中有 $a \otimes b = a' \otimes b'$, 则存在 $a_1, \cdots, a_n \in A, b_2, \cdots, b_n \in B, s_1, t_1, \cdots, s_n, t_n \in S$, 使得

$$
\begin{aligned}
&a = a_1 s_1, \\
&a_1 t_1 = a_2 s_2, \qquad s_1 b = t_1 b_2, \\
&\cdots\cdots \qquad\qquad \cdots\cdots \\
&a_n t_n = a', \qquad s_n b_n = t_n b'.
\end{aligned}
$$

下面对 n 利用数学归纳法证明在 $(aS \cup a'S) \otimes B$ 中有 $a \otimes b = a' \otimes b'$.

若 $n = 1$, 则由定理 14.2.11 的证明即得结论. 所以设 $n > 1$.

设 $t_1 \in S_\alpha$, 而 α 是 Γ 中的极小元, 则 $s_1 t_1 \in S_\alpha$. 所以 $t_1 = s_1 t_1 t_1 = s_1 t_1$, 从而 $a_1 t_1 = a_1 s_1 t_1 = at_1 \in aS \cup a'S$. 因此可得到两个个数较小的等式组, 由归纳假定即得结论. 所以下设 $t_1 \in S_\alpha$, 而 α 是 Γ 中的极大元. 若 Γ 中再没有极大

元, 则 Γ 是链, 从而由定理 14.2.11 知 S^1 是左绝对平坦的. 故设 Γ 中还有极大元 β. 令 $\delta=\alpha\beta$, 则 $\delta<\alpha$. 若 $s_1\in S_\alpha$, 则由于 S_α 是右零带, 所以 $t_1=s_1t_1$, 从而 $a_1t_1=a_1s_1t_1=at_1\in aS\cup a'S$. 类似于前面的讨论可知结论成立. 所以假设 $s_1\notin S_\alpha$. 设 i 是最小自然数使得对于任意 $1\leqslant j\leqslant i, t_j\in S_\alpha$. 若存在 $1\leqslant j\leqslant i$, 使得 $s_{j+1}\in S_\beta$, 其中 β 也是 Γ 中的极大元, 则 $t_js_{j+1}\in S_{\alpha\beta}=S_\delta$. 由 $a_jt_j=a_{j+1}s_{j+1}$ 得 $a_jt_j=a_{j+1}s_{j+1}=a_jt_js_{j+1}$. 由 δ 的极小性容易得到 $s_jt_js_{j+1}\in S_\delta$, 所以 $t_js_{j+1}=s_jt_js_{j+1}$, 故 $a_jt_j=a_js_jt_js_{j+1}=a_{j-1}t_{j-1}t_js_{j+1}$. 同理, $t_{j-1}t_js_{j+1}, s_{j-1}t_{j-1}t_js_{j+1}\in S_\delta$, 所以 $a_jt_j=a_{j-1}s_{j-1}t_{j-1}t_js_{j+1}$. 这样一直做下去就可证明 $a_jt_j\in aS\cup a'S$. 所以由归纳假定容易证明结论成立. 若 β 是极小元, 则可类似的证明. 所以假定 $s_{j+1}\in S_\alpha(1\leqslant j\leqslant i)$. 这样就有 $t_1, s_2, \cdots, t_i, s_{i+1}\in S_\alpha$. 所以由定理 14.2.10 知存在 $w\in S_\delta$, 使得 $a_jwt_j=a_{j+1}ws_{j+1}, 1\leqslant j\leqslant i$. 故有

$$
\begin{array}{ll}
a=a_1s_1, & \\
a_1(wt_1)=a_2(ws_2), & s_1b=(wt_1)b_2,\\
\quad\cdots\cdots & \quad\cdots\cdots\\
a_i(wt_i)=a_{i+1}(ws_{i+1}), & (ws_i)b_i=(wt_i)b_{i+1},\\
a_{i+1}t_{i+1}=a_{i+2}s_{i+2}, & (ws_{i+1})b_{i+1}=t_{i+1}b_{i+2},\\
\quad\cdots\cdots & \quad\cdots\cdots\\
a_nt_n=a', & s_nb_n=t_nb'.
\end{array}
$$

(若 $i=n$, 则 $a_{n-1}t_{n-1}=a_ns_n=a_nt_ns_n=a's_n\in aS\cup a'S$, 故结论也成立. 所以不妨设 $i<n$.) 等式 $s_1b=wt_1b_2$ 的证明为 $s_1b=t_1s_1b=wt_1s_1b=wt_1b_2$(因为 $s_1\notin S_\alpha$, 所以 $t_1s_1\in S_\delta$). 等式 $ws_{i+1}b_{i+1}=t_{i+1}b_{i+2}$ 的证明为 $t_{i+1}b_{i+2}=s_{i+1}b_{i+1}=t_{i+1}s_{i+1}b_{i+1}=wt_{i+1}s_{i+1}b_{i+1}=ws_{i+1}b_{i+1}$(因为 $s_{i+1}\in S_\alpha, t_{i+1}\notin S_\alpha$, 所以 $t_{i+1}s_{i+1}\in S_\delta$). 因为 $wt_1\in S_\delta, s_1w\in S_\delta$, 所以 $wt_1=s_1wwt_1=s_1wt_1$, 从而 $a_1wt_1=a_1s_1wt_1=awt_1\in aS\cup a'S$. 所以由归纳假定可知结论成立. ■

下面给出一个所有循环 S-系都平坦但不是左绝对平坦幺半群的例子.

例 14.2.13 设 $X=\{1,2,3,4,5,6\}, \alpha_i(i=1,\cdots,6), \beta, \gamma, \delta$ 是 X 上的映射, 其定义如下

$$\alpha_i(x)=i,\quad \forall\, x\in X,\quad i=1,2,\cdots,6,$$

$$\beta=\begin{pmatrix}1&2&3&4&5&6\\1&2&4&4&2&1\end{pmatrix},$$

$$\gamma=\begin{pmatrix}1&2&3&4&5&6\\1&5&3&3&5&1\end{pmatrix},$$

$$\delta = \begin{pmatrix} 1 & 2 & 3 & 4 & 5 & 6 \\ 6 & 2 & 3 & 3 & 2 & 6 \end{pmatrix},$$

设 ε 是 X 上的单位映射, 则 $S = \{\alpha_1, \alpha_2, \alpha_3, \alpha_4, \alpha_5, \alpha_6, \beta, \gamma, \delta, \varepsilon\}$ 是 $\mathscr{T}_X$ 的子幺半群. 设 $\Gamma = \{0, 1, 2\}$ 是链, 其序规定为 $0 < 1 < 2$. 令 $S_0 = \{\alpha_1, \cdots, \alpha_6\}, S_1 = \{\beta, \gamma, \delta\}, S_2 = \{\varepsilon\}$, 则 S_0, S_1, S_2 均为右零带. 容易验证 S 满足定理 14.2.10 中的 (2), 所以任意循环 S-系是平坦的. 又因为 S_1 中的三个元素在 S_0 中没有下界, 所以由定理 14.2.11 知 S 不是左绝对平坦幺半群.

14.3 总结与启发

本章研究的问题, 主要围绕任意系具有平坦性质的幺半群展开. 鉴于对 S-系的平坦性质的刻画, 除了其定义, 一个重要的方面就是考虑等式组. 因为有如下定理 14.3.1.

定理 14.3.1 设 B 是左 S-系. 则 B 是平坦的当且仅当: 对任意右 S-系 A, 任意 $a, a' \in A$, 任意 $b, b' \in B$, 若在 $A \otimes B$ 中有 $a \otimes b = a' \otimes b'$, 则在 $(aS \cup a'S) \otimes B$ 中有 $a \otimes b = a' \otimes b'$.

而要满足定理的条件, 常用的思路和方法还是从下面的结论入手.

设 A 是右 S-系, B 是左 S-系, $a, a' \in A, b, b' \in B$. 则在 $A \otimes B$ 中 $a \otimes b = a' \otimes b'$ 的充要条件是: 存在 $a_1, \cdots, a_n \in A, b_2, \cdots, b_n \in B$, $s_1, t_1, \cdots, s_n, t_n \in S$, 使得

$$\begin{aligned} & a = a_1 s_1, & & \\ & a_1 t_1 = a_2 s_2, & & s_1 b = t_1 b_2, \\ & a_2 t_2 = a_3 s_3, & & s_2 b_2 = t_2 b_3, \\ & \quad \cdots\cdots & & \quad \cdots\cdots \\ & a_n t_n = a', & & s_n b_n = t_n b'. \end{aligned}$$

本章和第 13 章的研究思想, 在很多方面是很相似的. 有一个很大的不同点是, 证明了 S 是左绝对平坦的当且仅当任意有限生成 S-系是平坦的, 任意系和有限生成系之间, 在某些问题处理上有较大区别, 这就为下一步的研究提供了很好的思路. 就条件 (P) 而言, 满足条件 (P) 的有限生成系可以写成有限个循环子系的不交并. 为研究绝对平坦幺半群的特征, 可以进一步挖掘定理 14.2.9 的深层次的含义, 争取该问题早日完全解决.

本章所用方法的启发是: 特殊半群类, 巧用归纳法.

参 考 文 献

[1] Bulman-Fleming S, McDowell K. On left absolutely flat bands. Proc. Amer. Math. Soc., 1987, 101: 613-618.

[2] 刘仲奎, 乔虎生. 半群的 S-系理论. 2 版. 北京: 科学出版社, 2008.

[3] Bulman-Fleming S, McDowell K. Absolutely flat semigroups. Pacific Journal of Mathematics, 1983, 107(2): 319-333.

[4] Bulman-Fleming S, Gould V. On left absolutely flat monoids. Semigroup Forum, 1990, 41: 55-59.

第 15 章　其他公开问题

15.1　公开问题概述与列举

本书第 2 章至第 14 章所讨论的公开问题, 要么部分解决, 要么已经完全解决. 在 S-系理论中, 还有大量的公开问题至今毫无进展, 这里列举一部分, 有兴趣的同仁可以选择研究. 本章列举的公开问题, 大体上可以归结为五个方面: 内射系与正则性、序 S-系、对角系、S-系的覆盖、Morita 等价等方面. 其中公开问题 1, 同行做出了错误的回答, 参见文献 [1].

公开问题 1[2]　如何刻画所有正则系是内射 (弱内射) 的幺半群?

公开问题 2[3]　设 S 是序幺半群, K 是 S 的凸真右理想, 什么条件可以保证 Rees 商序 S-系 S/K 具有平坦性、序平坦性?

公开问题 3[3]　这是个具有联系的系列问题, 包括三部分:

(1) 对 Rees 矩阵半群 $((\mathcal{M}(G;I,\Lambda,P))^1,\leqslant)$, 若 $|I|>1, |\Lambda|>1$, 则 $((\mathcal{M}(G;I,\Lambda,P))^1,\leqslant)$ 是否是绝对平坦的?

(2) 对序幺半群 $((I\times G)^1,\leqslant)$, 若 $|I|>1$ 且 G 是周期的, 则 $((I\times G)^1,\leqslant)$ 是否是绝对平坦的?

(3) Rees 矩阵半群 $((\mathcal{M}(G;I,\Lambda,P))^1,\leqslant)$ 在什么条件下是绝对平坦的?

公开问题 4[3]　若 S 是幂等元序幺半群, 且幺元 1 不是最大元, S 是否绝对平坦的?

公开问题 5[4]　是否存在幺半群 S, 使得对角系 $D(S)$ 是弱平坦的, 但不是平坦的?

公开问题 6[4]　是否存在幺半群 S, 使得对角系 $D(S)$ 满足条件 (P), 但不满足条件 (E)?

公开问题 7[4]　若 I 是非空集合, S 是幺半群, 对任意元素 $\overrightarrow{a}\in S^I$, 定义

$$L(\overrightarrow{a})=\{\overrightarrow{s}\in S^I \mid 对任意的\ i,j\in I, s_ia_i=s_ja_j\},$$
$$l(\overrightarrow{a})=\{s\in S \mid 对任意的\ i,j\in I, sa_i=sa_j\}.$$

问: 如果对任意非空集合 I 以及 $\overrightarrow{a}\in S^I$, $L(\overrightarrow{a})$ 要么是空集, 要么是 S^I 的局部循环子系, $l(\overrightarrow{a})$ 要么是空集要么是 S 的局部主左理想, 那么对角系 $D(S)$ 是投射的吗?

公开问题 8[4] 是否存在幺半群 S, 使得对角系 $D(S)$ 是投射的, 但不是自由的?

公开问题 9[5] 设 S 是无限逆幺半群, 是否所有循环 S-系有 (P)-覆盖?

公开问题 10[5] 在什么条件下, 所有局部循环 S-系有 (P)-覆盖 (强平坦覆盖)?

公开问题 11[5] 在什么条件下, 所有局部循环 S-系有平坦覆盖 (弱平坦覆盖)?

公开问题 12[5] 设 $\mathcal{F}$ 是平坦系的类, 什么条件下 $\mathcal{F}$-覆盖存在?

公开问题 13[6] 设 S 是可分解半群, 即 S 中任意一个元素可以分解成 S 中两个元素的乘积, Rees 矩阵半群 $M = M(S, U, V, M)$ 满足如下条件: $S = S\mathrm{im}(M)S$, 存在从 M 到 T 的严格局部同构 τ, 且 τ 关于幂等元和正则元可提升. 问: S 和 T 是否强 Morita 等价?

公开问题 14[6] 已经证明: 设 S 是具有弱局部单位的半群, $M = M(S, U, V, M)$ 是 S 上的 Rees 矩阵半群, 那么 M 同构于单式的 Morita 半群. 若 $S = S\mathrm{im}(M)S$, 那么 M 同构于满定义的单式的 Morita 半群. 问: 这些结论能否推广到可分解半群?

以上仅仅是没有解决的一部分的公开问题, 还有大量公开问题遗留着, 这里不再赘述.

15.2 科研成果评价

我们从事半群的 S-系理论以及相关课题研究已经二十余年, 在此过程中, 对科研成果的好与不好的评价, 从最初有初步认识到现在形成自己的观点, 经历了较长的过程. 下面关于好的科研成果看法, 仅代表本书作者的观点, 现写在这里, 请同行专家批评指正, 更多地希望给初学的学生们一个相对正确的观念.

好的科研成果, 应该具备以下 “四有” 特征.

(1) 有背景. 绝大多数的数学问题, 都有来自理论或者应用层面的背景, 更多的时候, 研究者往往会远离最初的研究背景或者初衷, 而这往往能体现问题的本质与关键. 为什么许多科研成果, 除了给人以繁复的感觉, 不知道研究的结果要说明什么, 重要的原因之一是远离了最初的研究背景或者初衷, 仅仅为研究而研究, 导致离本来的目标越走越远. 同时, 在写论文的时候, 言之有理的前言部分关于研究背景的陈述, 往往会给文章增色不少.

(2) 有联系. 一些能引起同行重视的重要成果, 往往与其他方向之间存在联系, 有时候这种联系很明显, 有时候千丝万缕, 往往没有被完全挖掘出来. 但历史上任何一个引起广泛重视的科研成果, 往往对其余方向产生深刻影响. 有联系应该成为数学研究者追求的境界之一.

(3) 有意义. 有意义这一特征, 往往与有背景、有联系两个方面密不可分, 内涵也很广. 包括所得成果对问题的解决或者推动, 对理论的贡献, 对研究方法的创新. 当然也包括简洁, 有美感等. 比如著名的 Rees 定理, 就具有美感和简洁的特征. 一些著名数学家, 均讲到中国文学, 特别是古典诗词和数学研究的关系, 其中也包含着对数学美感的理解与追求.

(4) 有发展. 高被引论文成为当今衡量科研水平的重要指标之一, 论文之所以被高被引, 除了结果重要, 或者具有前述的部分 "三有" 特征之外, 还有一点, 就是别人读了这篇文章, 有进一步的研究成果, 可以得到重要的理论创新和进展, 这是对有发展的一种诠释.

参 考 文 献

[1] Moon E L. Monids over which all regular right S-acts are weakly injective. Korean J Math., 2012, 20(4): 423-431.

[2] Kilp M, Knauer U. Characterization of monoids by properties of regular acts. Journal of Pure and Applied Algebra, 1987, 46: 217-231.

[3] Bulman-Fleming S, Gutermuth D, Gilmour A, Kilp M. Flatness properties of S-posets. Communications in Algebra, 2006, 34: 1291-1317.

[4] Bulman-Fleming S, Gilmour A. Flatness properties of diagonal acts over monoids. Semigroup Forum, 2009, 79: 298-314.

[5] Mahmoudi M, Renshaw J. On covers of cyclic acts over monoids. Semigroup Forum 2008, 77: 325-338.

[6] Laan V, Márkib L. Strong Morita equivalence of semigroups with local units. Journal of Pure and Applied Algebra, 2011, 215: 2538-2546.

索　　引

Y

Z

其他